中国科协碳达峰碳中和系列丛书

再电气化
导论

舒印彪 ◎ 主编
别朝红 ◎ 执行主编

中国科学技术出版社
·北 京·

图书在版编目（CIP）数据

再电气化导论/舒印彪主编；别朝红执行主编．——北京：中国科学技术出版社，2023.5
（中国科协碳达峰碳中和系列丛书）
ISBN 978-7-5236-0234-8

Ⅰ.①再… Ⅱ.①舒… ②别… Ⅲ.①无污染能源—应用—电气化—研究 Ⅳ.① TM92

中国国家版本馆 CIP 数据核字（2023）第 078562 号

策　　划	刘兴平　秦德继
责任编辑	彭慧元
封面设计	北京潜龙
正文设计	中文天地
责任校对	焦　宁
责任印制	李晓霖

出　　版	中国科学技术出版社
发　　行	中国科学技术出版社有限公司发行部
地　　址	北京市海淀区中关村南大街 16 号
邮　　编	100081
发行电话	010-62173865
传　　真	010-62173081
网　　址	http://www.cspbooks.com.cn

开　　本	787mm×1092mm　1/16
字　　数	260 千字
印　　张	12.75
版　　次	2023 年 5 月第 1 版
印　　次	2023 年 5 月第 1 次印刷
印　　刷	北京长宁印刷有限公司
书　　号	ISBN 978-7-5236-0234-8 / TM・43
定　　价	69.00 元

（凡购买本社图书，如有缺页、倒页、脱页者，本社发行部负责调换）

"中国科协碳达峰碳中和系列丛书"
编 委 会

主任委员

张玉卓　　中国工程院院士，国务院国资委党委书记、主任

委　员（按姓氏笔画排序）

王金南　　中国工程院院士，生态环境部环境规划院院长
王秋良　　中国科学院院士，中国科学院电工研究所研究员
史玉波　　中国能源研究会理事长，教授级高级工程师
刘　峰　　中国煤炭学会理事长，教授级高级工程师
刘正东　　中国工程院院士，中国钢研科技集团有限公司副总工程师
江　亿　　中国工程院院士，清华大学建筑学院教授
杜祥琬　　中国工程院院士，中国工程院原副院长，中国工程物理研究院研究员、高级科学顾问
张　野　　中国水力发电工程学会理事长，教授级高级工程师
张守攻　　中国工程院院士，中国林业科学研究院原院长
舒印彪　　中国工程院院士，中国电机工程学会理事长，第36届国际电工委员会主席
谢建新　　中国工程院院士，北京科技大学教授，中国材料研究学会常务副理事长
戴厚良　　中国工程院院士，中国石油天然气集团有限公司董事长、党组书记，中国化工学会理事长

《再电气化导论》
编写组

组　长

舒印彪　　中国工程院院士，中国电机工程学会理事长，第 36 届国际电工委员会主席

成　员

周孝信　　中国科学院院士，中国电力科学研究院名誉院长
韩英铎　　中国工程院院士，清华大学教授
黄其励　　中国工程院院士，国家电网有限公司顾问
薛禹胜　　中国工程院院士，国网电力科学研究院名誉院长
邱爱慈　　中国工程院院士，西安交通大学教授
陈维江　　中国科学院院士，国家电网有限公司一级顾问
李立浧　　中国工程院院士，中国南方电网有限责任公司专家委员会名誉主任委员
郭剑波　　中国工程院院士，国家电网有限公司一级顾问
汤广福　　中国工程院院士，怀柔实验室主任
刘吉臻　　中国工程院院士，新能源电力系统国家重点实验室主任
江　亿　　中国工程院院士，清华大学教授
欧阳明高　中国工程院院士，清华大学教授
王成山　　中国工程院院士，天津大学教授
饶　宏　　中国工程院院士，中国南方电网有限责任公司首席科学家
赵　勇　　中国华能集团有限公司能源研究院院长，正高级工程师
徐　伟　　中国建筑科学研究院首席科学家，全国工程勘察设计大师

主　编

舒印彪　　中国工程院院士，中国电机工程学会理事长，第36届国际电工委员会主席

执行主编

别朝红　　西安交通大学副校长，教授

写作组主要成员

赵　良	高亚静	谢　典	焦在滨	何培育	和敬涵	叶　林
李　骥	王　琦	魏　炜	高长征	杨　阳	刘天阳	李武峰
何永君	陈羽飞	周佃民	王　颖	李　猛	赵永宁	吴　鹏
曹　晖	邵成成	闫大鹏	韩　超	赵名锐	韩晓宇	陈兆晖
许泽凯	廖南杰	王语然	章乐颖越	佟春迎	路　菲	郑颖颖
路　朋	翟庆志	郑海峰	张　煜	唐　伟	马　捷	何安阳
李　欢	王　昀	周芷怡	胡骞文	曹春朴	侯沛琪	王启洋

总 序

中国政府矢志不渝地坚持创新驱动、生态优先、绿色低碳的发展导向。2020年9月，习近平主席在第七十五届联合国大会上郑重宣布，中国"二氧化碳排放力争于2030年前达到峰值，努力争取2060年前实现碳中和"。2022年10月，党的二十大报告在全面建成社会主义现代化强国"两步走"目标中明确提出，到2035年，要广泛形成绿色生产生活方式，碳排放达峰后稳中有降，生态环境根本好转，美丽中国目标基本实现。这是中国高质量发展的内在要求，也是中国对国际社会的庄严承诺。

"双碳"战略是以习近平同志为核心的党中央统筹国内国际两个大局作出的重大决策，是我国加快发展方式绿色转型、促进人与自然和谐共生的需要，是破解资源环境约束、实现可持续发展的需要，是顺应技术进步趋势、推动经济结构转型升级的需要，也是主动担当大国责任、推动构建人类命运共同体的需要。"双碳"战略事关全局、内涵丰富，必将引发一场广泛而深刻的经济社会系统性变革。

2022年3月，国家发布《氢能产业发展中长期规划（2021—2035年）》，确立了氢能作为未来国家能源体系组成部分的战略定位，为氢能在交通、电力、工业、储能等领域的规模化综合应用明确了方向。氢能和电力在众多一次能源转化、传输与融合交互中的能源载体作用日益强化，以汽车、轨道交通为代表的交通领域正在加速电动化、智能化、低碳化融合发展的进程，石化、冶金、建筑、制冷等传统行业逐步加快绿色转型步伐，国际主要经济体更加重视减碳政策制定和碳汇市场培育。

为全面落实"双碳"战略的有关部署，充分发挥科协系统的人才、组织优势，助力相关学科建设和人才培养，服务经济社会高质量发展，中国科协组织相关全国学会，组建了由各行业、各领域院士专家参与的编委会，以及由相关领域一线科研教育专家和编辑出版工作者组成的编写团队，编撰"双碳"系列丛书。

丛书将服务于高等院校教师和相关领域科技工作者教育培训，并为"双碳"战略的政策制定、科技创新和产业发展提供参考。

"双碳"系列丛书内容涵盖了全球气候变化、能源、交通、钢铁与有色金属、石化与化工、建筑建材、碳汇与碳中和等多个科技领域和产业门类，对实现"双碳"目标的技术创新和产业应用进行了系统介绍，分析了各行业面临的重大任务和严峻挑战，设计了实现"双碳"目标的战略路径和技术路线，展望了关键技术的发展趋势和应用前景，并提出了相应政策建议。丛书充分展示了各领域关于"双碳"研究的最新成果和前沿进展，凝结了院士专家和广大科技工作者的智慧，具有较高的战略性、前瞻性、权威性、系统性、学术性和科普性。

2022年5月，中国科协推出首批3本图书，得到社会广泛认可。本次又推出第二批共13本图书，分别邀请知名院士专家担任主编，由相关全国学会和单位牵头组织编写，系统总结了相关领域的创新、探索和实践，呼应了"双碳"战略要求。参与编写的各位院士专家以科学家一以贯之的严谨治学之风，深入研究落实"双碳"目标实现过程中面临的新形势与新挑战，客观分析不同技术观点与技术路线。在此，衷心感谢为图书组织编撰工作作出贡献的院士专家、科研人员和编辑工作者。

期待"双碳"系列丛书的编撰、发布和应用，能够助力"双碳"人才培养，引领广大科技工作者协力推动绿色低碳重大科技创新和推广应用，为实施人才强国战略、实现"双碳"目标、全面建设社会主义现代化国家作出贡献。

中国科协主席　万　钢

2023年5月

前　言

习近平总书记在党的二十大报告中指出,"实现碳达峰碳中和是一场广泛而深刻的经济社会系统性变革",明确提出了通过"完善能源消耗总量和强度调控,重点控制化石能源消费,逐步转向碳排放总量和强度'双控'制度。推动能源清洁低碳高效利用,推进工业、建筑、交通等领域清洁低碳转型"的实施路径。实施再电气化进程,在能源供给侧打造深度低碳零碳电力系统,在能源消费侧提升全社会电气化水平,以清洁化、电气化、数字化、标准化为方向,加快推进能源绿色低碳转型,是实现"双碳"目标的必然选择。

为全面落实习近平总书记重要讲话精神和党中央、国务院关于"双碳"工作部署,中国电机工程学会按照中国科学技术协会的统一安排,组织专家参与编写"双碳"系列丛书,助力"双碳"领域专业建设和人才培养,服务党和国家"双碳"工作大局,促进经济社会高质量发展,为"双碳"目标的实现贡献力量。

《再电气化导论》从电气化引领能源变革、产业变革和社会变革的历史规律出发,构建了再电气化"概念定义—目标路径—关键技术—保障体系"的理论体系,帮助广大读者深入了解再电气化的战略路径和供给侧、需求侧实施再电气化的关键技术。本书面向的主要读者群体包括但不限于:高等院校"双碳"相关专业的师生、相关领域的工程技术人员,以及从事规划、管理咨询和金融投资的专业人员等。

本书共分8章。第1章介绍电气化的发展历程、世界各主要国家的电气化水平,对再电气化的内涵、特征以及历史使命进行了论述。第2章讨论了再电气化的目标及发展路径,提出了描述再电气化的关键指标,从经济社会发展需求、资源环境约束、技术发展进程等方面对影响再电气化的主要因素进行了论述。第3章关注能源供应侧的再电气化关键技术,介绍了清洁发电技术、输电技术、配用电技术以及储能技术。第4章关注工业领域的再电气化关键技术,介绍了钢铁行业、有色金属行业、化工行业和建材行业面临的挑战及再电气化关键技术。第5

章讨论了建筑及交通行业的再电气化关键技术，主要关注了建筑行业中的光电建筑、供暖电气化、厨房电气化和建筑柔性用电技术，以及公路、铁路、水运和航空运输电气化技术等。第 6 章从农业生产电气化、加工电气化、农村可再生能源等角度介绍了农林牧副渔行业的再电气化关键技术。第 7 章从增强能源供应保障能力、促进经济发展、改善生态环境以及推动社会进步等角度，分析了再电气化推动"双碳"目标实现的综合效益。第 8 章介绍了实施再电气化的体制机制保障。

本书主编为中国电机工程学会理事长、第 36 届国际电工委员会主席、中国工程院院士舒印彪，执行主编为西安交通大学副校长别朝红教授。第 1 章由中国华能集团有限公司能源研究院赵良、杨阳、刘天阳、高亚静统筹编写，西安交通大学焦在滨、邵成成、何安阳、曹春朴，中国电机工程学会李武峰、何永君、陈羽飞参与编写；第 2 章由中国华能集团有限公司能源研究院赵良、谢典、高亚静，中国电力企业联合会电力发展研究院高长征、韩超、赵名锐、韩晓宇，国网能源研究院有限公司吴鹏、郑海峰、张煜、唐伟、马捷统筹编写，中国电机工程学会李武峰、何永君、陈羽飞参与编写；第 3 章由中国华能集团有限公司能源研究院赵良、高亚静、谢典、刘天阳统筹编写，中国电机工程学会李武峰、何永君、陈羽飞参与编写；第 4 章由宝武清洁能源有限公司魏炜、周佃民、陈兆晖，中国地质大学（北京）王琦，冶金工业规划研究院何培育，西安交通大学曹晖、闫大鹏、侯沛琪、李欢等统筹编写；第 5 章由北京交通大学和敬涵、王颖、李猛、许泽凯、廖南杰、王语然、章乐颖越、佟春迎，中国建筑科学研究院李骥、路菲等统筹编写；第 6 章由中国农业大学叶林、郑颖颖、赵永宁、路朋、翟庆志等统筹编写；第 7 章由中国华能集团有限公司能源研究院赵良、谢典、高亚静，西安交通大学焦在滨、邵成成、何安阳、曹春朴等统筹编写；第 8 章由国网能源研究院有限公司吴鹏、郑海峰、张煜、唐伟、马捷，中国华能集团有限公司能源研究院赵良、高亚静、谢典，中国电力企业联合会电力发展研究院高长征、韩超、赵名锐、韩晓宇等统筹编写。此外，全球能源互联网发展合作组织张风营，国网能源研究院有限公司韩新阳，国网经济技术研究院有限公司刘海波等专家在本书编写过程中提供了大量的帮助。西安交通大学何安阳、王昀、周芷怡、胡骞文、曹春朴、侯沛琪、王启洋等同学承担了书稿的编辑校对工作。在此谨向他们表示衷心的感谢！

由于笔者水平有限，书中的局限和不足之处，欢迎广大专家和读者不吝指正。

舒印彪

2023 年 5 月

目　录

总　序 ··· 万　钢

前　言 ··· 舒印彪

第1章　电气化发展历程　001
1.1　电气化概况 ·· 001
1.2　电气化与应对气候变化 ·· 008
1.3　再电气化 ·· 013

第2章　再电气化目标及发展路径　028
2.1　我国再电气化发展目标 ·· 028
2.2　再电气化影响因素 ·· 040

第3章　能源供应侧再电气化　046
3.1　清洁电力供应 ··· 046
3.2　电力灵活高效配置 ·· 053

第4章　工业领域再电气化关键技术　065
4.1　钢铁行业 ·· 065
4.2　有色金属行业 ··· 071
4.3　化工行业 ·· 078
4.4　建材行业 ·· 083

第5章 建筑及交通行业再电气化关键技术················090
  5.1 建筑行业················090
  5.2 交通行业················108

第6章 农林牧副渔业再电气化关键技术················127
  6.1 生产电气化················127
  6.2 加工电气化················132
  6.3 农村可再生能源················136

第7章 再电气化综合效益················145
  7.1 增强能源供应保障能力················145
  7.2 促进经济发展················149
  7.3 改善生态环境················157
  7.4 推动社会进步················164

第8章 保障体系················170
  8.1 再电气化发展保障体系现状················170
  8.2 完善措施················181

第 1 章　电气化发展历程

1.1　电气化概况

1.1.1　电气化内涵

人类对"电"的规律性认识与利用，经历了从观察自然雷电、静电、磁吸、电磁感应，到电能生产及利用的漫长过程。早在远古时代，人类就从大自然中观察到了雷电现象，但受限于认知水平，更多从神学角度理解"电"。公元前6世纪，古希腊哲学家发现了摩擦后的琥珀能够吸引小物体的现象，由此，"电"便由希腊文"琥珀"一词转译而来。1831年，英国科学家法拉第通过实验提出了电磁感应定律，揭示了"电"与"磁"之间的关系，为电能生产奠定了理论基础。1864年，英国科学家麦克斯韦发现了电磁场的空间分布规律及其随时间的变化规律，并建立麦克斯韦方程予以量化分析，对人们深入分析电磁耦合关系提供了有力工具。随后，麦克斯韦分析了电磁波的物理形态及传播机理，推动了电磁学科理论体系的形成。

"电气"一词，最早出现在19世纪上半叶，西方传教士将电学等物理知识传播至我国，在《博物新编》《格物入门》等著作中，阐述了对"电气"的理解：借用我国传统文化中的"元气"概念，将"电"描绘为宇宙中无处不在、贯通万物的"气"。随着时代的发展，人们普遍认为"电气化"就是使用电力向终端用户供给能量、国民经济各部门和人民生活广泛使用电能的过程。从广义上讲，电气化表现为使用电能满足人们生产生活需要、构建现代工业体系的过程，这一过程在历史上集中体现在19世纪30年代至20世纪50年代世界范围内电磁理论的进一步发展，以及形成包含发电、输电、配电、用电等环节的电力系统。

在电磁基础理论指引下，电力科学技术不断创新，发电机、电动机、变压器、输电线路等电气设备及技术不断发展，逐步形成了电力系统，为电气化发展打下了基础。19世纪70年代，比利时人格拉姆发明电动机。中国现代电力工业始于1882年（上海）。同年9月，美国人爱迪生在纽约建立了世界首个完整的直流电力系统，其中包括总容量约670千瓦的6台直流发电机，为纽约市区内半径约1.5千米的区域提供照明用电，但受限于发电容量和高昂的建设费用，在当时并未引起足够重视。随后，基于三相交流电气技术的发电机、变压器等电气设备相继出现，人们逐步意识到交流系统具有提高输电电压、增加装机容量、延长输电距离、节省导线材料等优势，电力系统逐步朝着"高电压、长距离、大功率"的交流系统方向发展。1895年，美国首次实现了远距离交流输电，其中系统电压11千伏、输电功率1×10^5千瓦、送电距离40千米，成为早期交流电力系统的典型代表。为提高供电能力，改善电能质量，保障电力系统安全经济运行，不同地域的电网之间逐步开展互联互通、互济备用。经过一个多世纪的电气化发展，世界各国在发展各自国家电力系统的同时，逐步突破地域限制，朝着能源互联网方向发展，形成了若干规模庞大、结构复杂、技术先进的跨国跨区巨型电力系统，诸如覆盖美国、加拿大和墨西哥北部的北美电力系统，覆盖欧洲大陆24个国家和地区的欧洲电力系统，覆盖12个国家的非洲南部电力系统等。

电气化使人类摆脱了时间和空间维度对能源生产、利用的限制，被美国国家工程院评为"20世纪最伟大的工程成就"。电力为人类带来了优质、持续、便捷的二次能源供应，驱动人类生产生活方式发生翻天覆地的变化。电气化推动了人类文明的进步，成为现代社会发展水平的重要标志。电能用于照明，扩大了人类生活和生产活动的时空范围，改变了人类"日出而耕，日落而息"的生产方式。电冰箱、洗衣机、电炊具等家用电器设备也让人类的生活方式更加丰富，提高了生活质量。由发电、输电、变电、配电、用电等环节组成的电力系统，为人类提供源源不断便捷的能源供应。建立在电气化基础上的通信、医疗、国防、金融、教育、娱乐等领域的各类电力电子设备，已经与人类衣食住行、生产生活密不可分，并对人类的行为方式、健康寿命等产生了较大影响，成为现代社会不可或缺的重要组成部分。

因此，电气化既是工业化进程与能源革命共同推动的能源发展形态和利用方式，也是持续推动工业化进程与能源革命的物质基础和基本动力。电气化与一个国家或地区的资源禀赋、经济发展、能源战略、科技创新能力等密切相关并相互作用，支撑经济快速发展和人民生活水平的提升。同时，经济发展与能源转型、科学技术进步又进一步促进了电气化水平的提高。

1.1.2 电气化与工业革命

蒸汽机的发明和煤炭的大量使用，机器生产代替手工劳动，解放了生产力，催生了以纺织机、高炉炼钢、蒸汽机车、蒸汽轮船为代表的第一次工业革命，人类进入工业文明时代（图1.1）。第一次工业革命的代表技术是"蒸汽机"的发明，这是人类第一个通用、便捷、可移动的动力解决方案。特别是在1763年，英国格拉斯哥大学的技师詹姆斯·瓦特改良了蒸汽机后，1784年问世的珍妮纺织机实现了生产的机械化，从而催生了以车间、工厂为主的新型生产组织模式，大量农民与手工业者成为产业工人，以机械化为特征的第一次工业革命促使人类从农耕文明走向了工业文明。

发电机、内燃机的发明和石油、电力的大量使用，带来了以电气化为代表的第二次工业革命，带动电力、汽车、航空、化工等现代工业飞速发展。第二次工业革命的代表技术是电力、内燃机的发明和应用。1870年，美国辛辛那提屠宰场的自动化生产线建成，使大批量、流水线式生产成为可能。以福特汽车为代表的流水线生产，使人类社会进入产品大批量生产的新阶段。在第二次工业革命中，由于电能以电磁波为载体实现高速传播，使人类首次获得了可远距离传输高效能量的能力，电力系统中发电厂负责电力的生产，通过传输线将电能瞬间输送到远方，并通过配电系统分配到终端用户。在用电侧，一方面，终端负荷中广泛使用电动机，将电能转化为机械能，从而直接利用第一次工业革命机械化的核心成果，并进一步提升工业生产效率，极大地解放了生产力。另一方面，电气技术还通过电能的"光、热、磁"等效应，催生了电灯、电暖器、电冰箱、电梯等电器和设备，工业重心由纺织工业转向重工业，并出现了电力、化学、石油等新兴工业部门，全社会电气化进程加速推进，人类生产生活水平极大提升。电气化技术改变了人类生产和使用能源的方式，通过电能的广泛应用，改变了人类社会的发展模式，并成为信息技术和智能技术发展的基础，对人类社会生产力的繁荣发展和社会文明进步起到了前所未有的促进作用。

人类历史上的第三次工业革命开始于20世纪70年代左右。在第二次工业革命的基础上，第三次工业革命以信息化为主要特征，以电子计算机和互联网技术的广泛应用为代表，在前两次工业革命将人类从繁重的体力劳动中解放出来之后，在信息化时代，大量重复性的脑力劳动开始被计算机所替代，使生产自动化、办公自动化与家庭生活自动化具备了现实的基础，也预示着人类社会从机械化时代进入更高级的智能化时代。在这个过程中，电力作为最重要的二次能源，为经济发展和社会进步提供了便捷、安全、高效的动力。

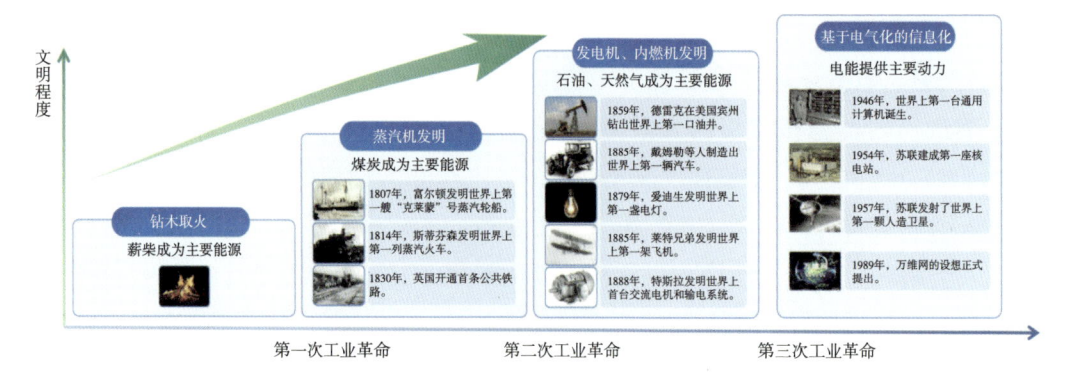

图 1.1 电气化与工业化发展演变过程

第四次工业革命正在逐步酝酿与发展。21世纪以来，以新能源开发利用为特征的新一轮能源革命在全球蓬勃兴起，电气技术与数字技术、信息技术加速深度融合，促进电气技术数字化、智能化升级，成为引领第四次工业革命的重要驱动力。

1.1.3 电气化发展现状

1.1.3.1 国外主要国家和地区电气化

全球发电能源占一次能源消费比重和电能占终端能源消费比重稳步提升，发达国家明显高于发展中国家。2020年，全球发电能源占一次能源消费比重为43.1%，其中，经济合作与发展组织（简称经合组织，OECD）国家为47.3%，非经合组织国家为42.8%。北美、亚太、中南美地区发电能源占一次能源消费比重处于领先水平，欧洲次之，中东、非洲整体较低。世界主要国家中，法国、日本处于领先水平，发电能源占一次能源消费比重分别达到55%、58%；俄罗斯处于较低水平，发电能源占一次能源消费比重为29%。

2020年，全球电能占终端能源消费比重为20%，其中，经合组织国家为22%，非经合组织国家为20%。北美、亚太地区电能占终端能源消费比重处于领先水平，欧洲、中南美略低于全球平均水平，中东、非洲处于较低水平。在世界主要国家中，日本终端电气化处于领先水平，电能占终端能源消费比重为29%，与其国内能源资源贫乏有关；美国、德国、英国电能占终端能源消费比重低于日本，与其终端天然气消费占比较高有关；俄罗斯电能占终端能源消费比重处于较低水平，约12%，与其终端石油和天然气消费占比较高有关。综上所述，主要国家在推进终端用能电气化方面存在差异，欧美、日本等主要发达国家电气化水平较高，电能占终端能源消费的比重保持相对稳定，巴西等主要发展中国家电气化

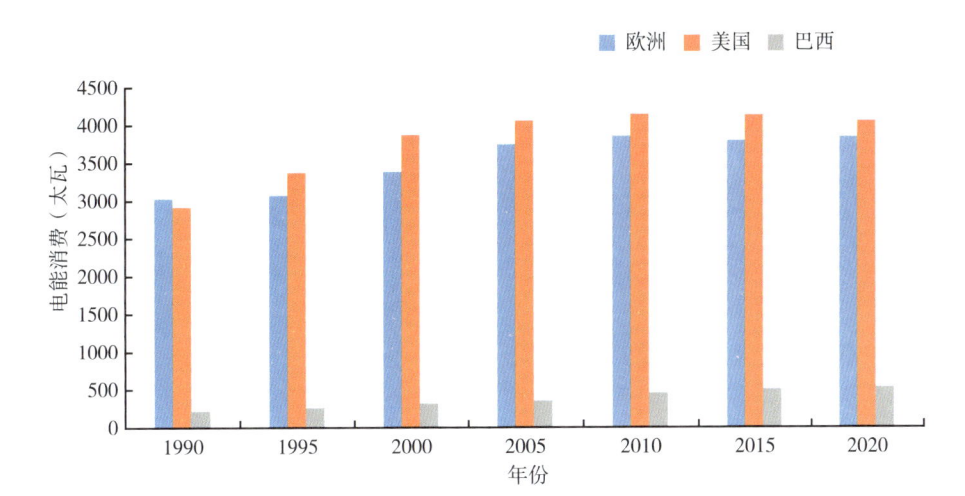

步伐加快，终端用能电气化水平快速提升，如图1.2所示。

图1.2 部分国家或地区终端电能消费量

全球清洁能源发电量占比和新能源发电量占比稳步提升[①]，发达国家发电结构清洁化程度优于发展中国家。2020年，全球清洁能源发电量占比为39%，新能源发电量占比为13%。经合组织国家清洁能源发电量占比为47%，较非经合组织国家的32%高15个百分点。经合组织国家新能源发电量占比为18%，较非经合组织国家的9%高9个百分点。世界主要国家中，英国、德国清洁能源发电量占比和新能源发电量占比均处于领先水平；美国清洁能源发电量占比较高，但新能源发电量占比相对较低，与其气电占比较高有关；俄罗斯清洁能源发电量占比较高，但新能源发电量占比远低于其他国家，与其天然气、核电、水电等传统的清洁能源资源丰富有关。同时，对美国、德国、法国、巴西等国1990—2020年能源结构调整趋势分析可见，美国和德国的可再生能源、低碳能源和天然气的发电占比均显著提升，巴西与法国可再生能源和低碳电源的占比始终处于较高比例，能源的清洁化水平最高，如图1.3所示。

综合以上分析，全球能源格局正向清洁能源主导、电为中心转变。其中，美国、德国、法国等国家在推动电力供应绿色低碳转型方面呈现趋同性，非化石能源发电量占比稳步提高；在提升终端用能电气化方面，各国有一定差异，与欧美发达国家电能占终端能源消费比重保持稳定相比，发展中国家的终端用能电气化水平上升较快。

[①] 根据英国石油公司（BP）统计，这里的新能源发电主要包括风电、光伏发电等；清洁能源发电主要包括核电、水电、新能源、气电等。

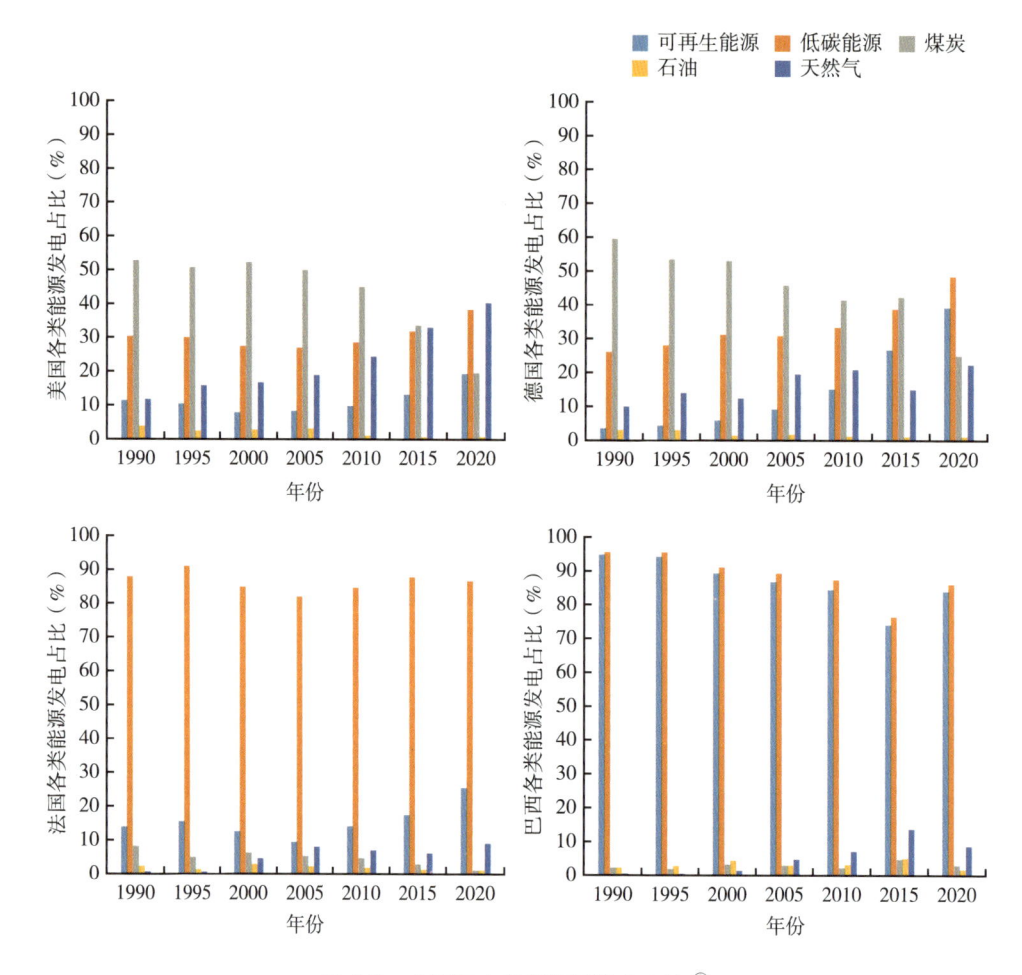

图 1.3 主要国家各类能源发电占比[1]

1.1.3.2 我国电气化发展情况

中华人民共和国成立以来,我国电力工业由小到大、由弱变强,为经济建设和社会发展提供了有力的支撑保障。

中华人民共和国成立到改革开放,我国逐步建立起完整的电力工业体系。发电方面,电力装机容量从 1949 年的 185 万千瓦,增长到 1978 年的 5712 万千瓦;发电量从 1949 年的 43 亿千瓦·时,发展到 1978 年的 2566 亿千瓦·时。电网方面,从 1949 年只有孤立电网、35 千伏及以上输电线路长度仅 6475 千米、变电容量仅 345 万千伏安,发展到 1978 年,初步形成了华北、东北、华东、华中、西北五个跨省电网及山东、福建、广东、广西、四川、云南、贵州等十多个省网。其

---

[1] 数据来源于国际能源署(IEA)(https://www.iea.org/data-and-statistics/data-sets/?filter=free)。低碳能源是指二氧化碳等温室气体排放量低或者零排放的能源产品,主要包括核能、部分可再生能源等;可再生能源是指风能、太阳能、水能、生物质能、地热能等非化石能源。

中，1971年，刘家峡水电站及刘家峡至关中330千伏线路建成，标志着我国第一个跨省区域电网形成。

改革开放以后，我国电力工业快速发展，满足了经济社会发展的用电需求。发电方面，截至2012年，电力装机容量增长到11.5亿千瓦，比1978年增加了19倍；年度发电量约5万亿千瓦·时，比1978年增加了18倍。全国在运、在建百万千瓦级机组容量居世界第一，30万千瓦及以上机组已经占到全国机组的75%以上。电网方面，形成了华北、东北、华东、华中、西北、南方、川渝7个跨省电网，并基本完成跨大区联网，形成了全国联合电网。2009年，建成投运第一条1000千伏特高压输电线路（晋东南—荆门）；2010年，建成投运两条±800千伏特高压直流输电线路（云南—广东，向家坝—上海）；2012年7月，三峡工程最后一台机组并网发电，三峡输电工程建设推动形成了全国电网互联格局。

党的十八大以来，我国能源生产侧和消费侧的电气化水平进一步提升，为经济由高速增长向高质量发展提供了有力支撑。在能源生产侧，稳步推进绿色低碳转型。建成世界规模最大的清洁能源供应体系，清洁能源发电装机超过11亿千瓦，风电、光伏发电装机均突破3亿千瓦。具有国际领先水平的特高压技术实现大规模应用，每年"西电东送"电量超过6000亿千瓦·时，其中70%以上为清洁能源，支撑西南地区建成8个千万千瓦级水电基地、"三北"地区建成16个千万千瓦级新能源基地。2012—2022年，我国煤炭消费比重从67%下降到56%，非化石能源消费比重从9.7%提高到16.6%。煤电装机占比2020年以来历史性降至50%以下。我国以年均3.1%的能源消费增长支撑了年均6.7%的GDP增长。单位GDP能耗下降26%，节约能源消费14亿吨标煤。碳排放强度下降34%，累计减少二氧化碳排放46亿吨。绿色低碳技术产业快速发展，形成完备的新能源技术研发和生产制造产业链供应链体系，全球十大风机制造企业中国有7家，陆上风电最大单机容量达到7兆瓦、海上风电达到16兆瓦。投产世界单机容量最大的百万千瓦水轮机组。推广应用国产第三代核电技术，具有第四代特征的高温气冷堆核电机组成功投运。火电碳捕集、利用与封存（CCUS）装置运行超过10年，保持最长运行时间世界纪录。在能源消费侧，加快提升电气化水平。大力实施电能替代，电能占终端能源消费比重达27%，超过经合组织国家平均水平5个百分点。2016—2020年，我国累计完成电能替代电量达9000亿千瓦·时左右。电气化铁路里程超过10万千米，纯电动汽车保有量超过800万辆。

当前，我国电气化发展进入以绿色低碳电力供应为牵引、以终端能源消费电气化为主线、以技术创新为驱动的新阶段。2021年，我国发电总装机约24亿千瓦，比1949年增长了1300倍；发电量达到8.3万亿千瓦·时，人均用电量约5900千瓦·时，比1949年增长了740倍。推动全国电网互联，促进清洁能源资源大规模开发和在全国范围优化配置。实现"户户通电"，不断提升电力供应保障能力和供电质量，全国供电可靠率达到99.865%。电力系统30多年没有发生大面积停电，创造了特大型电网安全运行的世界纪录。电力科技水平大幅跃升，实现了从跟跑、并跑到领跑的历史性跨越。

1.2 电气化与应对气候变化

1.2.1 电气化是应对气候变化的重要举措

目前，全球碳排放总量已达363亿吨，其中91%来自化石能源燃烧。在全球能源体系中，化石能源占比仍高达78%，发电总装机85亿千瓦、发电量28万亿千瓦·时，其中化石能源装机、发电量占比均接近60%。应对气候变化的根本出路在于减少化石能源消耗，发展可再生能源，实施电气化是重要途径。

欧美等国积极部署电动汽车和可再生能源。2021年10月，法国政府制定了一项300亿欧元的工业复兴计划"法国2030"（France 2030），其中40亿欧元用于交通部门支持电动汽车发展，设定了到2030年生产200万辆纯电动和混合动力汽车的目标。2021年11月，美国能源部宣布向25个项目资助1.99亿美元，支持汽车和卡车电气化，改善美国电动汽车充电基础设施，减少交通运输领域碳排放。韩国产业部公布了"碳中和产业能源研发战略"，分阶段开发17个重点产业和能源领域的核心技术，以实现2030年温室气体减排国家自主贡献目标和2050年碳中和目标，通过研发下一代技术，大规模推广太阳能和风力发电。2022年8月，美国参议院通过规模高达3690亿美元的气候法案，内容涉及降低消费者能源成本、投资清洁能源生产、减少碳排放、推动社区环境公平以及发展气候智慧型农林业等，支持清洁能源项目重点覆盖太阳能电池板、风力涡轮机、电池、电动汽车和氢能生产等领域。

我国大力实施电能替代和清洁替代政策。2022年3月初，国家发展改革委等十部门联合发布《关于进一步推进电能替代的指导意见》，提出"十四五"期间，进一步拓展电能替代的广度和深度，努力构建政策体系完善、标准体系完备、市场模式成熟、智能化水平高的电能替代发展新格局，到2025年，电能占终端能源消费比重达到30%，助力实现"双碳"目标。3月末，国家发展改革委、国家能源局公布《"十四五"现代能源体系规划》，要求坚持全国一盘棋，科学有序推进实现"双碳"目标，不断提升绿色发展能力，提升终端用能低碳化电气化水平，全面深入拓展电能替代，推动工业生产领域扩大电锅炉、电窑炉、电动力等应用，积极发展电力排灌等农产品生产加工方式，因地制宜推广空气源热泵等新型电采暖设备，实施港口岸电、空港陆电改造，科学有序推进"双碳"目标。6月，国家发展改革委等九部门联合印发《"十四五"可再生能源发展规划》，明确到2025年，可再生能源年发电量达到3.3万亿千瓦·时，"十四五"时期，可再生能源发电量增量在全社会用电量增量中的占比超过50%，风电和太阳能发电量实现翻倍。

全球研究机构积极倡导提升电气化水平以应对气候变化。2021年5月，国际能源署（IEA）发布《2050年净零排放：全球能源行业路线图》指出，全球实现净零排放，需要加快发展清洁高效能源技术，电力将成为终端能源消费的核心。预计2050年，全球发电量将增长接近3倍，电力占全球能源消费总量将超过50%，且可再生能源电力供应占主导地位。电力将在交通、建筑、工业等部门发展，并在氢气等低排放燃料生产中起着至关重要的作用。10月，《世界能源展望2021》报告指出，加快电气化、提高能效、减少甲烷排放以及推动清洁能源创新，将有助于将全球温升控制在1.5℃以内。2022年3月，英国石油公司（BP）发布《世界能源展望2022》报告指出，可再生能源是未来30年增长最为迅速的能源，在净零排放场景下，2050年可再生能源占比将达到50%，终端能源消费的电气化水平不断提高，2050年电力占终端能源消费的比例将超过50%。6月，《世界能源投资2022》报告指出，可再生能源、电网和储能占电力部门总投资的80%以上，太阳能光伏、电池和电动汽车的投资增速，要与2050年实现全球净零排放目标一致。2022年11月，国际电工委员会（IEC）召开第86届大会，以"引领IEC迈向未来"为主题，提出了建设数字化和全电气化社会的发展倡议，推动联合国可持续发展目标实现，助力全球绿色低碳转型。

主要国家和研究机构提出的净零排放实现路径表明，作为关键措施，提高能效、加速终端电气化、提高清洁电力供应比例等已形成全球共识。由于电力与其他形式的能源能够方便、高效地相互转换，并实现清洁化利用，通过提升电气化水平，可以提高能源利用效率、控制能源消费强度、降低碳排放强度。因此，电气化成为全球应对气候变化的重要举措。

1.2.2 应对全球气候变化行动

气候变化是人类社会面临的共同挑战。工业革命以来，人类活动燃烧化石能源、工业过程以及农林和土地利用变化排放大量二氧化碳，造成大气中温室气体浓度显著增加，加剧了以地表平均温度升高为主要特征的全球气候变化，人类可持续发展面临严峻挑战。1989年，世界气象组织和联合国环境署成立了政府间气候变化专门委员会（IPCC），为国际社会应对气候变化提供科学咨询。1992年，《联合国气候变化框架公约》（以下简称《公约》）通过，确立了应对气候变化的最终目标以及国际合作应对气候变化的基本原则，明确发达国家应承担率先减排和向发展中国家提供资金技术的义务，承认发展中国家有消除贫困、发展经济的优先需要。1997年，《公约》第3次缔约方会议通过了《京都议定书》，并于2005年生效，首次以国际性法规的形式对发达国家温室气体减排做出明确规定，创造性地建立国际排放贸易机制（IET）、联合履约机制（JI）和清洁发展机制（CDM）三个以市场为基础的灵活机制。2009年年底，《哥本哈根协议》签订，提出全球气温升幅应限制在2℃以内，各国应在2010年2月1日前向联合国提出2020年减排目标。2015年，全球近200个国家和地区达成了应对气候变化的《巴黎协定》，确立了全球应对气候变化的长期目标，到21世纪末将全球平均气温升幅控制在工业化前水平2℃以内，并努力将气温升幅控制在工业化前水平1.5℃以内。根据IPCC测算，若实现《巴黎协定》的1.5℃控温目标，全球必须在2050年达到二氧化碳净零排放（又称"碳中和"），即每年二氧化碳排放量等于其通过植树等方式减排的抵消量。目前，全球已有130多个国家和地区提出净零排放或碳中和等目标共计138项，所覆盖的温室气体排放量占全球总量的2/3，世界各国或地区设立的应对全球气候变化长期目标如表1.1所示。

表1.1 世界各国或地区设立应对全球气候变化长期目标[①]

长期目标	国家或地区	数量
净零	阿富汗、安哥拉、阿根廷、亚美尼亚、安提瓜和巴布达、贝宁、布基纳法索、孟加拉国、巴哈马、中非共和国、加拿大、瑞士、科摩罗、佛得角、哥斯达黎加、塞浦路斯、丹麦、多米尼加共和国、厄立特里亚、埃塞俄比亚、斐济、法国、密克罗尼西亚、英国、几内亚、冈比亚、几内亚比绍、格林纳达、圭亚那、克罗地亚、匈牙利、爱尔兰、牙买加、日本、柬埔寨、基里巴斯、韩国、老挝、黎巴嫩、利比里亚、莱索托、立陶宛、卢森堡、拉脱维亚、摩纳哥、马达加斯加、马尔代夫、马绍尔群岛、马里、缅甸、莫桑比克、毛里求斯、马拉维、纳米比亚、尼日尔、尼加拉瓜、尼泊尔、瑙鲁、新西兰、巴基斯坦、秘鲁、帕劳、巴布亚新几内亚、卢旺达、塞内加尔、所罗门群岛、塞拉利昂、圣多美与普林希比共和国、苏里南、斯洛伐克、瑞典、塞舌尔、乍得、多哥、东帝汶、汤加、特立尼达和多巴哥、图瓦卢、乌拉圭、美国、圣文森特和格林纳丁斯、瓦努阿图、萨摩亚、也门、南非、赞比亚、阿拉伯联合酋长国、澳大利亚、布隆迪、保加利亚、巴林、印度尼西亚、印度、以色列、哈萨克斯坦、尼日利亚、巴拿马、沙特阿拉伯、苏丹、索马里、泰国、土耳其、坦桑尼亚、越南、新加坡、纽埃	108

---

① 净零（Net zero）、零碳（Zero carbon）、碳中和（Carbon neutral）、气候中和（Climate neutral）等概念来源于世界各国或地区设立的应对全球气候变化长期目标，本书根据英文名称进行直译。

续表

长期目标	国家或地区	数量
零碳	厄瓜多尔	1
碳中和	比利时、巴巴多斯、不丹、智利、中国、哥伦比亚、冰岛、墨西哥、毛里塔尼亚、葡萄牙、安道尔、巴西、斯里兰卡、马来西亚、俄罗斯、乌克兰	16
气候中和/温室气体中和	奥地利、德国、西班牙、爱沙尼亚、芬兰、希腊、意大利、圣基茨和尼维斯、马耳他、斯洛文尼亚、罗马尼亚、南苏丹、欧盟	13（包括欧盟）
总计		138

1.2.2.1 欧盟

2005年，欧盟加入《京都议定书》，并于2008年发布"气候行动和可再生能源一揽子计划"，加大温室气体控制范围，大力发展可再生能源。2019年，发布全面气候能源政策规划《欧洲绿色协议》，就气候能源目标、产业扶持、立法等做出顶层设计，政策措施覆盖能源、工业、建筑、交通、食品、生态保护和生物多样性等领域，加快推动欧盟经济从传统模式向可持续发展模式转型。2020年，通过《欧洲气候法》，以法律形式明确了欧盟2030年减排目标和2050年气候中和目标。2021年，公布名为"减排55%"（Fit for 55）的气候能源一揽子政策框架，进一步明确气候中和目标的路线图。2022年，宣布启动第8次环境行动计划，提出温室气体减排、气候适应、循环经济、零污染、生物多样性、可持续环境6方面目标，用于监测欧盟到2030年环境和气候目标的进展，以及2050年"在地球边界内过上美好生活"的长期愿景。

1.2.2.2 美国

在奥巴马政府时期，美国先后颁布了《清洁安全能源法案》《气候行动计划》和《清洁电力计划》等立法文件，并推动《巴黎协定》的生效。在特朗普政府时期，宣布退出《巴黎协定》。2021年，美国气候政策出现重大调整，美国总统拜登宣布重返《巴黎协定》，将气候变化问题纳入美国的外交政策、国家安全战略和贸易方式，恢复奥巴马政府时期的一系列环境法规。2021年1月，拜登政府签署"关于应对国内外气候危机"的行政命令，发布"美国国际气候融资计划"，推动实施气候变化议程。发布《迈向2050年净零排放长期战略》，系统阐述了美国实现2050年净零排放的中长期目标和技术路径，在未来30年内，美国将通过清洁电力投资、交通和建筑电气化、工业转型等方式减少温室气体排放。2022年8月，拜登签署《通货膨胀削减法案》，拨款3690亿美元用于气候和清洁能源项目。

1.2.2.3 英国

2008年，英国颁布《气候变化法》，成为世界上首个以法律形式明确中长期减排目标的国家。2019年，新修订的《气候变化法》生效，正式确立到2050年实现温室气体净零排放的目标。2020年，发布《绿色工业革命十点计划：更好地重建、支持绿色就业并加速实现净零排放》，提出了发展海上风电、推动低碳氢能发展、加速向电动汽车过渡等10个计划要点。2021年，公布《净零战略》，力争在电力、工业、交通、建筑和供暖等方面实现净零排放。

1.2.2.4 日本

2010年5月，日本通过《气候变暖对策基本法案》，明确中长期温室气体减排目标，即到2020年温室气体排放量削减25%（以1990年为基准），到2050年削减80%。2020年10月，宣布到2050年实现温室气体零排放的目标；12月，发布《绿色增长战略》，对包括海上风电、燃料电池、氢能等在内的14个产业提出了具体的发展目标和重点发展任务。2021年4月，提出2030年较2013年碳达峰时温室气体排放量减少46%的中期目标；5月，通过修订后的《全球变暖对策推进法》，以立法的形式明确了到2050年实现净零排放的目标。

1.2.2.5 中国

我国持续实施积极应对气候变化国家战略。2020年9月，习近平主席在第七十五届联合国大会一般性辩论上发表重要讲话，宣布中国将提高国家自主贡献力度，采取更加有力的政策和措施，二氧化碳排放力争于2030年前达到峰值，努力争取2060年前实现碳中和。2021年3月，《中华人民共和国国民经济和社会发展第十四个五年规划和2035年远景目标纲要》进一步锚定远景目标，提出要"落实2030年应对气候变化国家自主贡献目标，制定2030年前碳排放达峰行动方案"。9月，中共中央、国务院印发的《关于完整准确全面贯彻新发展理念做好碳达峰碳中和工作的意见》提出，到2025年，非化石能源消费比重达到20%左右，到2030年，非化石能源消费比重达到25%左右，风电、太阳能发电总装机达到12亿千瓦以上，到2060年，非化石能源消费比重达到80%以上，碳中和目标顺利实现。10月，国务院印发《2030年前碳达峰行动方案》提出，将碳达峰贯穿于经济社会发展全过程和各方面，重点实施推动节能降碳增效、推动能源绿色低碳转型等"碳达峰十大行动"。2022年，陆续出台了能源、工业、建筑、交通等重点领域和电力、钢铁、水泥、石化、化工等重点行业的碳达峰实施方案，以及科技、财税、金融等保障措施，例如：2022年1月，交通运输部印发了《绿色交通"十四五"发展规划》；2月，工业和信息化部印发了《关于促进钢铁工业高质量发展指导意见》；3月，国家发展改革委印发了《"十四五"现代能源体系规划》；

6月，交通运输部印发了《贯彻落实〈中共中央 国务院关于完整准确全面贯彻新发展理念做好碳达峰碳中和工作的意见〉的实施意见》；7月，住房和城乡建设部发布了《城乡建设领域碳达峰实施方案》；8月，工业和信息化部印发了《工业领域碳达峰实施方案》等，碳达峰碳中和"1+N"政策体系基本建立。2022年10月，党的二十大报告提出"积极稳妥推进碳达峰碳中和。实现碳达峰碳中和是一场广泛而深刻的经济社会系统性变革。立足我国能源资源禀赋，坚持先立后破，有计划分步骤实施碳达峰行动。完善能源消耗总量和强度调控，重点控制化石能源消费，逐步转向碳排放总量和强度'双控'制度。推动能源清洁低碳高效利用，推进工业、建筑、交通等领域清洁低碳转型。深入推进能源革命，加强煤炭清洁高效利用，加大油气资源勘探开发和增储上产力度，加快规划建设新型能源体系，统筹水电开发和生态保护，积极安全有序发展核电，加强能源产供储销体系建设，确保能源安全。完善碳排放统计核算制度，健全碳排放权市场交易制度。提升生态系统碳汇能力。积极参与应对气候变化全球治理"。

1.3 再电气化

1.3.1 再电气化的内涵及主要特征

1.3.1.1 再电气化的内涵

19世纪后期电的发明和在20世纪的广泛利用，推动了第二次工业革命，对人类社会繁荣发展和文明进步起到了重要促进作用。进入21世纪以来，随着能源生产和消费革命持续深化，全球范围正在开启新一轮电气化进程，即再电气化。与传统能源生产和消费方式下的电气化相比，再电气化从能源生产环节看，体现为越来越多的风能、太阳能等新能源通过转换成电力得到开发利用；从终端消费环节看，体现为电能对化石能源的深度替代。再电气化是指在能源生产侧实施清洁替代，以低碳能源代替高碳能源；在能源消费侧实施电能替代，推动清洁电力的大范围使用，以电为中心、电力系统为平台，建设高度电气化社会。本质上讲，再电气化是一种涉及能源开发、转化和利用的方式，是与人类文明进步、社会变革、工业化信息化数字化进程等密切相关、与时俱进的动态概念，是顺应全球绿色低碳发展趋势、对能源变革新形势下电力发展规律的认识，是传统电气化的跃升与发展。再电气化的内涵主要体现在四个方面。

（1）电能作为清洁、高效、便捷的二次能源，已成为多种能源综合利用的优先选择

人类文明的发展史也是一部能源利用的历史，能源的利用方式深刻影响着人

类社会发展和文明进步。钻木取火是人类在能源利用方式方面的最早一次技术创新。恩格斯说:"摩擦生火第一次使人支配了一种自然力,从而最终把人同动物分开。"第一次工业革命期间,蒸汽机的发明进一步改进了人类的能源利用方式,能够将一次能源通过"蒸汽"作为媒介,成功转化为机械能加以利用。19世纪后期,电机的发明和电力的广泛应用开启了第二次工业革命,人类社会从此由"蒸汽时代"迈入崭新的"电气时代"。随着能源科技的不断创新及数字化技术加快赋能,自然界中大部分一次能源都可以大规模、高效率地转化为电能,电能又可以方便地转换为机械能、热能等其他形式的能源,并实现灵活调节和精确控制。统计分析表明,电能的综合能源利用效率达90%以上,电能的经济效率是石油的3.2倍、煤炭的17.3倍,即1吨标准煤当量电能创造的经济价值与3.2吨标准煤当量的石油、17.3吨标准煤当量的煤炭创造的经济价值相当。因此,电能是人们优先选用的二次能源,清洁电能将广泛地替代化石能源用于终端能源消费。图1.4给出了以电为中心的综合能源系统示意图。

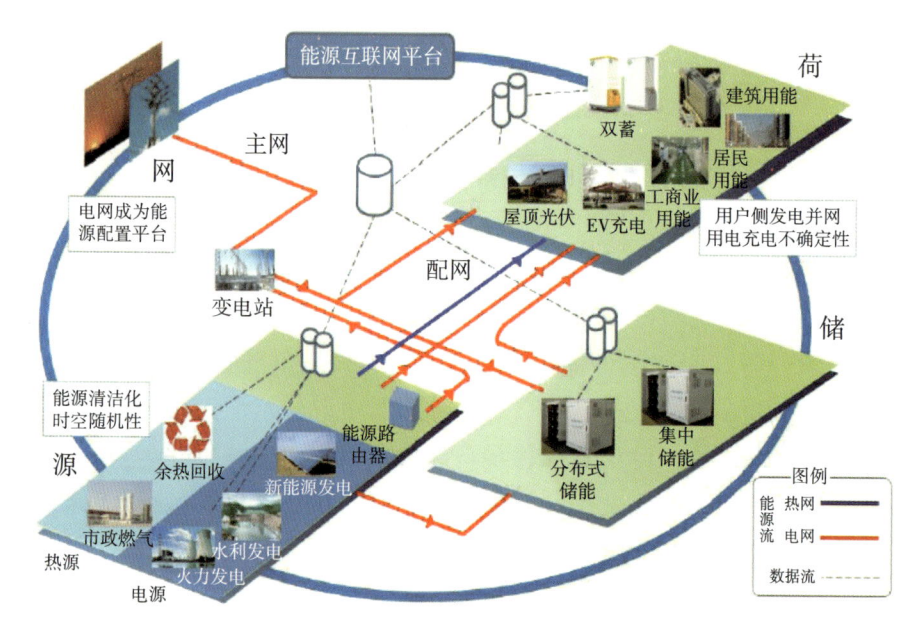

图 1.4 以电为中心的综合能源系统示意图

(2)人类生产生活与电能联系紧密,加速电气化进程已成为必然趋势

电能融合了支撑人类社会发展的三大基本要素:物质、能量和信息。各类电力设备涌入千家万户和各行各业,工业、建筑、交通等国民经济部门均建立在电气化基础上,电气化形成的大规模电力系统为人类经济社会发展提供了重要的能量来源。以电磁为载体的通信网络和信息控制系统构成了现代社会的神经网络。新一轮能源革命正在加速演进,风、光等新能源加快发展,将大规模代替化石能

源成为主体能源。电是清洁能源开发利用最有效的途径。2020年，全球电能占终端能源消费比重达20%，预计2060年，随着风、光、水、核等多种能源的综合开发利用，全球一次能源消费总量将达到260亿吨标煤，非化石能源消费比重达到70%，电能消费比重达到60%，全球电气化水平将以前所未有的速度实现快速提升。到2060年，95%的非化石能源将转化为电能使用，每1度电中的清洁能源发电量占比超过93%。综上可见，要在40年内实现全球电气化率由20%到60%的大幅提升，是前100年年均增速的8倍，需要通过对传统电气化进行全面升级，推动人类社会电气化水平快速提升。

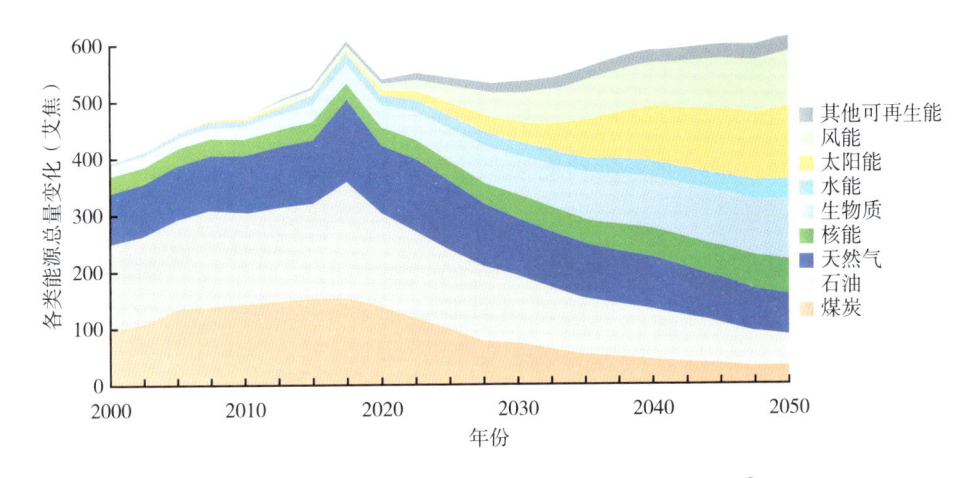

图1.5 全球净零排放路径下的能源供应体系转型[①]

（3）电气化进程的深度和广度不断拓展，助力经济社会高质量发展

从终端能源消费环节看，传统的用电领域和用电方式主要包括照明、加工、制造、运输、制冷、通信等方面。再电气化进程中，电能的利用规模和范围将进一步扩大，对其他终端能源消费品种呈现深度广泛替代的趋势。未来，随着电能替代技术经济性不断提高、政策及标准体系逐步完善，工业电锅炉、电窑炉、电动汽车、电采暖等电供能设备将不断推广普及，工业、交通、建筑等终端部门电气化水平将持续提升。预计到2060年，全球建筑部门的电气化率由目前的32%上升到73%；工业部门将从目前的26%上升到50%；交通部门将从目前的1%上升到49%，其中电动汽车的保有量于2030年、2060年将分别突破3.8亿辆、20亿辆。此外，随着5G时代的到来，数字经济产业迎来加速发展，数据中心快速扩容，物联网、通信基站等领域的电力需求将保持强劲增长，进一步拉动全社会电气化水平提升，预计到2060年，全球电力消费需求增速将达到能源消费需求增速的3倍以上。

---

① 数据来源：国际电工委员会（IEC）。

（4）电能作为方便使用的清洁二次能源，将引领绿色发展

随着全球气候变化、环境污染和化石资源枯竭等问题日益突出，以新能源快速发展为代表的新一轮能源革命加快演进。在能源转型主战场上，电力作为主力军，推动能源实现清洁化、低碳化转型是大势所趋，将引领人类迈向绿色发展之路。新能源、智能电网、先进储能等新技术发展，电力技术与数字技术深度融合，将推动形成以清洁能源为主导、高度电气化的智慧能源体系，满足多元化用能需求，提升经济发展质量，促进生态环境改善。电力是现代经济社会发展不可缺少的动力来源，产业转型升级离不开电力的基础支撑。提供动力、热力的能源将以清洁电力为主，新的生产生活方式主要建立在用电基础上。电气化将改变人们的用能习惯，电动汽车、智能家居、全电厨房、热泵供暖、绿色交通等为生活提供更多便利，助力全社会形成经济高效、低碳环保的生活方式。能源电力与数字技术催生绿色新兴产业，带动传统产业链重塑和转型升级，满足人们日益增长的、更高水平的绿色生产生活需求，加速推动经济社会向着绿色可持续方向迈进。美国作家杰里米·里夫金指出："当能源、通信和交通三个要素同时发生变化时，也意味着新经济体系正在形成。"人们将通过人工智能、机器人等依靠电力驱动的智能技术弥补脑力和体力的局限，通过虚拟现实、元宇宙、脑机接口等基于电气化的软硬件技术拓展丰富的精神体验，无人驾驶汽车、智能家电等基于先进通信技术的电驱动产品将进一步提升人们的工作和生活效率。电力将无处不在、无时不有，人们将进入高度电气化社会（图1.6）。

图1.6 高度电气化社会示意图

1.3.1.2 再电气化的主要特征

实施再电气化，就是落实国家能源发展战略要求，以清洁化、电气化、数字化、标准化（"四化"）为主要特征，以电为中心、电力系统为平台，加快提升电气化水平，推动能源清洁低碳高效利用，助力实现"双碳"目标。

（1）清洁化

在电力生产侧，大力实施清洁替代，打造深度低碳（零碳）电力系统。从能源生产环节来看，传统电气化主要依靠煤炭、天然气等化石能源发电来保障电力供应，加重温室效应和环境负担。提高清洁能源占一次能源消费比重、降低碳排放，从根本上解决人类能源供应长期面临的资源与环境约束问题，是实现能源可持续开发利用的重要举措。

考虑能源使用全环节排放，可以将能源活动二氧化碳排放分解为能源消费侧的化石能源消费排放和能源生产侧的电力、热力排放的总和。

能源生产侧的碳排放主要来源于生产电力、热力的化石燃料，清洁化率越高，等效排放因子越低，从而降低能源碳排放强度。因此，减碳的根本途径是清洁替代，主要着力点在清洁能源稳步替代煤炭等化石能源发电。

2021年，中共中央、国务院《关于完整准确全面贯彻新发展理念做好碳达峰碳中和工作的意见》提出，积极发展非化石能源。实施可再生能源替代行动，大力发展风能、太阳能、生物质能、海洋能、地热能等，不断提高非化石能源消费比重。受益于政策支撑和保障，风能、太阳能等新能源发电将进入大规模开发和利用的新发展阶段，推动我国能源结构逐步由化石能源占主导向由风、光、水等非化石能源为主导转变。

除有效降碳外，清洁化还有两大驱动因素：一是清洁能源品种多元、来源广泛，包括风、光、水、核、生物质能、地热能、空气能、潮汐能等多种能源。根据相关文献，80%以上的非化石能源需要转换为电能才能实现便捷使用，通过电能高效清洁地加以利用，避免对单一能源品种产生依赖的风险。二是以风电、太阳能发电等为主的新能源开发利用技术经济性快速提升。随着能源科技水平的不断提升以及数字化智能化技术的推广应用，光伏电池转换效率不断提高、风机大型化集群化发展，新能源发电的度电成本将呈持续下降态势。近10年，我国光伏发电成本下降90%，转换效率不断提升，钙钛矿太阳能电池转换效率接近30%。陆上风电成本下降60%，海上风电成本下降48%。新能源产业发展由政策驱动逐步有序转为市场驱动。2012—2021年我国电力装机结构变化如图1.7所示。

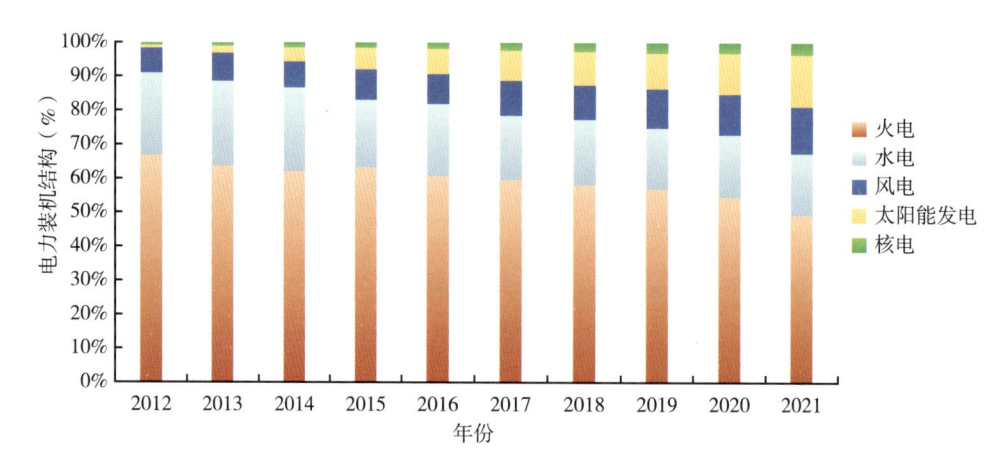

图 1.7　2012—2021 年我国电力装机结构变化

（2）电气化

在能源消费侧，大力实施电能替代，推动实现高度电气化社会。电力是能源转型的中心环节，不仅自身要实现深度低碳（零碳），还要通过大力实施电气化，实现对工业、建筑、交通等终端领域用能的电能替代，服务全社会降碳脱碳。

电气化率越高，消费侧碳排放越低。提高电气化率能够显著提升能源利用效率并大幅降低碳排放强度。能源消费侧碳排放主要集中在工业、建筑、交通部门，减少消费侧碳排放，就要大力提升工业、建筑、交通行业的电气化水平，实施"以电代煤、以电代油、以电代气"，实现电能对化石能源的深度替代。

除有效降碳外，电气化还有两大驱动因素：一是我国发展新旧动能转换，产业转型升级需要以电气化为基础。在工业部门，高耗能行业电能替代潜力较大，高功率的电窑炉等电气设备使用比例将逐步提升。同时，随着新型工业化发展，数字化助力传统产业升级，5G、大数据中心等技术的应用，高精密芯片、操作系统软件等高端制造业的发展，都将成为未来用电增长的重要推动力。在建筑部门，主要通过电气化满足人们对美好生活的需求。利用清洁电能的供热、制冷等电力设备是人们抵御严寒、解暑降温、储存物资、提高生活品质的重要手段。在交通部门，发展电动汽车是我国降低石油对外依存度、实现汽车产业换道超车的历史性机遇，也将快速提升交通部门的电气化水平。二是电能的终端能源利用效率要高于以油气为燃料的用能设备（表 1.2）。电能是清洁、高效的二次能源，在工业、建筑、交通等部门，以电为能源的设备效率均高于以煤炭、天然气为能源的设备。在工业蒸汽供应、建筑供暖、公路交通等领域，相应的电锅炉、热泵、电动汽车等用电设备均具有较高效率的优势，通过以绿色电力替代传统化石能源，有利于减少终端使用能源总量，提高整体能效。

表 1.2 终端主要领域典型设备效率

应用领域	设备类型	能源品种	效率
工业用热、建筑供暖	燃煤锅炉	煤	70%~85%
	燃气锅炉	气	90%
	电锅炉	电	95%以上
	热泵	电	能效比=3~5
炊事	燃气灶	气	50%~60%
	电磁炉	电	85%
交通	燃油汽车	油	40%~50%
	电动汽车	电	90%

（3）数字化

能源电力技术与数字技术深度融合，有助于提升能源利用效率。利用现代信息技术，实现源网荷储海量资源可观、可测、可控，提升电力系统智能互动、灵活调节水平。传统能源电力配置方式由部分感知、单向控制，转变为高度感知、双向互动、智能高效。2021年11月，国家能源局、科学技术部发布《"十四五"能源领域科技创新规划》提出，聚焦新一代信息技术和能源融合发展，推动煤炭、油气、电厂、电网等行业与数字化、智能化技术深度融合。为数字化赋能能源电力系统指明了技术发展方向。数字化主要有两大驱动因素。

1）数字化可显著提高效率。瑞士联邦理工学院的能源学家丹尼尔·施普伦（Daniel Spreng）提出，在各类产业模式中，能量、信息和时间三个要素存在着相互代偿的关系，即如果对其中一个要素耗费的资源较多，则对另外两个要素耗费的资源需求相对降低。以能源电力系统为例，加强数字化信息化建设，提升数据和信息处理及分析能力，将降低能量消耗、提高运行效率，进而说明了数字化能够提升系统整体效率。具体分析，根据施普伦三角理论，面对新一代能源电力系统的海量数据信息，需要充分利用5G、大数据等新一代信息技术，降低对能量和时间的需求，也就是提高风光等新能源的利用效率，并通过数字化赋能新型电力系统、提高消费端能源使用效率，进而从总体上降低碳排放。

2）数字化与清洁化、电气化相融共进。一方面，电气化是数字化的动力基础，电气化提供的电能为集成电路、通信设备等电力电子装备提供发展动能。数据中心、通信基站等领域的电力需求将保持增长，进一步促进全社会电气化水平提升。另一方面，数字化是电气化在电子技术等弱电领域的延伸，数字化技术对实现能源转型至关重要，是提升可再生能源消纳水平和终端电气化水平的重要环节。电力系统的形态正在发生重大变化，从以化石能源装机为主，变为新能源占比逐步提高的电力电子系统，电动汽车、储能等多元负荷和分布式、微电网大量接入，分散性、随机性、波动性显著增强。依靠数字赋能，构建"广泛互联、智能互动、灵活柔性、安全可控、开放共享"的新型电力系统，可以优化传统电网的运行状态和控制模式，大大增强电力系统弹性，有力支撑可再生能源大规模开发利用。数字化技术还将提高用户侧主动响应能力，以电动汽车为例，实现有序充放电需要依靠数字信息化技术，实现电气设备接入与电力系统运营的高度融合和有机统一。

未来，我国数字化赋能电力系统主要体现在四大能力的提升（表1.3）。① 在全景状态感知能力方面，为海量感知数据的采集接入提供底层支撑，是信息的智能传感、分析计算、可靠通信与精准控制的基本物理实现；② 在高效通信传输能力方面，为未来能源互联网所产生的大量交互数字信息提供可靠安全的通信保障；③ 在海量数据计算能力方面，为海量数据的处理、存储、分析及交互提供了高速平台服务与可靠技术支撑；④ 在复杂系统分析决策能力方面，为能源物理系统提供全面映射、协同建模、智能优化、在线演进推算等多重功能支撑，提升新型电力系统的网源协调发展与调度优化水平，促进新能源并网消纳，提高能效与终端电气化水平，保障电力设备与电力网络安全，支撑电力市场高效安全交易，助力新型电力系统和新型能源体系建设。

表1.3 数字化技术赋能示例与典型应用场景

赋能方向	应用场景	传统技术不足	数字化技术赋能效果
感知能力	新能源场站监测	温度、湿度、压强等分立式传感器，测点繁多且传感装置过多。	应用多参量场站设备、气象环境监测感知等技术，有效提升新能源场站本体设备及环境监测的智能化水平。
	需求响应	电参量、环境等分立式传感器，无法实现用户需求主动管理。	应用用户需求响应终端为精细化综合能源服务与自动响应提供数据基础。
传输能力	电力设备巡检与监测	4G网络速率低、覆盖范围小。	应用5G、边缘计算等技术，开展机器人/无人机巡检与高清视频监测等业务。
	调度综合信息网	四级网络各自成网，网络互相隔离、网管众多，业务跨域调度困难。	应用骨干光传输技术支撑调度信息实时安全传输。
	输电线路通道环境卫星遥感巡视和环境感知	对于无网络覆盖的地区信息无法采集，单一通信技术数据采集灵活性低。	应用空-天-地一体化通信网络与时频同步技术，支撑输电线路通道环境卫星遥感巡视、线路通道环境隐患巡视可视化和卫星遥感（气象）电网环境感知等业务。
	电力设备物联网	输变电场景中传感器部署灵活，采用有线方式进行数据采集，组网形式不灵活。	应用本地通信技术支撑输变电场景各类感知数据实时上传、灵活采集。

续表

赋能方向	应用场景	传统技术不足	数字化技术赋能效果
计算能力	电力海量数据存储、查询、分析	关系型数据库模型，存储、查询效率低，响应慢，三跳邻居查询时间在分钟级别。	应用数据库模型、内存计算、分布式并行计算、分解聚合等技术，大幅提升存储和查询效率，其响应时间为毫秒级。
决策能力	网源协调与调度优化	物理建模仿真与人工调度经验，策略生成周期长，严重依赖人工经验，难以适应新型电力系统发展。	应用深度强化学习、人机混合增强智能等技术，构建调度智能辅助决策系统。
	新能源消纳全过程仿真	气象预测与物理建模仿真，仅适用于一定比例范围内的新能源电力系统。	应用机器学习、群体智能、混合增强智能等技术，促进大规模新能源消纳。
	综合能源数字仿真系统	主要采用物理建模仿真，边界条件、器件基础模型设置影响较大。	应用数字孪生系统、群体智能等技术，构建广域能源互联网系统。
	高效市场交易	运筹学、博弈论与人工经验，难以实现高频高效交易。	应用深度强化学习、运筹学、博弈论等技术与理论，实现电力交易市场高频、安全交易。

（4）标准化

发挥标准的引领作用，以标准促进再电气化进程中的科技创新和产业发展。标准是人类文明进步的成果，已成为世界"通用语言"。标准应工业革命而生，伴随科学技术与产业发展而壮大，与创新有着天然的联系。标准的作用，也从最初的保证产品通用性，演变为对科技创新和产业发展的战略引导和系统性支撑，成为能源绿色低碳转型的技术支撑和基础性制度。我国高度重视标准化工作，提出一系列重要要求，作出一系列重大部署。2019年10月，习近平总书记在致第83届国际电工委员会（IEC）大会的贺信中强调，要积极推广应用国际标准，以高标准助力高技术创新，促进高水平开放，引领高质量发展，为我国标准化工作进一步指明了方向，提供了根本遵循。2021年10月，中共中央、国务院印发《国家标准化发展纲要》指出，要提升标准国际化水平，实现标准化工作由国内驱动向国内国际相互促进转变，极大拓展了我国标准化工作的广度和深度。2022年10月，国家能源局印发《能源碳达峰碳中和标准化提升行动计划》，明确了大力推进非化石能源标准化、加强新型电力系统标准体系建设、加快完善新型储能技术标准、加快完善氢能技术标准、进一步提升能效相关标准、健全完善能源产业链碳减排标准六项重点任务，为加快提升能源行业标准化水平起到重要推动作用。标准化主要有三大驱动因素。

（1）标准化有利于推动高质量发展

标准化有助于提高技术创新效率，在提升全要素生产率、优化产业结构、促进经济高质量发展等方面具有正向作用，助力我国建设质量强国。

（2）标准是电工装备等智能制造发展的重要引擎

智能制造将新一代信息技术与先进制造技术深度融合，通过全环节数据共享、全方位系统集成，推进制造业数字化转型、网络化协同、智能化变革。标准是促进科技创新与产业发展的桥梁，标准的开放性、兼容性、互操作性是智能制造的重要技术基础，通信、接口、协同等各类标准的应用，为产品智能制造提供了技术实现途径。

（3）标准化与清洁化、电气化、数字化互动支撑，促进技术产业创新发展

在推进清洁化进程中，由于新能源发电具有间歇性、随机性和不确定性，大规模开发带来能源电力稳定可靠供应等一系列亟须破解的科学技术问题，需要以标准化促进源网荷储协同创新。例如，在推进电气化进程中，将面临工业、建筑、交通等不同行业、各种类型的终端负荷，通过开展电动汽车、储能等接网标准化工作，促进各类电气元件标准化、模块化，推动实现电能生产、消费设施的"即插即用"与"双向传输"，大幅提升清洁能源和多元化负荷的接纳能力。在推进数字化进程中，以标准化为纽带，有效衔接"强电"与"弱电"的控制端口，实现电力系统与信息系统的兼容与融合，促进形成"瓦特流"+"比特流"相融互进的全面电气化。

以国家政策及相关要求为依据，加快构建以科技创新为支撑、以产业升级为动力、以人才队伍建设为保障的标准化生态体系（图1.8）。在头部企业开展国际标准培训，带动产业链上下游企业共同参与标准化体系建设。围绕实现"双碳"目标，完善新能源和可再生能源、绿色低碳工业、建筑、交通、CCUS等前沿低碳零碳负碳技术标准。以标准化为抓手，打破学科界限，推动产学研用协同并进。深化新能源、电工装备、节能环保等领域国际标准研究与研制，加大技术标准对接和互认力度，促进国际贸易和经济发展。积极推进我国与国际标准化组织的交流合作，为制定国际标准贡献中国智慧和中国力量。

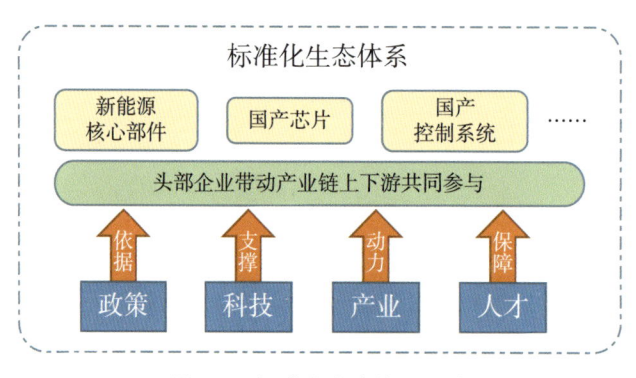

图1.8 标准化生态体系设计

1.3.2 再电气化新的历史使命

再电气化是顺应世界能源变革、积极应对气候变化和促进人类文明进步的战略选择。对于世界而言，再电气化将使世界能源发展摆脱资源、时空和环境约束，实现大规模清洁能源高效开发和利用，推动清洁能源成为主导能源，让人人享有更充足的能源供应、更宜居的生活环境，进而为构建人类命运共同体、促进人与自然和谐共生提供坚强的动力保障。对于我国而言，再电气化是落实"创新、协调、绿色、开放、共享"五大发展理念、深入贯彻"四个革命、一个合作"能源安全新战略、推动实现"双碳"目标的重要体现。加快推进再电气化，对推动能源转型变革、提升经济发展质量效益、促进生态环境改善具有重要意义。以再电气化为抓手推动能源转型，既要保障供应安全，满足经济社会发展需要，又要实现全面绿色转型，是一项复杂的系统工程，将面临新形势、新任务、新挑战。再电气化将肩负起新的历史使命，助力破解能源安全、经济、环境"不可能三角"难题，为人类享有安全可靠、经济高效、绿色低碳的能源供应和美好的生活环境作出积极贡献。

1.3.2.1 再电气化是保障能源安全的战略选择

目前，全球每年化石能源消费量约158亿吨标煤，占能源消费总量的80%以上，全球石油、天然气储产比仅有50年左右。化石能源供应链长，能源可靠供应受外部因素影响大，缺乏韧性。近年来，受自然灾害、极端天气等影响，全球发生多起大面积停电事件。例如：2019年8月19日，由于遭受雷击，英国400千伏输电线路故障，海上风电脱网、损失出力73.7万千瓦，燃气电站跳机、损失出力64万千瓦，系统频率下降，引发连锁反应，分布式电源脱网，低频减载切负荷124万千瓦，造成大面积停电；2021年2月中旬，美国得克萨斯州遭受暴风雪极端天气，造成大量机组停运和负荷损失，风机、天然气管道等因结冰无法运行，约400万用户失去供电供暖一周时间。

再电气化对保障能源安全，主要体现在"开源"和"节流"两个方面。在"开源"方面，再电气化推动清洁能源大规模开发和利用，深度替代高污染、高碳的化石能源，风能、光能、水能、地热能等可再生能源来源广泛，通过风力发电机、光伏光热装置、水轮发电机等载体转换为电能，在电力供应侧逐步实现清洁替代，可缓解因化石能源供应不足导致的能源短缺，并将从长远角度为人类摆脱化石能源提供有力支撑。同时，通过煤炭绿色开采和清洁利用、煤电超低排放和节能改造等，实现化石能源高效清洁利用，大幅降低污染物排放和碳排放。在"节流"方面，利用电能替代煤炭、石油等终端化石能源消费，特别是对散烧煤替代，降低终端消费环节污染物排放，不断提升终端能源利用效率，推进能源消费绿色革命。在再电气化发展过程中，推动构建新型电力系统，以双向互动、灵活高效的方式尽可能多地消纳清洁能源，减少化石能源消费。

1.3.2.2 再电气化是实现能源绿色低碳转型的关键路径

在全球二氧化碳总排放量中，91%来自化石能源。能源活动排放了全球99%的二氧化硫和氮氧化物、85%的空气颗粒物（PM_{10}和$PM_{2.5}$），造成酸雨、雾霾和大量水体、土壤污染等问题。世界卫生组织（WHO）指出，目前全球80%的城镇人口生活在空气质量不达标地区。IPCC研究表明，工业革命以来，人类使用化石能源已累积排放二氧化碳超过1.6万亿吨，导致全球平均地表温度比工业化前水平升高了1.2℃，平均海平面上升超过20厘米。如果不采取有力措施，2030年全球升温很可能突破1.5℃。人类可持续发展离不开能源，但建立在化石能源之上的发展不可持续。

再电气化通过加速能源供应和终端消费的电气化进程，实现污染物减排、集中控碳脱碳、提高效率和精确控制，推动能源发展向清洁、低碳、高效、智能的方向转型。主要表现在以下几方面：① 再电气化是能源清洁转型的关键举措，再电气化推动清洁能源大规模开发和利用，化石能源高效清洁化利用，在推动低碳发展的同时，大幅降低二氧化硫、氮氧化物、可吸入颗粒物等大气污染物排放，比如煤电超低排放技术可实现集中脱硫脱硝和除尘；② 再电气化是能源低碳转型的有效途径，以风、光、水、核、生物质等清洁能源产生的电能替代煤炭、石油等终端化石能源，实现化石能源集中控碳与脱碳；③ 再电气化是能源高效利用的重要手段，电能的终端利用效率高达90%以上，再电气化有利于提升终端能源利用效率；④ 再电气化是能源智慧转型的必然选择，电力灵活可控的特性可与信息通信、互联网等技术有机融合，构建自动化、智能化、互联化能源体系，满足多样化交互式的用能需求。

1.3.2.3 再电气化是推动经济高质量发展的重要引擎

工业革命以来，人类对化石能源的大量使用带来了气候变化、环境污染、资源短缺等一系列问题，过去高污染、高排放的粗放式发展方式是不可持续的。

再电气化将推动能源电力技术更新换代和产业升级，成为经济持续增长的新引擎，具有重要的经济社会综合效益。电是唯一可以与其他能源直接大规模转换的能源。随着低碳转型和数字经济发展，电力不仅是经济增长的动力保障，还是绿色发展的引领。在再电气化的带动下，能源技术与数字技术深度融合，新能源、新材料、智能装备、电动汽车、电化学储能、综合能源等新产业焕发生机，带来生产方式的深刻变革，助推新一轮工业革命。更高效率的风机和太阳能电池、更长续航的电动汽车等新技术装备将不断涌现，推动能源产业快速发展，推动科技创新和产业升级，形成以清洁能源为主导、高度电气化的智慧能源体系，为各类用户提供全方位的综合能源服务，更好满足多元化用能需求，提升经济发展质量，促进生态环境改善，实现可持续发展，使人人享有可获得、可负担、安全可靠的能源供应保障，为经济发展注入新动能，对人类文明进步产生重要的推动作用。再电气化还催生出一些新模式、新业态，比如虚拟电厂、微电网、分布式储能、电动汽车与电网互动（V2G）等，使大量交汇于多种能源与电力的商业实践成为可能，逐渐成为经济新的增长点。

1.3.2.4 再电气化是推动构建人类命运共同体的重要桥梁纽带

2022年10月16日，党的二十大报告指出："当前，世界之变、时代之变、历史之变正以前所未有的方式展开，人类社会面临前所未有的挑战。世界又一次站在历史的十字路口，何去何从取决于各国人民的抉择。"从能源角度来看，全球能源发展正处于变革时期，人类对能源的需求仍将保持刚性增长，石油、天然气等化石能源短缺导致的能源价格高涨给人类敲响了警钟，建立在化石能源基础上的传统能源发展方式不可持续。对此，人类需要以新的能源发展方式共谋发展、共克时艰，以能源转型促进可持续发展。

再电气化将促进人类在能源与信息、生产与消费等诸多问题上开展密切合作，起到凝聚人类共识的天然纽带作用。以再电气化为桥梁，多学科交叉融合、多产业相互协同、多技术集成创新，不断催生出跨越性、变革性、颠覆性的有效合力，提高经济社会发展质量，推动不同国家和地区文明协同发展、共同进步，助力推进构建人类命运共同体。

参考文献

[1] 舒印彪，谢典，赵良，等. 碳中和目标下我国再电气化研究[J]. 中国工程科学，2022，24（3）：195-203.

[2] 舒印彪，陈国平，贺静波，等. 构建以新能源为主体的新型电力系统框架研究[J]. 中国工程科学，2021，23（6）：61-68.

[3] 舒印彪，张丽英，张运洲，等. 我国电力碳达峰、碳中和路径研究[J]. 中国工程科学，2021，23（6）：1-13.

[4] 舒印彪. 加快再电气化进程促进能源生产和消费革命[EB/OL]. http://www.cppcc.gov.cn/zxww/2018/03/07/ARTI1520389147484492.shtml.

[5] 梅生伟. 电力系统的伟大成就及发展趋势[J]. 科学通报，2020，65（6）：442-452.

[6] 周孝信，陈树勇，鲁宗相. 电网和电网技术发展的回顾与展望——试论三代电网[J]. 中国电机工程学报，2013，33（22）：1-11.

[7] 中电联电力发展研究院. 中国电气化发展报告（2019）[M]. 北京：中国建材工业出版社，2020：1-16.

[8] 中电联电力发展研究院. 中国电气化年度发展报告（2021）[M]. 北京：中国建材工业出版社，2021:1-7.

[9] 中央电视台. 细推物理[Z/OL]. 北京：央视网，2019. http://tv.cctv.com/2019/07/30/VIDE4pBNJnqtDdyc18aHJtJ2190730.shtml.

[10] 人民网. 人类历史也是能源利用史[EB/OL]. https://baijiahao.baidu.com/s?id=1675502746620601632&wfr=spider&for=pc.

[11] 人民资讯. 人类利用能源的发展历史[EB/OL]. https://baijiahao.baidu.com/s?id=1724887087710698159&wfr=spider&for=pc.

[12] 中央政府门户网站. 我国将推动清洁低碳为核心的能源转型[EB/OL]. http://www.gov.cn/xinwen/2015-11/08/content_2962474.htm.

[13] 汤芳，张宁，代红才. 国家电网2050："两个50%"的深度解析[EB/OL]. http://www.chinasmartgrid.com.cn/news/20191224/634549.shtml.

[14] 理查德·罗兹. 能源传：一部人类生存危机史[M]. 北京：人民日报出版社，2020.

[15] 格里高利·曼昆. 经济学原理[M]. 北京：北京大学出版社，2020.

[16] 陈珩. 电力系统稳态分析（第三版）[M]. 北京：中国电力出版社，2007：1-2.

[17] 国网能源研究院有限公司. 全球能源分析与展望[M]. 北京：中国电力出版社，2021：131-164.

[18] BP. Statistical Review of World Energy [R]. 2021.

[19] 白玫. 百年中国电力工业发展：回顾、经验与展望[J]. 价格理论与实践，2021，（5）：4-6.

[20] 白玫. 新中国电力工业70年发展成就[J]. 价格理论与实践，2019，（5）：11-16.

[21] 党建网. 世界上最大的水利枢纽工程：三峡工程[EB/OL]. https://mp.weixin.qq.com/s?__biz=MzA3NzE4NTQ0NQ==&mid=2650620874&idx=6&sn=fe8f6f5e00bc10652c8714abb97c7772&chksm=875c0b00b02b82167509a91ba6512f733460e2cad31f6f576273fccaf3d7bf8e21cb9a5bc6a6&scene=27.

[22] 王雪辰. 星星之火成燎原之势创造人人有电用奇迹：建党百年我国电力工业变迁与成就[EB/OL]. https://mp.weixin.qq.com/s/MHfN3lq_9rY_cO1tul3zaA.

[23] 陈筠泉. 科技革命与当代社会[M]. 北京：人民出版社，2001.

[24] 李晓华. "能源生产电力化，电力生产清洁化"，将带来哪些变革[EB/OL]. http://www.chinasmartgrid.com.cn/news/20191224/634549.shtml.

[25] 冯帅. 特朗普时期美国气候政策转变与中美气候外交出路[J]. 东北亚论坛，2013，139：109-125.

［26］刘慧，陈欣荃. 美欧气候变化政策的比较分析［J］. 国际论坛，2009，11（6）：10-25.

［27］冯冲. 日本的气候变化政策研究［D］. 上海：华东师范大学，2011.

［28］全球能源互联网发展合作组织. 中国2060年前碳中和研究报告［M］. 北京：中国电力出版社，2021.

［29］徐均伟，代威，等. 粤港澳大湾区工业互联网碳中和标准化白皮书［R］. 2021.

［30］Prabha Kundur. 电力系统稳定与控制［M］. 北京：中国电力出版社，2001:3.

［31］IRENA. World energy transitions outlook［R］. 2021.

［32］IRENA. Smart electrification with renewables: Driving the transformation of energy services［R］. 2022.

［33］贾立元. 人形智能机：晚清小说中的身心改造幻想及其知识来源［J］. 文艺理论与批评，2021，（1）：99-100.

［34］百度百科. 电气化［Z/OL］. https://baike.baidu.com/item/%E7%94%B5%E6%B0%94%E5%8C%96/2453838?fr=aladdin.

［35］中国发展网. 数实融合加速推进数字经济"脚下带泥"［Z/OL］. https://baijiahao.baidu.com/s?id=1739738761449032740&wfr=spider&for=pc.

［36］张春红. 创新驱动背景下技术标准化对经济发展质量的影响研究［J］. 第十八届中国标准化论坛论文集，2021：136-142.

［37］IEA. Net Zero by 2050：A Roadmap for the Global Energy Sector［R］. 2021.

［38］IEA. World Energy Outlook 2021［R］. 2021.

［39］IEA. World Energy Investment 2022［R］. 2022.

［40］BP. Energy Outlook 2022 edition［R］. 2022.

第 2 章 再电气化目标及发展路径

再电气化是我国实现"双碳"目标的战略选择。为实现"双碳"目标，需要加快开发利用清洁能源，优化一次能源结构和终端能源消费结构，以清洁电力大规模替代煤炭、石油、天然气等化石能源，通过能源生产侧的"清洁替代"和能源消费侧的"电能替代"，推动相关行业和产业实现深度减排和降碳脱碳。在难以实现电气化的用能领域，可以使用绿氢作为燃料或原料替代化石能源。在"双碳"目标指引下，电气化进程进入加速阶段，重点领域和全社会电气化水平将快速提升。

2.1 我国再电气化发展目标

2.1.1 关键指标

与传统电气化的主要区别在于，再电气化的目标是推动构建清洁低碳、安全高效的能源系统，以电力系统为枢纽平台，实现多种能源交汇转换，保障经济社会高质量发展。

再电气化发展指标体系的建立，要以能确定反映再电气化某一方面情况的特征依据来构建单体指标。再电气化主要体现为能源生产侧清洁电气化和能源消费侧广泛电气化。根据 SMART [具体的（Specific）、可衡量的（Measurable）、可实现的（Attainable）、相关性的（Relevant）、有明确时间限制的（Trackable）] 准则，制定发展评价指标时，必须保证指标数据具有可比较性、可获得性，同时能全面刻画再电气化核心特征。

以传统电气化发展指标为基础，增加表征电力生产清洁低碳水平的评价指标。从电力生产过程来看，清洁低碳的能源将逐步成为发电消耗的主体能源，选取非化石能源发电量比重、新能源发电量比重、单位发电量二氧化碳排放量三项指标作为电力生产清洁低碳水平的评价指标。其中，非化石能源发电量比重体现了非化石能源替代传统化石能源的过程，新能源发电量比重则重点关注以光伏、风电为代表的新能源发展水平，单位发电量二氧化碳排放量综合体现了电力系统低碳水平，不仅包括非化石能源发电的发展，还考虑了通过 CCUS、BECCS 等技术捕集封存利用火电所产生的二氧化碳，进而实现低碳、零碳乃至负碳排放。

从终端应用看，再电气化体现为电能消费的广泛化。电力除直接替代煤炭、石油、天然气等化石能源外，还可用来制备氢能、氨能、甲醇等多种形式的能源或者原料，从而实现对化石能源的深度替代，全面推动终端领域进一步控碳脱碳。在各类电制能源技术中，电制氢技术应用最为广泛，氢既可直接燃烧，还可以作为原料进一步合成其他能源或工业产品。因此，提出"电制氢占终端能源消费比重"指标，刻画通过电制氢实现间接电气化的应用规模，体现了未来电能不仅能够直接消费，还是重要能源转换枢纽。

再电气化发展指标如表 2.1 所示。

表 2.1 再电气化发展指标

评价维度	序号	评价指标
电力生产	1	发电能源占一次能源消费比重
	2	非化石能源发电量比重
	3	新能源发电量比重
	4	单位发电量二氧化碳排放量
电力消费	5	电能占终端能源消费比重
	6	电制氢占终端能源消费比重

2.1.2 分阶段发展目标

以再电气化为主要途径推动能源系统低碳转型，需要在能源生产侧进行清洁替代，大规模发展清洁能源发电，减少化石能源发电比例；在能源消费侧进行电能替代，广泛应用高效、便捷、清洁、低碳的电能替代煤炭、石油、天然气等化石能源在终端的直接使用，并在难以直接电气化的领域发展电制能源技术，减少终端领域对化石能源的需求；以数字化和标准化为重要支撑，通过数字技术实现电力发、输、变、配、用各环节向智能高效转变，通过先进标准促进技术创新和产业进步。为实现"双碳"目标，考虑经济社会发展需求及能源经济环境约束，我国能源转型将实现"70/80/90"目标，即电能占终端能源消费比重达到 70%，非化石能源消费比重超过 80%，清洁能源发电量占比超过 90%。

2.1.2.1 能源生产侧指标

发电能源占一次能源的比重变化趋势如图 2.1 所示。发电能源占比从 2020 年的 47% 逐步提升，2030 年、2050 年和 2060 年分别达到 58.6%、86.2% 和 91.5%，2060 年比 2020 年提高了 44.5 个百分点。该指标的提升意味着更多的一次能源用于发电，由于能源结构的低碳转型，需要大力发展非化石能源，不同于传统化石能源，包括风能、太阳能、水能、核能等在内的非化石能源主要通过发电的方式加以进一步利用。

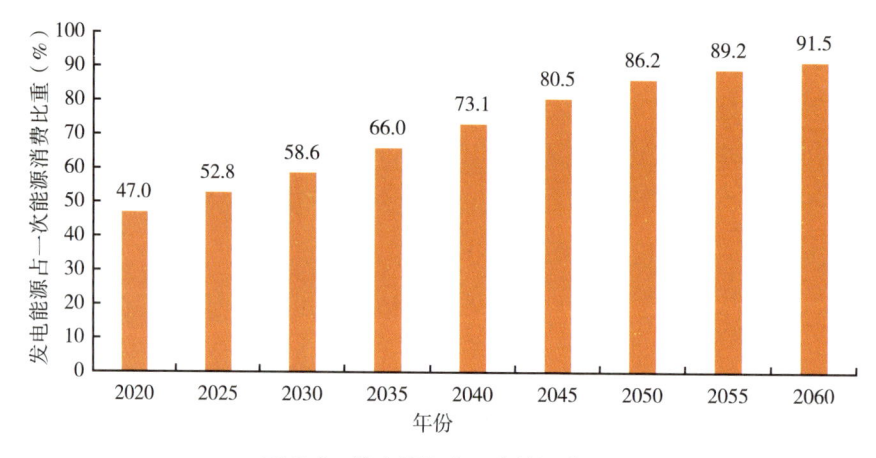

图 2.1 发电能源占一次能源比重

未来，电力行业将重点发展以风电、太阳能发电为主的新能源发电技术，积极发展水电，安全有序发展核电，通过非化石能源对化石能源的大规模替代，实现电力生产的清洁低碳化。新能源将逐步演变为主体电源，在实现"双碳"目标过程中发挥重要作用。我国非化石能源中，水电、核电、生物质发电受资源潜力、站址资源和燃料来源约束，未来发展规模受限，新能源资源丰富，成本处于快速下降通道中，在对化石能源替代过程中将发挥决定性作用，可持续高比例大强度开发利用。坚持新能源集中式与分布式开发并举，分阶段优化布局，近期布局向东中部倾斜，远期开发重心将重回西部和北部。分布式发电与微电网是未来满足中东部电力供应的重要手段，随着新能源和储能技术经济性不断提升，本地开发分布式及微电网满足新增电力需求将是有效手段。

为推动新能源健康有序发展，需同步建设储能。考虑到抽水蓄能技术相对成熟、单位投资成本低、清洁安全高效、使用寿命长，相较其他储能更有利于大规模、集中式能量储存，与新型储能相比近期应优先发展。中远期进一步挖掘优质站址资源，考虑开展新一批选址、利用现有梯级水电水库等方式持续开发抽水蓄能。为满足电力平衡和新能源消纳需求，中远期新型储能将迎来跨越式发展。现阶段，新型储能技术经济性竞争力亟待提升，需要加快推动大容量、长寿命、高安全、低成本的新型储能发展，未来还将结合绿电制氢和储热技术应用，满足高比例新能源的长周期消纳和利用需求。

新能源装机占比将持续提升,核电、水电等清洁电源稳步发展,电源结构不断优化(图2.2)。2030年、2050年和2060年,电力系统总装机分别达38亿千瓦、63亿千瓦和69亿千瓦,新能源装机(含生物质)占比分别提升至45%、69%和72%(2020年为27%);煤电装机占比分别降至33%、13%和6%。2030年,抽水蓄能和新型储能分别达1.2亿千瓦和0.8亿千瓦,2050年分别为3.8亿千瓦和1.6亿千瓦,2060年分别为4亿千瓦和2亿千瓦。

图2.2 发电装机结构

发电量结构变化趋势如图2.3所示。总发电量将保持持续增长,增速呈先快后慢的特征,2050年后发电量基本接近饱和。2030年、2050年和2060年,总发电量分别为11.8万亿千瓦·时、15.3万亿千瓦·时和15.7万亿千瓦·时。电能在终端领域应用的深入推进和电制氢的大规模发展都将推动发电量的大幅提升。氢能将成为难以直接电能替代领域的控碳脱碳的重要途径,电制氢也将是新型电力系统调峰、调频、跨季节储能的有效手段,成为保障能源电力可靠供应的重要手段之一。

发电结构方面,水电开发量由于受资源限制,开发难度和成本将持续增大,可开发规模受到一定限制。核电开发规模将进一步提升,除充分开发沿海核电站址外,在充分论证和保障安全的前提下,内陆核电也可能适时启动。新能源发电量和占比均将快速提升,预计2060年,风电和光伏发电装机将分别达到22亿千瓦和28亿千瓦,新增电力需求将全部由清洁能源满足。以非化石能源发电量占比和新能源发电量占比为主要指标进行分析,2030年分别为48.9%和25.8%,2050年分别为72.9%和49.5%,2060年分别达到87.2%和63.3%。

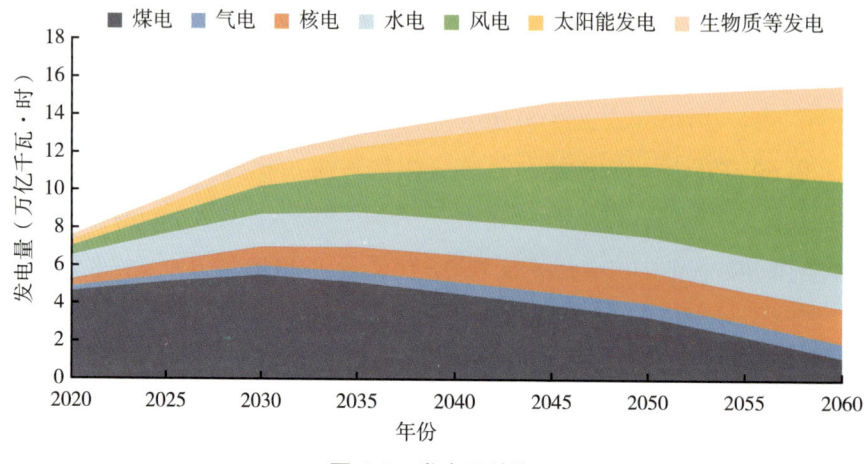

图2.3 发电量结构

平均单位发电量的二氧化碳排放量是综合衡量电力系统清洁低碳的指标，也是评价再电气化发展的重要指标。如图2.4所示，2020年，我国电力系统二氧化碳排放42亿吨，预计2028年左右达到峰值，约45亿吨，随后逐步下降，2050年实现深度低碳，排放量为5亿吨左右（考虑了CCUS捕集量），2060年实现零碳排放。单位发电量的二氧化碳排放均呈持续下降趋势。2030年、2050年和2060年，单位发电量二氧化碳排放将分别为365克/千瓦·时、72克/千瓦·时和0克/千瓦·时。该指标受到非化石能源发电量占比以及CCUS应用规模的双重影响，低碳能源发电比重升高、化石能源发电占比降低或CCUS的应用规模增加，该指标均将下降。

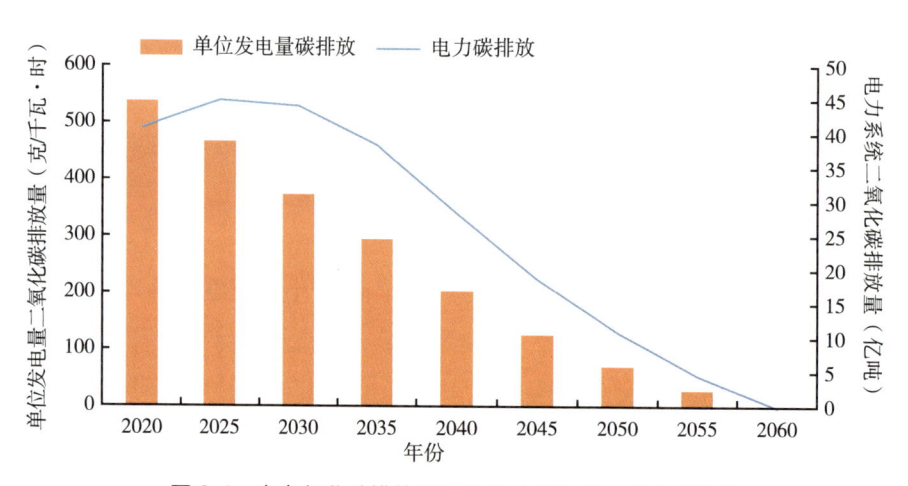

图2.4 电力行业碳排放及平均单位发电量二氧化碳排放

2060年我国能流（采用电热当量法，即核能、水能、风能、太阳能均以其所发出的电量直接用等效热值折算为一次能源）如图2.5所示。一次能源中，超过90%的能源用于发电；终端能源消费中，电能占比达到70%，氢能占比达到

10%。总发电量中,超过 90% 来自非化石能源,煤电和天然气发电量占比不超过 10%,产生的二氧化碳通过 CCS/BECCS 等技术予以中和。氢能来源中,超过 80% 来自电解水制氢。

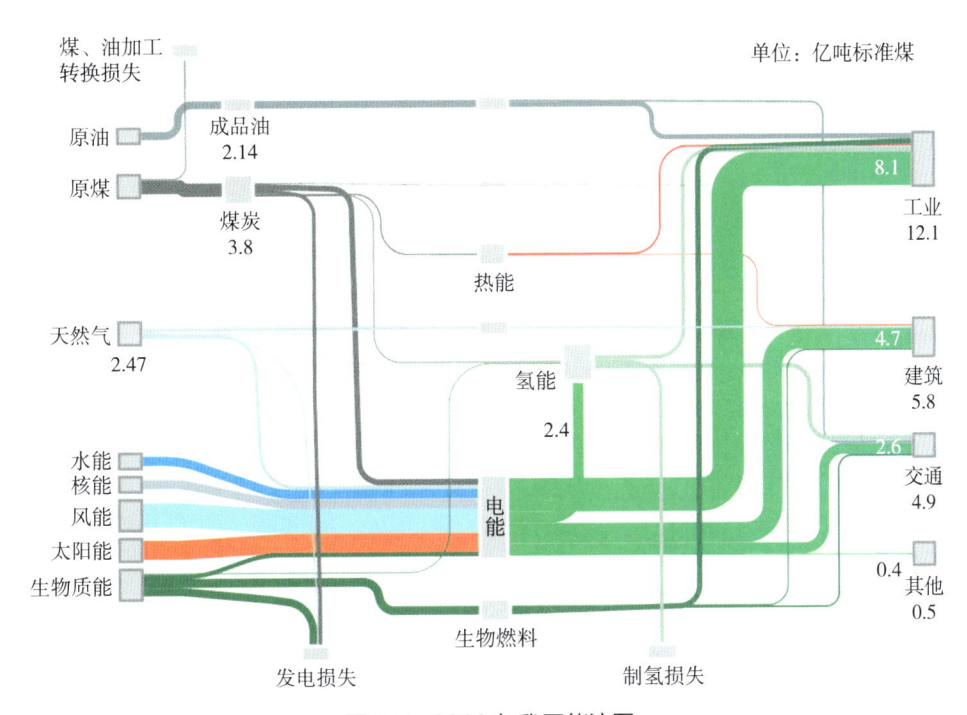

图 2.5 2060 年我国能流图

2.1.2.2 终端能源消费结构

我国终端能源消费结构变化趋势如图 2.6 所示。"双碳"目标下,以目标倒逼的方式促使产业升级、淘汰落后产能、大力实施节能降耗管理、加快电能替代等高效终端用能方式,使整体能效水平得到快速提升,人均能耗和能源强度大幅下降,经济发展逐步与能源消费脱钩,终端能源消费总量快速达峰并逐步下降,2060 年终端能源消费总量约 23 亿吨标准煤。

从终端能源消费品种看,随着能源转型加快推进,终端能源消费结构从以化石能源为主转向以电能为主。煤炭消费量呈持续下降趋势,电能消费量呈持续上升趋势,终端石油消费量在 2030 年前后达峰;天然气消费于 2040 年前后达峰;氢能消费在 2030 年后具备一定规模,将在交通部门和工业部门对传统化石能源进行部分替代;其他能源主要指生物质能以及地热能等,2030 年后在终端各部门的应用也将较快提升。

未来,需要加大电能、生物质能、氢能等对化石能源的替代力度,电能除直接用于终端消费外,部分用于制氢,通过氢能实现对终端的钢铁、水泥等工业部门以及航空、重型卡车等化石用能的替代。2030年、2050年和2060年，终端能源消费中化石能源占比将分别降至53%、21%和13%。到2060年，石油将主要作为工业原料使用，煤炭消费量占比不足2%。终端直接电能消费量在2030年达到11.3万亿千瓦·时，2045年后基本饱和而趋于稳定，饱和值超过12万亿千瓦·时。

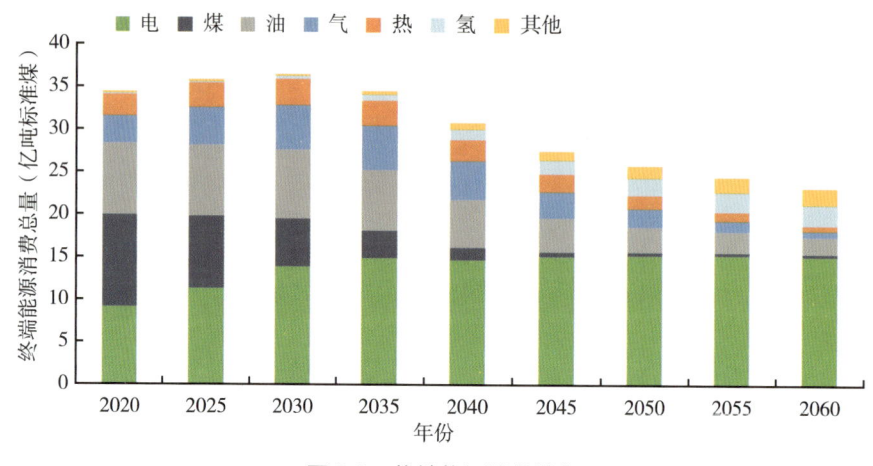

图2.6 终端能源消费结构

2.1.3 终端重点领域再电气化路径

实现"双碳"目标，需要在终端大力推广绿色电力应用。工业领域，聚焦高排放、高污染企业推动一次能耗工艺、流程的电能替代，降低一次能源消耗，推广动力装置、工艺用热、能源开采、运输转运等方面的电力设备应用。交通领域，集中于公路交通和水上交通，涉及新能源汽车及充换电技术、纯电动新能源船舶技术、港口岸电技术等，构建以高度电气化为特征的国家绿色低碳综合立体交通网。建筑领域，发挥电力清洁、高效、便利的优势，构建"电力—建筑"灵活交互的建筑用能体系。农业领域，综合考虑现有农村电网条件及新能源建设水平，充分释放"煤改电"潜力，规模化推广电动农机具、电烘干等农业生产电气化技术及电采暖、电厨炊等农村生活电气化技术。

发展电制能源技术，促进终端领域进一步减碳脱碳。除直接电能替代外，还可利用清洁电力制备氢气、甲烷、甲醇、氨等燃料和原材料，在高炉炼铁、石化化工、水泥锻造、寒冷地区供暖、航空、重载运输等难以直接电气化的领域实现间接电气化。主要的电制能源技术包括电制氢、氨、甲烷、甲醇等，大力发展可再生能源制氢技术，通过"绿氢"大规模供应促进终端减碳控碳，氢能一部分通过燃料电池、直接燃烧提供高品位热能，还有一部分用作基础原料，进一步生产氨等其他重要化工产品。

2.1.3.1 工业领域

工业领域是终端能源消费占比最高的部门，2020年，工业领域能源消费21亿吨标煤、占终端能源消费61%。其中，钢铁、有色金属、建材、化工四个行业通常称为四大高耗能（高载能）行业，其能源消费占终端工业能源消费总量近70%，是工业电能替代的重点领域。随着现代产业体系不断完善，低效高耗能产业占比降低，工业节能水平持续提升，数字经济持续快速发展，工业领域的能源消费总量和消费结构都将发生较大变化。为实现碳中和目标，工业碳减排措施将不断加大力度，化石燃料消费量被进一步严格控制，电能替代技术在工业领域获得更广泛应用。此外，化石燃料的削减倒逼产业升级，淘汰落后高耗能产业，优化工艺环节，大力发展循环经济，传统产业向智能化、绿色化、高端化发展，服务业和战略性新兴产业占比将进一步提高，终端能源强度大幅降低，终端能源消费总量得以逐步减少。

（1）钢铁行业

钢铁行业能源消费量在终端工业中名列第一，能源消耗主要以煤炭、石油、天然气为主。2020年，我国粗钢生产量10.5亿吨，其中90%为长流程炼钢，电炉炼钢比重较低。长流程炼钢环节中，高炉炼铁、焦化、球团、烧结等工序能耗加大，基本以燃煤为主，但目前尚未有较适宜的电能替代技术应用。未来我国钢铁行业在继续加强节能措施的同时，需要调整钢铁生产结构，提高短流程电炉炼钢比例。预计2060年，电炉炼钢比重达到60%。

（2）有色金属行业

有色金属指铁、锰、铬以外的所有金属，广义的有色金属还包括有色合金。其中，铝及铝合金是最重要的有色金属，产量和用量（按吨计算）仅次于钢材，其能耗占有色金属行业的80%左右。有色金属（铝）加工消耗的主要能源为电力和天然气，电气化水平已超过50%。有色金属（铝）加工行业因生产过程中存在大量的加热设备，主要能效提高空间在余热利用方面。此外，未来主要趋势为加大电能替代力度，提高电熔炉应用比例，发展再生有色金属低温低电压铝电解新技术、粗铜自氧化精炼还原技术等高效节能技术，预计2060年，有色金属行业电气化率达85%。

（3）建材行业

建材行业通常指水泥、玻璃、陶瓷等制品业，其中水泥能耗占80%左右，是建材行业的主要耗能产业。当前我国水泥工业能源消费以燃煤为主，电气化率仅为10%。未来建材行业主要通过推广应用电窑炉提升电气化水平，预计在建筑陶瓷、玻璃生产领域应用潜力较大，在水泥行业主要可在原料破碎、生料粉磨、熟料冷却、水泥粉磨和包装等工段发挥较大作用。随着我国城镇化率逐步趋稳、基础设施建设逐步完善，对水泥需求量也将大幅降低，使得建材行业的能源消费总量大幅下降，同时电窑炉设备不断推广，预计2060年，建材行业电气化率将提升至40%。

（4）化工行业

化工行业能源消费量约占工业领域的20%，在化工行业的数千种产品中，仅氨、甲醇和HVC（高价值化学品，包括轻烯烃和芳烃）三大类基础化工产品的终端能耗就占到该行业能耗总量的3/4左右。未来化工行业一方面提升效率、降低单位能耗，另一方面在电石、烧碱、黄磷、合成氨等产品生产中采用电解法或以电炉加热作为主要生产环节。

（5）其他工业

除四大高耗能产业外，以纺织、造纸、食品、医药、汽车制造等为代表的轻工制造产业，主要终端能源需求形式为电力和热力。从具体能源消费品类看，轻工产业电气化水平普遍较高，目前电能消费占比已达到50%。从电气化水平看，轻工产业中电气化率较低的包括食品加工制造、造纸、医药制造、运输设备制造等行业，这些行业电气化率均不超过40%，未来可在食品加工行业中推广电烘干、电制茶、电烤烟等技术，在其他轻工用热领域推行电锅炉、蓄热式电锅炉或高温热泵，在减少化石能源消费、降低碳排放的同时，还将有效提高能效水平及产品质量。

终端工业中，除制造业外，还包括采矿业，其能源消费中煤炭和电力消费占比均超过30%。具体来看，采矿业中电气化率较低的行业为石油和天然气开采业、非金属矿采选业和开采专业及辅助性活动。此外，在采矿业中，矿山机械、运输机车等消耗油品较多，未来有望通过电铲车、电钻井、电皮带廊等技术实现高度电气化。

为推动制造强国、质量强国、网络强国、数字中国建设，未来需大力发展新一代信息技术产业、高端制造、新材料等战略性新兴产业，推动互联网、大数据、人工智能等与各产业的深度融合，海量数据监测、采集、传输、分析、存储设备将应用于各个领域，以带来新的用电需求。从近中期看，数据中心、通信基站等将迎来较快用电增长。从远期看，新兴产业能耗将在工业领域中占据更大份额。

（6）工业电气化发展路径

综上所述，未来随着经济社会高质量发展，现代产业体系不断完善，低效高耗能产业占比降低，工业节能水平持续提升，数字经济快速发展，工业领域的能源消费总量和消费结构都将发生较大变化（图2.7）。到2060年，工业能源消费量降至约12.1亿吨标准煤，占终端能源消费总量比重降至52%左右。工业电气化水平将大幅提高，电窑炉、电弧炉、电锅炉、高温蒸汽热泵等电能替代设备得到较大范围推广应用，预计2030年、2050年和2060年，工业部门电能占终端能源消费比重将分别达到38.4%、63.8%和70.5%。

图2.7　终端工业领域能源消费结构

2.1.3.2　建筑领域

建筑领域用能需求主要包括建筑供暖、制冷、炊事、照明及其他电器设备，其中供暖、制冷用能占比达到60%。从消耗的能源品类看，主要有电力、煤炭、天然气、热力（主要指集中采暖），目前电能消费比重已达44%。从用能参数特点看，建筑的供暖、炊事等是目前尚未高度电气化的领域，主要需要相对低品位的热能，电气化技术相对成熟且具有较高经济性，因此，未来建筑领域电气化水平仍有较大提升空间。

建筑领域将成为近期能耗快速增长的终端部门。一是我国城镇化进程还在推进，将会有越来越多的农村居民进入城镇生活；二是我国处于高质量发展阶段，人民生活水平不断提高，人均居住面积还将增大，各类家用电器设备广泛应用，供暖制冷需求也将不断提升。我国建筑面积预计将以每年10亿～20亿平方米的速度增加，2030年前后达峰。为实现建筑能源低碳转型，需要在重要技术方向进行突破，包括提高绿色建筑比例、发展建筑的"光储直柔"新型用电方式、光伏建筑一体化技术、建设分布式农村新能源系统、建设充分回收利用发电余热和工业余热供热区域热网、发展具有广泛应用前景的热泵技术等。2030年前，建筑领域能耗将快速增长，2030—2040年增长相对缓慢，2040年后，由于热泵、节能电器等先进节能技术的推广应用以及绿色建筑的推广和既有建筑改造，单位面积建筑综合能耗将大幅下降，同时城镇化率增速减缓，建筑领域总能耗将开始下降。

未来，随着绿色建筑比例不断提升，既有建筑节能改造力度不断加大，建筑暖通领域"煤改电"、炊事领域"气改电"，建筑领域将形成更高电能占比的能源结构（图2.8）。预计2030年、2050年和2060年，建筑能源消费总量分别为8.6亿吨标准煤、6.6亿吨标准煤和5.8亿吨标准煤，电能占比分别为50.6%、71.7%和81.0%。

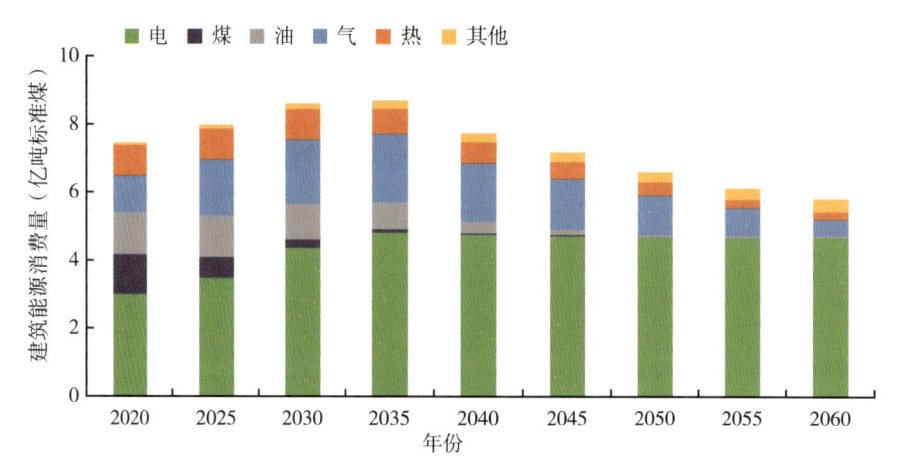

图 2.8 建筑领域能源消费结构

2.1.3.3 交通领域

交通领域根据运输方式的不同分为公路、轨道、民航、水运四大子部门，其中，公路运输工具为汽车，轨道交通包括城市轨道交通和城际铁路，民航主要是飞机，水运为轮船。每个子部门分为客运和货运两部分，货运除以上四种运输方式，还有管道运送方式（石油、天然气等）。从能源消费占比看，交通领域在我国终端能源消费中占比最低，2020年约14%。从各子部门占比看，公路能耗占交通总能耗的80%以上，客运、货运能耗比约为1∶3。从能源消费结构看，交通消耗能源主要为汽油、柴油等石油制品，电力消费比重不足4%，碳排放和污染物排放均较高。

我国人均汽车保有量与发达国家相比还有较大差距，未来增长空间很大，随着城镇化率的提升和社会经济高质量发展，客运周转量和货运周转量都将迎来较大增幅，交通领域能源消费总量将有所上升。在碳中和目标约束下，交通领域将采取更严厉的措施减少油品的使用，天然气消费量也将大幅削减，将更多地使用终端效率高、清洁低碳的电能，大规模发展电动汽车、电气化铁路、港口岸电、机场桥载用电，节能效应凸显。未来交通领域的电气化水平必将得到较大提升，但由于技术、经济等多方面因素影响，交通领域的电气化水平预计仍将低于建筑领域和工业领域。

未来交通领域低碳转型中，电动汽车方面，随着电动汽车续航能力和电耗水平进步显著，需要在城市公交、私家车、城市货运配送、中长距离公路客运、中长距离公路货运等几个领域加快推广应用电动车技术；轨道交通方面，随着未来高铁覆盖面的不断扩大，铁路电气化水平将不断提高，2050年后有望达到90%以上；航空和水运方面，由于平均运送距离远、能量密度要求高、单程能源需求量大，目前尚未形成有较好市场前景的电能驱动技术，在未来的很长一段时间仍将以燃油为主，水运方面还可能通过液化天然气替代部分燃油使用。随着生物燃料技术和氢能、氨能等技术的发展，未来有望在水运和航空领域替代部分燃油。

交通领域能源消费总量将呈先升后降的趋势，在2030年前后达峰，此后将保持较长时间的能源消费总量平台期，能源消费结构不断优化，燃油比例持续下降，电能及氢能、生物燃料等能源消费比重不断提高（图2.9）。预计2030年、2050年和2060年，交通用能分别为5.5亿吨标准煤、5.1亿吨标准煤和4.9亿吨标准煤，电能消费占比分别为9.7%、44.3%和53.6%。

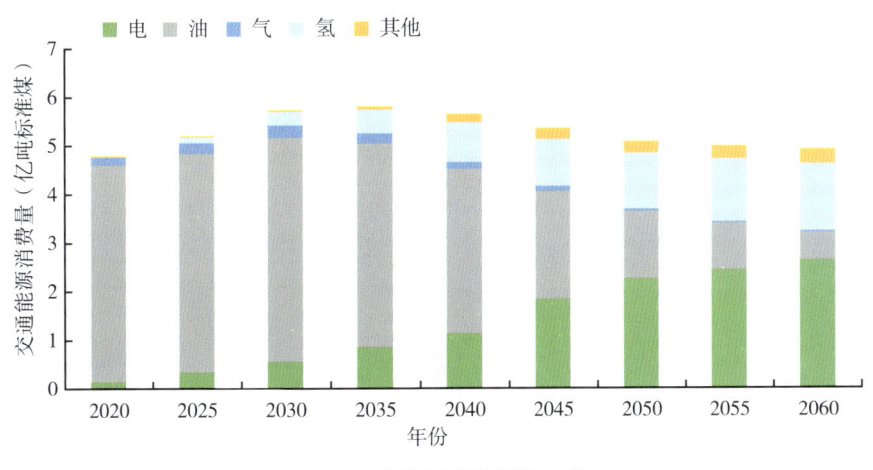

图2.9 交通领域能源消费结构

2.1.3.4 农业及其他领域

农业生产等领域，目前是以成品油为主，推进电气化是充分利用农村地区清洁资源、实现农村能源消费清洁低碳化的有效途径。我国农村土地面积广，具有丰富的生物质能、太阳能、风能等资源，将可再生能源资源转换为电力，可以替代化石能源发电，满足农村地区电力消费需求。

提高农村电气化水平，需要大力推进电力设备应用，同步推动农村本地可再生能源利用，开发整县（市、区）分布式光伏，实现农村新能源"应并尽并"、充分消纳，因地制宜推进农村源网荷储一体化发展和微电网建设，推动电能、太阳能、风能、生物质能等能源协同互补和梯级利用，提升能源供给清洁化水平和综合利用效率。典型应用模式方面，可探索推进"光伏+"、农业生产智慧能源示范园区、农村能源互联网等。推广新农村电气化县、乡（镇）、村试点单位的典型应用模式，启动电气化县、乡（镇）、村建设工作，拓展电力服务范围，提高农村用电水平。

2.2 再电气化影响因素

2.2.1 经济社会发展需求

电力消费与经济社会发展息息相关，再电气化进程主要受经济和人口规模、城镇化水平、产业结构等因素影响。经济规模增长需要能源电力作为要素投入，不同发展阶段，经济增长的动力不同，对能源和电力需求的影响也不同。发达国家的历史经验表明，随着经济水平提高，经济增长将由要素驱动转向创新驱动，能源消费逐步放缓，直至达峰而后下降，总体呈现倒U型。产业结构是影响能源总量和结构的重要因素，也是影响再电气化进程的重要因素。不同产业的能耗强度差异显著，工业的能耗强度远高于农业和服务业，其中，高耗能产业的能耗强度又远高于其他产业。同时，不同产业对能源品种的需求也有较大差异，如钢铁、水泥等高耗能行业尽管是电力需求大户，但从占比看，电力在其能源消费总量中占比较低，而数字经济、服务业等产业则呈现以用电为主的能源需求。人口规模和城镇化率是电力需求和电力在能源消费中占比的另一个重要因素，城市地区的人均用电量显著高于农村地区。综上所述，经济和人口规模与能源电力消费量呈正相关关系，战略性新兴产业和服务业等行业的占比、城镇化率通常与电气化水平呈正相关关系。

我国经济已由高速增长阶段转入高质量发展阶段。从中长期看，电力需求保持刚性增长，终端用能电气化水平持续提升。我国总体处于工业化后期，重工业用电增速将有所放缓。新旧动能转换、高技术及装备制造业快速成长、战略性新兴产业迅猛发展、传统服务业向现代服务业转型、新型城镇化建设均将带动相关领域用电较快增长，成为未来电力消费增长的主要动力。在经济增速趋缓、产业结构调整影响下，预计电力消费将保持中速刚性增长，西部地区用电比重有所提高，中东部地区仍是用电负荷中心。同时，电能在工业、建筑、交通等部门替代化石能源的力度不断加大，带动电能占终端能源消费比重稳步提高。

2.2.2 资源环境及碳排放约束

化石能源消费是碳排放以及各类空气污染物的重要排放源，环境及碳排放的约束有利于促进清洁能源替代化石能源消费，进而提升全社会再电气化水平。我国已提出2030年前实现碳达峰、2060年前实现碳中和的战略目标，在碳排放的约束下，能源电力发展将进入新的阶段。由于大多数非化石能源均需要通过转换成电能加以利用，再电气化在绿色低碳转型中将发挥更大作用。未来，电力行业不仅需要加强自身减排，还需要承接其他行业因增加用电量转移的碳排放，碳排放路径对再电气化进程的推进有重要影响。

《中华人民共和国国民经济和社会发展第十四个五年规划和2035年远景目标纲要》提出，推动绿色发展，加快发展方式绿色转型，大力发展绿色经济。《国家发展改革委 国家能源局关于完善能源绿色低碳转型体制机制和政策措施的意见》提出，完善能耗"双控"和非化石能源目标制度，新增可再生能源和原料用能不纳入能源消费总量控制，加强新型电力系统顶层设计，推动电力来源清洁化和终端能源消费电气化，这些要求为新形势下推进再电气化进程提供了良好的政策支持。

能源绿色低碳转型要统筹发展与安全。从资源储备看，我国化石能源呈现"富煤贫油少气"的特点，油气资源贫乏，煤炭年消费量中有近10%依赖进口；可再生能源储量充沛，开发程度不高，技术可开发潜力巨大，充分利用丰富的可再生能源是大势所趋，将有利于再电气化加快发展。

2.2.3 技术发展进程

研究电力行业碳预算和碳中和路径，要综合考虑全社会各行业碳减排难度、潜力及技术经济性差异，依托"能源－经济－环境"的综合模型，优化碳中和目标下的全社会碳减排轨迹及各行业脱碳转型路径，不同的减排技术路径对再电气化的进程和实施路径也会产生一定影响。

再电气化需要在能源生产侧实施"清洁替代"，即大力发展清洁低碳发电技术，替代高排放的火力发电，降低单位发电量的二氧化碳排放强度。以风电、太阳能发电为代表的新能源发电技术是再电气化的重要支撑。近10年，陆上风电和光伏发电成本分别下降30%和75%左右，预计未来仍有进一步下降空间。新能源发电具有随机性、波动性，对电力系统的安全稳定运行带来巨大挑战，随着高比例新能源接入，亟须加快构建新型电力系统，发展高效、高弹性的智能电网。

终端电气化水平主要取决于电能替代相关技术与其他能源利用技术的综合竞争力，需要大力提升电能替代技术的成熟度和经济性。在技术层面，目前电动汽车、热泵、电锅炉、电窑炉等电能替代技术已逐步成熟，电动重卡、电动轮船、高温蒸汽热泵等研究和示范应用正在弥补电能在交通、建筑和大部分工业场景的使用缺陷，仅在航空、航运等重载和远距离运输以及钢铁、水泥、化工等工业难减排领域，尚未形成有较好市场前景的电能替代技术。在经济层面，电能在终端应用的成本总体较高，尚不具备价格优势。从等效热值成本看，当前电能成本（考虑峰谷电价）为燃煤的2.4~4.8倍，是天然气的1.1~2.2倍。随着未来电力供应技术进一步成熟，以及碳市场的逐步成熟发展，考虑环境价值在内后，电能相对于化石能源的经济性有望得到提升。

储能技术以及以CCUS、BECCS为代表的零碳负碳技术同样对再电气化发展具有重要影响。一方面，在电力生产供应侧，由于新能源出力的高度不确定性，电力安全可靠供应面临更大挑战，需要发展不同时间尺度的储能技术进行时空互补，同时还需要保留一定的火电进行灵活调节，保留的火电需要通过CCUS技术移除产生的碳排放；另一方面，在能源消费侧，特别是高能耗、高排放的工业领域，低碳转型除挖掘电能替代潜力、突破电气化技术成熟度外，还可采用"化石能源+CCUS"的技术路线，再电气化进程的推进取决于不同技术路线的综合对比。

2.2.4 国际环境影响

推进再电气化与低碳发展紧密结合，全球、中国以及电力行业的碳预算（Carbon Budget）对再电气化发展水平具有重要影响。"碳预算"指在特定时期，将全球地表温度控制在一个给定的范围所对应的累积二氧化碳排放量上限。IPCC1.5度特别报告指出，与工业化之前相比，全球温升已经达到了0.87℃（上下浮动0.12℃）。若将全球温升控制在2℃，意味着未来还有1.03℃的温升空间，对应的剩余碳预算为1170亿~1500亿吨二氧化碳，全球需在2070年左右实现碳中和；若将全球温升控制在1.5℃，对应的剩余碳预算为420亿~580亿吨二氧化碳，全球需在2050年左右达到碳中和。我国积极参与全球气候治理，倡导共同但有区别的责任，清华大学、国家发展改革委能源研究所等研究机构曾测算我国未来一段时期的碳预算。总的来说，由于各国碳排放权分配争议较大，国家层面的转型路径研究主要考虑自主的碳中和时间节点目标，而极少采用碳预算约束，但国际社会应对气候变化政策措施将对我国的低碳发展目标产生一定影响。

全球新一轮科技革命和产业变革正在深入发展，将推动全球产业链、供应链和价值链加速融合重组。世界油气生产供应呈"重心西移""多中心化"的发展趋势，地缘政治因素加剧了能源供应的不稳定性。随着中国、印度等新兴市场国家能源需求的大幅增长，全球能源需求重心加速东移。全球能源供需格局深刻变化影响国际力量格局变化，世界主要大国争夺能源资源、控制能源战略要道、抢夺市场份额、影响国际能源市场价格、引领能源创新变革等方面博弈更趋激烈，全球能源治理主导权博弈更加复杂。2022年，我国石油和天然气对外依存度分别达到71%和40%，能源安全保障问题仍需高度重视。通过再电气化，依托安全可靠的新型电力系统，在电力供应侧加大清洁发电能源开发利用规模，在能源消费侧协同推进电能替代和节能节电，逐步减少对化石能源的刚性需求，是符合我国实际能源安全保障的重要途径。因此，国际能源形势也将很大程度影响我国再电气化进程的推进。

参考文献

[1] 舒印彪，谢典，赵良，等. 碳中和目标下我国再电气化研究[J]. 中国工程科学，2022，24（3）：195-204.

[2] 谢典，高亚静，刘天阳，等. "双碳"目标下我国再电气化路径及综合影响研究[J]. 综合智慧能源，2022，44（3）：1-8.

[3] 中国电力企业联合会. 2020年电力工业统计资料汇编[R]. 2020.

[4] 学习贯彻习近平中国特色社会主义经济思想做好"十四五"规划编制和发展改革工作丛书编写组.《中共中央关于制定国民经济和社会发展第十四个五年规划和2035年远景目标的建议》辅读导本[M]. 北京：人民日报出版社，2020.

[5] 学习贯彻习近平中国特色社会主义经济思想做好"十四五"规划编制和发展改革工作丛书编写组. 建设更高水平开放型经济新体制[M]. 北京：中国计划出版社、中国市场出版社，2020.

[6] 学习贯彻习近平中国特色社会主义经济思想做好"十四五"规划编制和发展改革工作丛书编写组. 建设现代能源体系[M]. 北京：中国计划出版社、中国市场出版社，2020.

[7] 刘振亚. 全球能源互联网[M]. 北京：中国电力出版社，2015.

[8] 王志轩. 新中国电气化发展七十年[J]. 中国能源，2019，41（9）：10-18.

[9] 王庆一. 按国际准则计算的中国终端用能和能源效率[J]. 中国能源，2006，（12）：5-9.

[10] 郭玉华，周继程. 中国钢化联产发展现状与前景展望[J]. 中国冶金，2020，30（7）：5-10.

[11] 邢娜，秦勉，曲余玲，等. 我国废钢产业发展现状及发展趋势分析[J]. 冶金经济与管理，2022，（2）：33-35.

[12] 金雄林. 我国电炉炼钢发展现状及未来趋势[J]. 冶金管理，2022，（2）：39-41.

[13] Wang M, Khan MA, Mohsin I, et al. Can sustainable ammonia synthesis pathways compete with fossil-fuel based Haber - Bosch processes?[J]. Energy & Environmental Science, 2021, 14 (5): 2535-2548.

[14] IHS Markit. China Polyolefins Monthly [R]. 2022

[15] 袁明江, 王志刚, 谢可莹. 石化企业碳达峰碳中和实施路径探讨[J]. 国际石油经济, 2022, 30 (4): 98-103.

[16] 郑勇, 王倩, 郑永军, 等. 离子液体体系电解铝技术的研究与应用进展[J]. 过程工程学报, 2015, 15 (4): 713-720.

[17] Padamata SK, Yasinskiy A, Polyakov P. A review of secondary aluminum production and its byproducts [J]. The Journal of the Minerals, Metals & Materials Society, 2021, 73 (9): 2603-2614.

[18] Guo SY, Yan D, Hu S, et al. Modelling building energy consumption in China under different future scenarios [J]. Energy, 2021, 214: 119063.

[19] 江亿. "光储直柔"——助力实现零碳电力的新型建筑配电系统[J]. 暖通空调, 2021, 51 (10): 1-12.

[20] Wang HL, Ou XM, Zhang XL. Mode, technology, energy consumption and resulting CO_2 emissions in China's transport sector up to 2050 [J]. Energy Policy, 2017, 109: 719-733.

[21] 袁志逸, 李振宇, 康利平, 等. 中国交通部门低碳排放措施和路径研究综述[J]. 气候变化研究进展, 2021, 17 (1): 27-35.

[22] 张蕴. 双碳目标下我国核电发展趋势分析[J]. 核科学与工程, 2021, 41 (6): 1347-1351.

[23] 荆春宁, 高力, 马佳鹏, 等. "碳达峰、碳中和"背景下能源发展趋势与核能定位研判[J]. 核科学与工程, 2022, 42 (1): 1-9.

[24] 韩冬, 赵增海, 严秉忠, 等. 2021年中国常规水电发展现状与展望[J/OL]. 水力发电.

[25] Da Silvaa PP, Dantasb G, Pereirac GI, et al. Photovoltaic distributed generation—An international review on diffusion, support policies, and electricity sector regulatory adaptation [J]. Renewable and sustainable energy reviews, 2019, 103 (4): 30-39.

[26] 秦世平, 胡润青. 中国生物质能产业发展路线图2050 [M]. 北京: 中国环境出版社, 2015.

[27] Forfia D, Knight M, Melton R. The view from the top of the mountain: building a community of practice with the GridWise transactive energy framework [J]. IEEE Power and Energy Magazine, 2016, 14 (3): 25-33.

[28] 罗承先. 世界可再生能源电力制氢现状[J]. 中外能源, 2017, 22 (8): 25-32.

[29] 黄格省, 阎捷, 师晓玉, 等. 新能源制氢技术发展现状及前景分析[J]. 石化技术与应用, 2019, 37 (5): 289-296.

[30] 全球能源互联网发展合作组织. 中国2060年前碳中和研究报告[R]. 北京：全球能源互联网发展合作组织，2020.

[31] 项目综合报告编写组. 《中国长期低碳发展战略与转型路径研究》综合报告[J]. 中国人口资源与环境，2020，30（11）：1-25.

[32] 中金公司研究部. 碳中和经济学：新约束下的宏观与行业趋势[M]. 北京：中信出版社，2021.

[33] 张鸿宇，黄晓丹，张达，等. 加速能源转型的经济社会效益评估[J]. 中国科学院院刊，2021，36（9）：1039-1048.

[34] 陈永权，王雄飞. 基于模糊层次分析法的我国电气化水平综合评价[J]. 电力经济，2019，47（7）：24-28.

[35] 张运洲，鲁刚，王芃，等. 能源安全新战略下能源清洁化率和终端电气化率提升路径分析[J]. 中国电力，2020，53（2）：1-8.

第 3 章　能源供应侧再电气化

能源供应侧再电气化主要体现为将清洁优质的一次能源高效转换为电能，安全可靠地配送到千家万户，主要技术包括清洁电力供应和灵活高效配置两大方面。在清洁电力供应方面，通过水电、核电、风电、太阳能发电、生物质能发电等技术的发展，促进清洁能源大规模开发利用；在煤电气电清洁、低碳、高效发展的基础上，结合碳捕集技术应用，为清洁能源大规模利用提供支撑。在灵活高效配置方面，发展特高压、柔性输电技术，实现电网互联互通和互供互济；通过先进智能配用电手段，将电能高效地配送到用户，实现"源－网－荷－储"灵活互动，为经济社会高质量发展提供可靠的电力供应保障。

3.1　清洁电力供应

3.1.1　清洁能源发电

3.1.1.1　水电

（1）发展现状

水力发电是将水体所蕴含的机械能转化为电能的技术。经历超过百年的发展和应用，水电已经成为最成熟的可再生能源发电技术。我国水能资源丰富，技术可开发量约 6.87 亿千瓦，年发电量约 3 万亿千瓦·时，居世界首位。我国水资源分布呈西部多、东部少的特征，特别是西南部的云南、四川、西藏、贵州和重庆 5 省（市、区）的技术可开发容量和经济可开发容量分别占全国的 67% 和 59%，而云南、四川两省的水电资源又分别占西南地区的 61% 和 85%。截至 2022 年年底，全国水电装机容量约 4.14 亿千瓦（其中抽水蓄能 0.46 亿千瓦）。

（2）发展趋势

未来，大型混流式水轮机、用于高水头水电资源开发的冲击式水轮机和用于电力系统调峰的变频调速抽蓄机组的设计、研发和制造技术是发展重点。其中，水力设计、稳定性研究、电磁设计和结构优化、推力轴承制造和水电机组控制等方面是重要的攻关方向。考虑资源约束，水电未来增长潜力相对有限。2030年以前，主要是加快推进西南地区优质水电站址资源开发。"十四五"期间，考虑在建项目的合理建设工期，预计到2025年，我国常规水电装机规模可以达到3.8亿千瓦。2030年，水电总装机超过4亿千瓦，年发电量1.6万亿千瓦·时，不考虑西藏区域水电，开发率达到80%以上。2030年以后，重点推进西藏水电开发，全国逐步形成生态环境友好、移民共享收益、水资源高效利用、综合利用功能显著的主要流域梯级水电站群开发运行格局，2050年和2060年，水电装机分别提升至5.2亿千瓦和5.4亿千瓦（图3.1）。

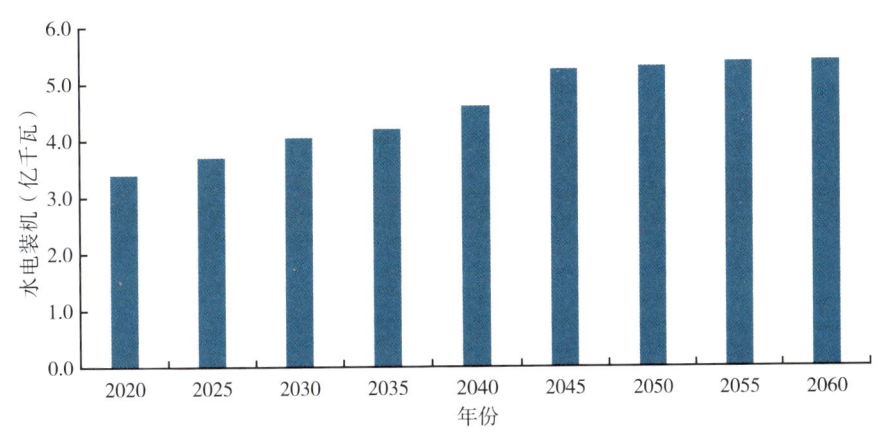

图3.1 我国水电装机

3.1.1.2 核电

（1）发展现状

核能发电技术是利用反应堆中自持链式裂变反应释放的热能发电的技术。目前，我国核电已形成"三代为主、四代为辅"的发展格局，三代核电部署了较完备的预防和缓解严重事故后果的措施，设计安全性能有明显提高。2022年12月，中国华能的山东石岛湾高温气冷堆核电站示范工程首次达到双堆初始满功率运行状态，标志着我国在具有固有安全性的第四代核电技术上取得实质性突破。截至2022年年底，全国核电装机约5553万千瓦。

（2）发展趋势

在保障安全前提下，提高核电效率和灵活性是未来发展的重点。其中，重要攻关方向包括研发快堆配套的燃料循环技术，解决核燃料增值与高水平放射性废物嬗变问题，积极发展小型模块化压水堆、高温气冷堆、铅冷快堆等堆型。随着高比例可再生能源电力发展和煤电定位的调整，核电由于其运行稳定可靠的优势,成为我国实现"双碳"目标的重要选择。未来,核电将在支撑电网稳定运行、调峰调频等方面发挥更大作用。2030年以前,年均开工6~8台机组,随沿海站址资源开发完毕,2030年以后,考虑核电作为优质的非化石能源,能量密度高、出力可控性强,可适时研判内陆核电开发,但需关注安全及公众接受度等问题。预计2030年、2050年和2060年,核电装机分别达到1.2亿千瓦、2.9亿千瓦和3.3亿千瓦(图3.2)。

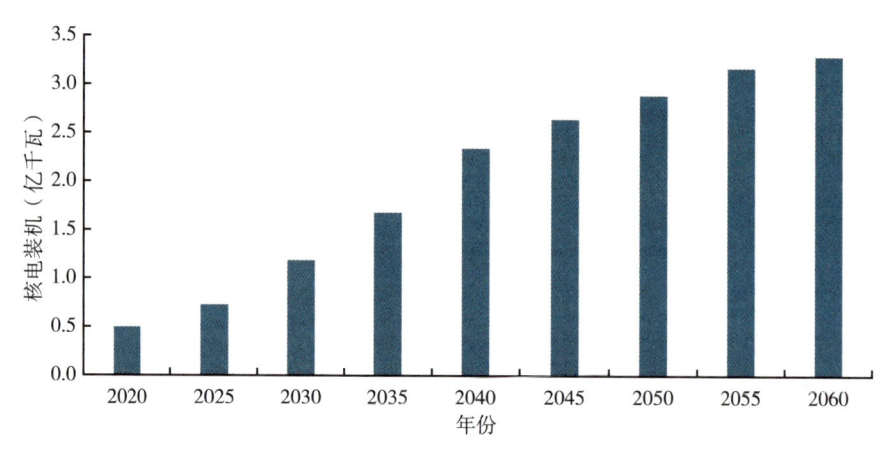

图3.2 我国核电装机

3.1.1.3 风电

(1)发展现状

风力发电是将风的动能转化为电能的技术,是未来最具规模化开发应用前景的新能源发电技术之一。风力发电技术经历了数十年的发展,技术和装备日趋成熟。我国风资源较丰富,据预测,我国陆地70米高度的风能可开发量为50亿千瓦,近海海域风能可开发量达到5亿千瓦。主要风能丰富区域包括"三北"(东北、华北、西北)风能丰富带、东南沿海地区风能丰富带,以及浙江南部沿海、福建沿海和广东东部沿海地区等海上风能丰富带。截至2022年年底,全国风电装机容量约3.65亿千瓦。

(2)发展趋势

未来,提升风电单机容量和效率、大规模开发海上风电、提升机组电网友好性是风电技术的主要发展趋势。其中,叶片结构设计、新型叶片材料、海上风机基础结构选择和结构模态分析、载荷计算和疲劳分析、风机抗低温运行技术、叶片除冰技术、叶片回收技术、漂浮式平台、轻量化安装平台等是重点攻关方向。随着再电气化深度推进,风电产业发展迎来空前机遇。稳步推进西部、北部风电基地集群化开发,因地制宜发展东中部分散式风电和海上风电,优先就地平衡。随着东中部分散式风电资源基本开发完毕，风电开发重心重回西部北部地区，而海上风电则逐步向远海拓展。预计2030年、2050年和2060年，风电装机分别达到7.9亿千瓦、18.2亿千瓦和22.1亿千瓦（图3.3）。其中，2060年海上风电装机约3亿千瓦。

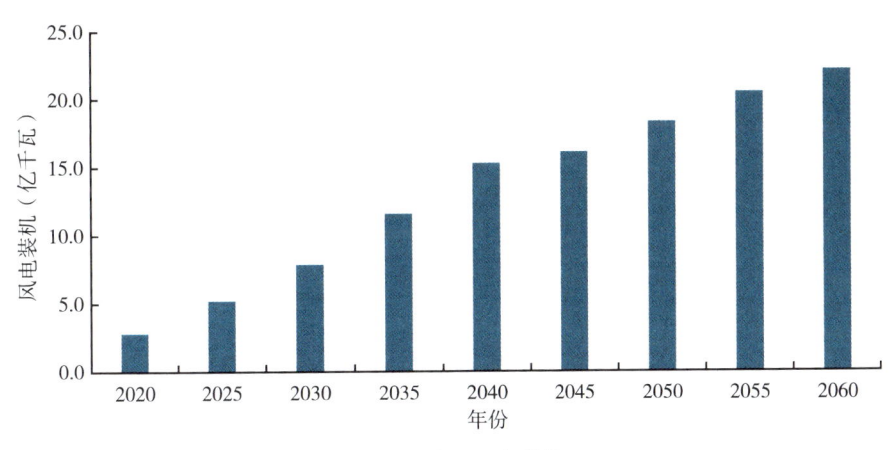

图 3.3 我国风电装机

3.1.1.4 太阳能发电

（1）发展现状

太阳能发电主要有光伏发电和光热发电两大类型。光伏发电是利用半导体的光生伏特效应将光能直接转变为电能的一种技术，也是目前进步最快、发展潜力最大的清洁能源发电技术。按照太阳能电池的技术路线可分为晶硅电池和薄膜电池两大类。光热发电技术是通过反射太阳光到集热器进行太阳能的采集，将导热油或熔盐等传热介质加热到几百度的高温，传热介质经过换热器后产生高温蒸汽，从而带动汽轮机产生电能，实现"光—热—电"的转化。依照聚焦方式及结构的不同，光热技术可以分为塔式、槽式、碟式、菲涅尔式四种。我国太阳能资源丰富，资源富集区域占国土面积的2/3以上，年辐射量超过每平方米6000兆焦。全国各地太阳年辐射总量为每平方米3340～8400兆焦，中值为每平方米5852兆焦。截至2022年年底，全国光伏发电装机容量约3.93亿千瓦。其中，光热发电装机约58.9万千瓦。

（2）发展趋势

光伏发电方面，提高光伏电池转换效率是未来发展的重点，其中，降低光损失、载流子复合损失和并联电阻损失是提高电池转换效率的重要攻关方向，研究制造新型多PN结层叠电池，是突破单结电池效率极限的关键。光热发电方面，提高光热电站的运行温度和转化效率是未来发展的重点，其中，改进和创新集热场的反射镜和跟踪方式，研发新型硅油、液态金属、固体颗粒、热空气等新型传热介质，研发超临界二氧化碳布雷顿循环等新型发电技术是重要攻关方向。太阳能发电将是实现"双碳"目标的重要环节。近期，仍以光伏发电为主导，东中部优先发展分布式光伏，成为推动能源转型和满足本地电力需求的重要电源；西部北部地区主要建设大型太阳能发电基地。远期，太阳能发电将成为全球第一大电源，其中光热发电由于可控性更高、可稳定输出电力，可参与调频调峰、与光伏形成热电联产系统，预计在中远期有望步入规模化快速发展阶段，主要在西北地区以及其他有条件的区域不断扩大规模。预计2030年、2050年和2060年，太阳能发电装机分别达到8.6亿千瓦、23.7亿千瓦和28.5亿千瓦（图3.4）。其中，光热发电方面，预计2030年、2050年和2060年，装机分别增至2500万千瓦、1.8亿千瓦和2.5亿千瓦。

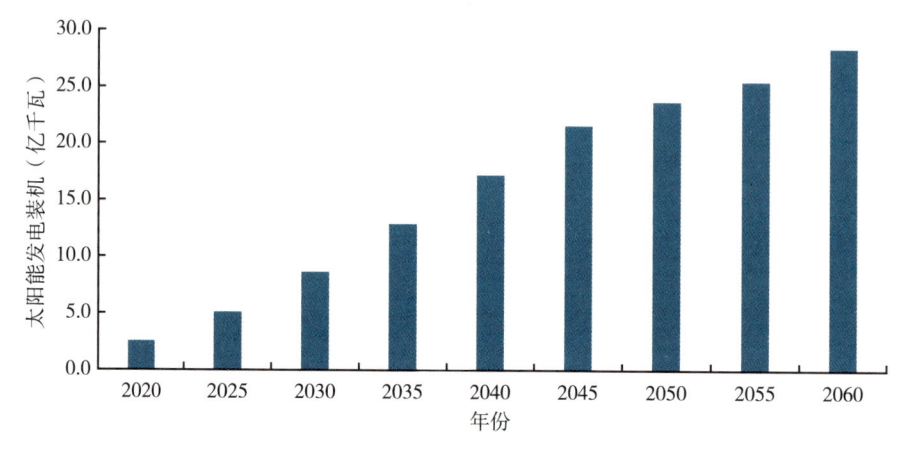

图3.4 我国太阳能发电装机

3.1.1.5 生物质发电

（1）发展现状

与化石燃料相比，生物质资源种类众多、数量巨大、分布广泛。主要有木柴燃料、农作物废弃物、畜禽粪便、能源植物、城市废物等。全球每年经光合作用产生的生物质约1700亿吨，其能量相当于世界主要燃料贡献的10倍，而作为能源的利用量还不到总量的1%，极具开发潜力。生物质能发电方式主要包括农林废弃物直接燃烧发电、农林废弃物气化发电、生物质与煤混合发电、垃圾焚烧发电、垃圾填埋气发电、沼气发电和生物质燃料电池发电等。我国生物质能资源广泛，以农林剩余物、有机废弃物、能源作/植物为三大原料来源。预计到2060年，我国生物质资源量将能达到7亿吨标准煤以上。截至2022年年底，全国生物质发电装机容量约4132万千瓦，以农林生物质直燃发电和垃圾发电为主。

（2）发展趋势

生物质发电的发展趋势是突破低结渣、低腐蚀、低污染排放的生物质直燃发电技术、混燃发电计量检测技术与高效洁净的气化发电技术。未来，生物质发电规模将进一步扩大，成本呈稳定下降的趋势，区域间差异逐步缩小。生物质发电结合碳捕集及封存可以提供一定负排放空间，是电力系统率先实现净零及全社会实现碳中和不可或缺的减排技术手段。预计2030年、2050年和2060年，生物质发电装机分别达到1.1亿千瓦、1.6亿千瓦和1.8亿千瓦（图3.5）。

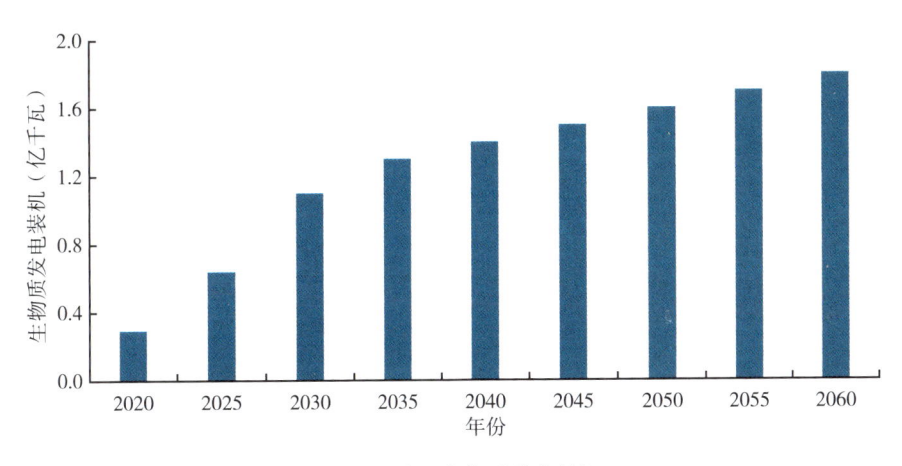

图 3.5 我国生物质发电装机

3.1.2 化石能源清洁高效利用

3.1.2.1 煤电

（1）发展现状

当前，煤电仍是我国综合经济性最好的发电技术，也是技术成熟度最高的发电形式。相对于核电、水电、风电等，煤电受资源制约较小，布局更加灵活，装机容量可以根据实际需求选取。燃煤发电机组通常布局在煤炭资源丰富的地区或电力需求较大的地区。经过近几十年的技术发展，燃煤发电污染物排放均得到有效控制。我国建成了世界最大规模的超低排放清洁煤电供应体系，燃煤电厂烟尘、二氧化硫和氮氧化物排放水平已与燃气电厂接近，煤电技术在清洁高效方面已实现世界领先。截至2022年年底，全国煤电装机容量约11.24亿千瓦。

（2）发展趋势

未来，清洁、高效、灵活是煤电技术发展的趋势，二次再热、650℃以上超超临界机组、灵活性改造等是主要突破方向。综合考虑电力电量平衡、保障供应安全及电力供应成本等因素，煤电发展不能"急刹车"。"十四五"时期煤电装机和电量仍有一定增长空间。"十五五"煤电装机进入峰值平台期，峰值约13亿千瓦（图3.6），煤电CCUS改造进入示范应用和产业化培育初期阶段。

"十五五"后煤电装机开始下降，装机退出先快后慢逐渐放缓。未来煤电将主要发挥兜底保供和灵活调节作用，发展形成近零脱碳（完成CCUS改造，为系统保留转动惯量同时捕捉二氧化碳）、灵活调节（未进行CCUS改造，基本不承担电量，仅作调峰运行）和应急备用（基本退出运行，仅在个别极端天气或应急等条件下调用）三类机组。到2060年，煤电装机降至4亿千瓦，占比降至6%。2030年、2050年、2060年，煤电机组CCUS改造规模分别达到1000万千瓦、1.9亿千瓦和2.2亿千瓦。

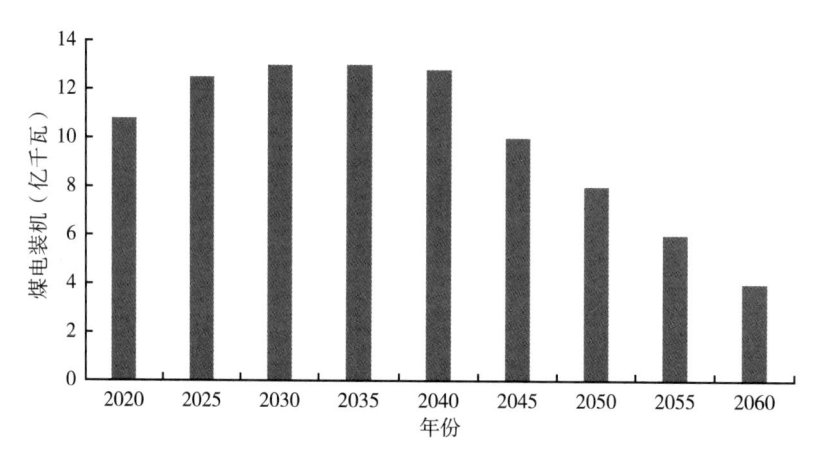

图3.6 我国煤电装机

3.1.2.2 气电

（1）发展现状

截至2022年年底，全国燃气发电装机容量约1.15亿千瓦。其中，集中式天然气发电装机占90%以上，并且多以调峰调频方式运行为主，供热机组占30%左右。在北京、天津等地，主要为居民采暖供热机组；在长三角、珠三角等地区，主要为工业供热机组。

（2）发展趋势

未来，我国燃气轮机装备需要进一步加强研究设计、试验验证和生产制造能力，突破高效率、低排放、长寿命、高可靠性研制关键技术、基础机型系列化发展技术，并在热通道部件毛坯精铸、毛坯母合金冶炼等方面提高自主化能力。天然气发电的二氧化碳排放强度约为煤电的一半，灵活调节性能优异，从电源多元化角度考虑，适当发展是保障电力安全稳定供应的现实选择。为实现"双碳"目标，气电发展定位以调峰为主，通过配备CCUS装置捕集碳排放，可抵消用于电力调峰的天然气发电厂的排放量。预计2030年、2050年和2060年，天然气发电装机规模分别达到2.2亿千瓦、3.0亿千瓦、3.5亿千瓦（图3.7）。2035年前后，可通过配备CCUS装置，抵消用于电力调峰的天然气发电厂的排放量，预计2060年，气电CCUS改造规模达到1.5亿千瓦左右。

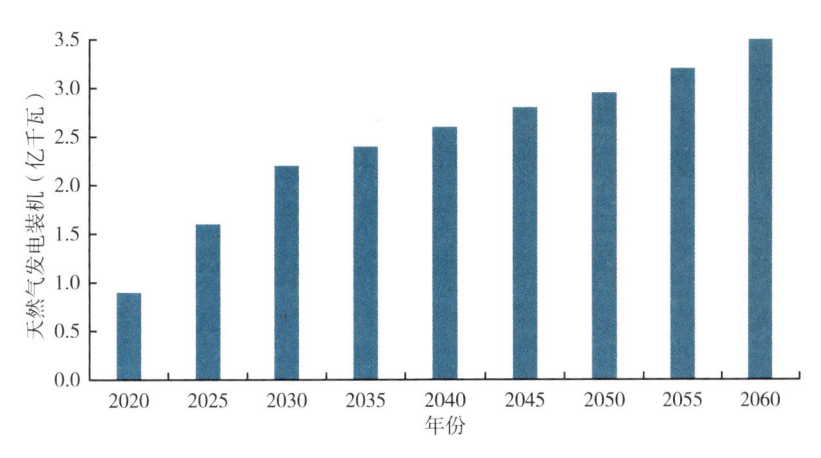

图 3.7　我国天然气发电装机

3.1.2.3　碳捕集、利用与封存

（1）发展现状

CCUS技术是一项新兴的、具有较大潜力减排二氧化碳的技术，有望实现化石能源的低碳利用甚至负排放，被认为是应对全球气候变化、控制温室气体排放的重要技术之一。对于电力行业而言，CCUS技术可以实现火电近零碳排放，与生物质发电结合的BECCS技术还可实现负碳排放，是构建零碳电力系统的兜底技术。当前常用的二氧化碳捕集技术可分成三大类：燃烧后捕集技术、富氧燃烧技术和燃烧前捕集技术。自2007年12月，华能北京热电厂建成我国第一个燃煤电厂燃后捕集示范项目以来，我国已经建成多个示范工程项目。

（2）发展趋势

我国油气田二氧化碳理论封存容量可达20亿～40亿吨，包括咸水层封存等理论总封存容量达2.4万亿吨。未来，CCUS发展趋于集约化、产业化。2030年，预计我国现有CCUS技术开始进入商业应用阶段并具备产业化能力。2035年，新型利用技术具备产业化能力，大规模示范项目建成。2040年，CCUS系统集成与风险管控技术得到突破，初步建成CCUS产业集群。2060年，CCUS技术实现广泛部署，全国形成多个CCUS产业集群。

3.2　电力灵活高效配置

电网承担着电力系统中输送与分配电能的功能。将发电厂、变电所或变电所之间连接起来的电力网络称为输电网,主要承担汇集及输送电能的任务。从输电网或地区发电厂接受电能,通过配电设施就地分配或按电压逐级分配给各类用户的网络为配电网,主要承担分配电能的任务。

随着电力系统容量扩大,电力负荷越来越高,对线路的输送功率需求越来越大,对电力的大范围配置需求也不断提高,通常采用提高电压等级的办法来提升线路输电能力和输送距离。我国形成了1000/500/220/110(66)/35/10/0.4千伏和750/330(220)/110/35/10/0.4千伏两个交流电压等级序列和±500(±400)、±600、±800、±1100千伏直流输电电压等级序列(图3.8)。目前,最高交流输电电压等级为1000千伏,最高直流输电电压等级为±1100千伏。

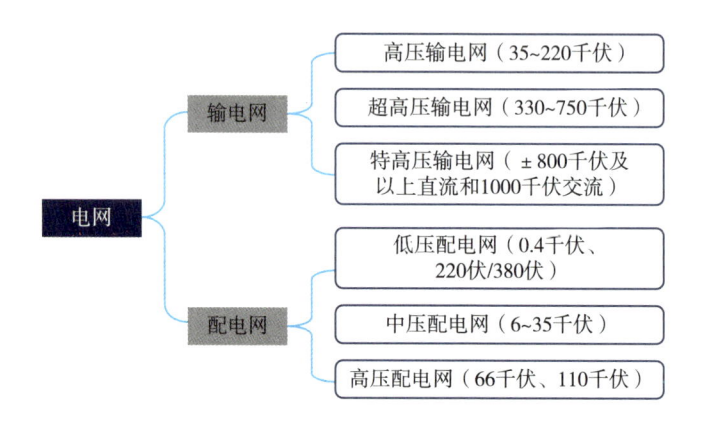

图 3.8　按电压等级分类的输电网与配电网

3.2.1　输电

3.2.1.1　特高压交流输电

(1)发展现状

特高压交流输电是指1000千伏及以上电压等级的交流输电技术,单一通道输送能力约1000万千瓦,最大输送距离超过1000千米。特高压交流输电技术已经成熟,是构建大容量、大范围坚强同步电网的关键技术。我国的特高压交流输电技术处于世界领先水平,在关键技术和核心设备方面已实现大规模应用,并构建了完善的试验基地和标准体系,具备丰富的工程经验。截至2022年年底,我国在运特高压交流输电工程15条。

(2)发展趋势

特高压交流输电技术将向节约走廊、降低损耗、环境友好、智能化等方向发展。紧凑型同杆并架技术、特高压可控串补、适用于极端天气的特高压变压器有GIS和互感器等是重点攻关方向。特高交流输电技术在优化设计、增强可靠性、灵活性和提升经济性、适应各种极端气候条件的核心设备等方面将有新的突破。

3.2.1.2 特高压直流输电

(1) 发展现状

特高压直流输电包括±800千伏及以上电源等级，额定输送容量800~1200万千瓦，输送距离可达2000~6000千米。特高压直流输电技术是远距离、大容量电力高效输送的核心技术，我国在特高压直流输电的关键技术、设备研发、试验体系和工程实践方面处于世界领先，工程经验丰富，具备大规模推广应用的条件。截至2022年年底，我国在运特高压直流输电工程19项。

(2) 发展趋势

特高压直流输电的电压等级、输送容量、可靠性和适应性水平将不断提高，成本进一步降低。研发适应极寒、极热、高海拔等各种极端条件下的直流输电成套设备，满足各种应用场景下清洁能源超远距离、超大规模输送的需求。研发特高压混合型直流、储能型直流等新型输电技术是未来的重点攻关方向。预计到2030年，特高压直流输电距离、容量、拓扑及关键设备将实现进一步提升和改进。到2060年，特高压直流输电成为电网互联和清洁能源超远距离输送的成熟技术，提供推广特高压直流组网技术，在部分区域形成广泛连接负荷和清洁能源中心的直流电网，满足跨时区互补、跨季节互济、多能优化配置的要求。

3.2.1.3 柔性交流输电

(1) 发展现状

柔性交流输电技术通常指基于电力电子器件的交流系统电压、潮流控制器等，主要用于优化系统潮流、提升系统稳定性、扩大交流输电的应用范围，可以灵活改变电力系统的有功无功潮流分布、功率水平及电压水平。柔性交流输电装备分为串联型、并联型以及复合型三类，具体包括并联电抗器、串联电容器、静止无功补偿器、静止同步补偿器、可控串联补偿器、统一潮流控制器等。我国晋东南—南阳—荆门特高压输电工程固定串联补偿器是当前全球电压等级最高的柔性交流输电工程应用。

(2) 发展趋势

柔性交流输电技术的重点发展方向是提升容量水平、可靠性、协调控制能力和经济性，在高比例清洁能源并网的电力系统中发挥大规模资源配置、提高系统灵活性等重要作用。预计到2030年，柔性交流输电技术将实现在多个柔性交流设备间协调控制，解决多装置间的配合、衔接问题，进一步研发和突破在1000千伏交流电网应用的核心器件和装备。到2060年，柔性交流设备将成为新型电力系统安全稳定运行和灵活高效运行的成熟技术。

3.2.1.4 柔性直流输电

（1）发展现状

柔性直流输电技术是基于全控型电力电子器件——绝缘栅双极晶体管的直流输电技术，具有完全自换相、有功无功潮流独立控制、动态电压支撑，系统振荡阻尼和黑启动等技术优势，是实现清洁能源并网、孤岛和海上平台供电、构建直流电网的新型输电技术。目前，世界已投运的柔性直流输电工程主要分布在欧洲，其次是北美洲、亚洲和澳洲。其中，最高电压水平是我国±800千伏/800万千瓦乌东德特高压混合多端柔直工程，第一个环形直流电网工程是我国±500千伏/300万千瓦张北四端柔直工程。

（2）发展趋势

由超高压向特高压电压等级发展、从端对端到多端及联网形式发展，不断降低换流损耗水平等是柔性直流输电技术的发展重点。研发±800～1100千伏/800万～1200万千瓦柔性直流核心基础器件、运行控制技术的研发和突破，提高运行可靠性，降低设备成本是重点攻关方向。预计到2030年，柔性直流换流站损耗接近常规直流输电的损耗水平，可靠性提升至常规直流工程水平。到2060年，±800～1100千伏/800万～1200万千瓦柔性直流输电技术成熟，关键设备量产，实现大规模推广应用，有力支撑清洁能源的接入和直流电网的构建。

3.2.2 配用电

配电网是指从输电网或地区发电厂接受电能，通过配电设施就地分配或按电压逐级分配给各类用户的电力网络，主要由架空线路、电缆、杆塔、配电变压器、隔离开关、无功补偿器及一些附属设施等组成。按照电压等级划分，可分为高压配电网（35～110千伏）、中压配电网（6～20千伏）、低压配电网（220/380伏）；按供电区的功能来分类，可分为城市配电网、农村配电网和工厂配电网等；根据配电线路的不同，可分为架空配电网、电缆配电网、架空电缆混合配电网。配电网是我国电网建设中的薄弱环节，存在发展不平衡、电网结构薄弱、自动化水平低、配电网基础数据差等劣势。2015年8月，国家发展改革委印发《关于加快配电网建设改造的指导意见》，不断加强城乡配电网建设。9月，国家能源局印发《配电网建设改造行动计划（2015—2020年）》，持续加大配电网建设投入。自2014年以来，我国配电网建设投资已连续8年超过输电网建设投资。

3.2.2.1 智能配电网

（1）发展现状

智能配电网是以传统配电网为基础逐步发展而来的，是在传统的物理实体电网的基础上，利用现代电子技术、通信技术、计算机及网络技术，将配电网在线数据和离线数据、配电网数据和用户数据、电网结构和地理图形进行信息集成，实现配电系统正常运行及事故情况下的监测、保护、控制、用电和配电管理的智能化。智能配电网是智能电网的重要组成部分，是配电网系统智能化的体现，也是传统配电网的一种创新性的表现。智能配电网能够进行实时、连续、在线的运行评价以及预测分析，可以预防故障、诊断故障并及时恢复故障，降低扰动以及停电事故对用户的影响。更重视对用户服务质量的提高，且能够保证电力流、信息流和业务流的传输安全，保证物理架构安全以及信息网络的安全。能够实现装置、配电设备、控制中心、用户可随时调用，实现智能互动，并支持可再生的分布式能源大量的接入。

（2）发展趋势

随着大数据云计算等技术的快速发展，新时代配网自动化技术开始具备较强的独立作业能力，可基于大规模计算机、自动化技术、网络通信技术构建复合型配电体系，提升供电可靠性与稳定性，强化性能，实现数据的集中化管理，进行自动化监测与处理。通过搭建智能配电网并合理运用配电自动化技术，可提升新老设备之间的兼容性，延长重要供电设备的使用寿命，发挥自动化技术的优势，实现对供电网络中数据的实时监测与分析，掌控不同配电线路的负荷与具体运行情况，提升电力供应服务水平。

3.2.2.2 交直流混合配电技术

（1）发展现状

在以新能源为主体的新型电力系统发展新格局下，组成配电网的元素日益多样化，网架结构日益庞杂，配电系统中的多元源－荷－储呈非线性、随机性等特征。在网络侧，为提高绿电占终端能源消费的比重，大量分布式能源接入配电网对能源高效调控利用的需求越来越大；在负荷侧，更多新型用能场景涌现，电动汽车、电化学储能、变频设备、IDC 设备等直流负荷、灵活负荷比重越来越大，数据中心等重要负荷对供电可靠性和能效的要求越来越高。面对配电结构新特征，交直流混合配电网正在兴起，在已有交流网架基础上，建立直流配电系统，实现交直流电压互补，构建多电压等级、多层次环网状、"源－网－荷－储"灵活互动的配电系统，有助于促进新能源消纳及多能互补有效利用，提升电能转换效率，提高网架可靠性及多元化需求响应能力。直流配电网与交流配电网可通过换流器、双端软开关等电力电子器件进行互联，构成多元化交直流混合配电网，满足不同场景应用需求。近年来，随着交直流混合配电技术的优势凸显，在城市高可靠性供电区域、工业园区等应用场景涌现一批示范工程。

（2）发展趋势

交直流混合配电网将在新型电力系统中发挥重要作用，需要持续突破以下技术：①优化交直流配电网结构，规范交直流配电电压等级序列。根据不同区域发展趋势、电源特性及负荷需求，优化交直流配电网结构，明确标准的电压等级序列和配合模式，推动交直流配电网有序发展。②提高直流设备制造水平，降低交直流配电网建设成本。加大直流设备国产化研制投入，加强产业化和市场化政策扶持力度，在政府及国有企业主导建设的工程中优先使用相关的首台套科技成果。③提升配电网调控能力，实现主动快速响应。通过大数据、云计算等技术，增强配电网智能化水平，加强配电网实时监测预警，提升跨区域调节能力。

3.2.2.3 微电网技术

（1）发展现状

微电网是指采用先进的控制技术以及电力电子装置，把分布式能源和所供能的负荷以及储能等设备连接形成一个微型的完整电网。微电网是从发电、输变电，直到终端用户的完整电力系统，既可以自身形成一个功能齐全的局域性能源网络，以不干扰输配电系统的方式"孤网运行"，也可以通过一个公共连接点与市政电网并网连接。当微电网电源供能不足时可以通过大电网补充缺额，发电量大时可以将多余电量馈送回大电网。必要时，两种模式间可以进行切换，保障微电网和大电网的安全稳定运行。

（2）发展趋势

微电网技术具有广阔的发展空间和应用场景。微电网系统中，分布式能源作为发电侧的供能主体，不同品类的能源之间能够协同互补；在用电侧，系统对用电负荷进行监测和控制；在控制系统层面，微电网需要进行内部调度以及与外部的沟通，实现高度自治；蓄冷、蓄热和电储能使微电网兼具安全性以及灵活性。按照是否与大电网连接，微电网可以分为离网型和并网型两类。离网型微电网的应用场景包括解决海岛和偏远地区的用电问题，并网型则为用户的供能安全添加了一份保障，联网运行也可以改善系统的经济效益。

3.2.2.4 智能用电技术

（1）发展现状

智能用电是构建坚强智能配电网的重要支撑之一，是建设坚强智能电网和构建新型电力系统的重要着力点和落脚点。利用高级量测、高效控制、高速通信、快速储能等技术,实现市场响应迅速、计量公正准确、数据采集实时、收费方式多样、服务高效便捷,构建电网与客户能量流、信息流、业务流实时互动的新型供用电关系(图3.9)。简而言之,智能用电就是通过智慧地掌控和支配电力,令用户用电更加灵活高效,成为节能减排、低碳生活的参与者和建设者。

图 3.9 智能用电典型模式

(2)发展趋势

为充分利用用户侧资源,优化资源时空配置,与新能源的不确定性形成良好的互补效应,需要加大智能用电的技术研发和平台投入。研发广域测量、远程校准的智慧能源计量系统,实现亿级计量和测量节点的精确计量,重点研究电气参量新型智能传感,基于广域测量、远程校准的智慧能源计量与物联感知技术,形成智慧、精确、高效的先进计量基础设施网络。研制海量用户与电网供需互动智能用电系统与机制。研究电网供需互动机制设计,研发满足高耗能用户、工商业园区、新型城镇用户等互动需求的智能用电平台,满足千万用户数量级的供需互动需求,具备快速调频能力。

3.2.2.5 虚拟电厂技术

(1)发展现状

虚拟电厂(Virtual Power Plant,VPP)通过先进的控制、计量、通信等技术聚合不同类型的分布式电源(图3.10),通过更高层面的软件构架实现其协调优化运行,有利于资源的合理优化配置及利用。VPP通过分布式电力管理系统,将电网中的分布式电源、可控负荷和储能装置聚合成一个虚拟的可控聚合体，参与电网的运行和调度，协调智能电网与分布式电源间的关系，充分挖掘分布式能源给电网和用户带来的价值和效益。

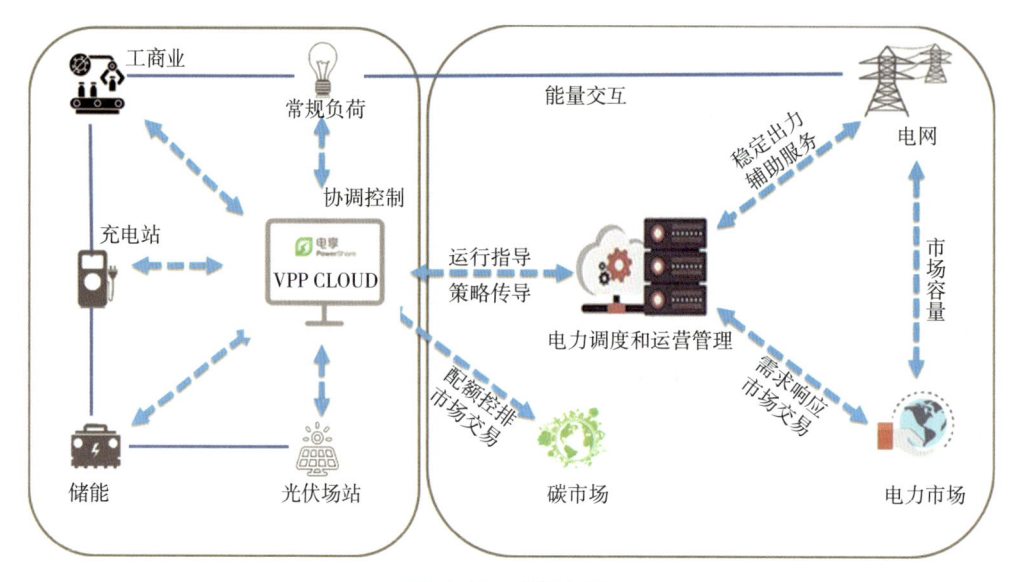

图 3.10 虚拟电厂

（2）发展趋势

持续推进虚拟电厂以下关键技术创新：①协调控制技术。由于虚拟电厂的概念强调对外呈现的功能和效果，因此，聚合多样化的分布式能源资源，实现对系统高要求的电能输出是虚拟电厂协调控制的重点和难点。②智能计量技术是实现虚拟电厂对分布式电源等监测和控制的重要基础，智能计量系统最基本的作用是自动测量和读取用户住宅内的电、气、热、水的消耗量或生产量，即自动抄表，以此为虚拟电厂提供电源和需求侧的实时信息。③信息通信技术。虚拟电厂采用双向通信技术，不但能够接收各个单元的当前状态信息，而且能够向控制目标发送控制信号。

3.2.2.6 V2G 技术

（1）发展现状

V2G 的全称为 Vehicle-to-Grid，直译为"车辆到电网"，是指插电式电动汽车作为灵活性需求相应资源与电网之间的双向集成，使车载储能为无功功率支持和有功功率调节作出贡献。受能源供应和环境压力影响，电动汽车发展受到了广泛重视，诸多国家、地区出台了相应的发展计划和鼓励刺激政策。为推动"双碳"目标实现，我国政府也出台了多项发展和激励政策。据公安部统计，2022年，我国电动汽车保有量已达到 1000 万辆。随着再电气化的深入推进，我国电动汽车保有量还会大幅增长。

（2）发展趋势

V2G 技术通过管理车载储能的发电调度、需求曲线、考虑峰值负载以及调节频率来考虑网络约束，提高稳定性和效率，同时降低可再生能源引起的波动性，从而使电网受益。有关数据显示，汽车有超过 90% 时间处于空闲（非出行）状态，电动汽车的发展将给电力系统提供丰富的可控资源。V2G 技术是成本低、规模大、安全性好的分布式储能系统，具有重要的发展前景，但还会面临以下技术挑战：① 硬件上，车载储能和基础设施的投资成本高昂；② 机制上，需形成有效的能量和无功价格信号以调动用户参与需求相应的积极性，扩大电网的总体社会福利；③ 控制策略上，V2G 与电网交互存在多时段、多类型、多对象的特点，需要构建高效的控制策略。

3.2.3 一体化运行

（1）发展现状

2021 年 2 月，国家发展改革委、国家能源局正式印发《关于推进电力源网荷储一体化和多能互补发展的指导意见》，提出为提升能源清洁利用水平和电力系统运行效率，更好指导送端电源基地规划开发和源网荷协调互动，积极探索源网荷储一体化和多能互补（以下简称"一体化"）的实施路线，对推进能源供给侧结构性改革，提高能源互补协调能力，促进我国能源转型和经济社会发展具有重要的现实意义和深远的战略意义。"一体化"是国家能源主管部门推进能源供给侧改革、促进电源资产提质增效的新举措，探索"风光水火储"各类电源互补协同实施路径，不仅可以减轻风电和光伏发电波动性和间歇性带来的影响，还能将风光储转变为稳定可调电源，参与系统调峰，平滑净负荷曲线，实现清洁能源最大化利用，减少弃风、弃光，提高电力系统整体效益。

（2）发展趋势

多能互补侧重于电源侧，结合当地资源条件和能源特点，因地制宜采取风能、太阳能、水能、煤电等多能源品种发电协调互补，并适度增加一定比例储能，统筹各类电源的规划、设计、建设、运营，提高可再生能源消纳电量比重。源网荷储一体化侧重于负荷侧，通过优化整合本地电源侧、电网侧、负荷侧资源要素，以储能等先进技术和体制机制创新为支撑，在市场价格放开、市场垄断放开的前提下，促进电源侧、电网侧、负荷侧要素自发组合、优化匹配。多能互补发展路线相对集中，主要有风光储、风光水（储）、风光火（储）三种；"一体化"由于涉及的环节多、链条长、场景多，发展模式较为分散，从覆盖范围上大致可分为区域（省）级、市（县）级和园区级三类。

"一体化"的发展需要突破一批关键技术，形成支撑"一体化"发展的技术体系。加快"一体化"项目电源配置和优化技术、多级协调互动、控制系统、常规能源与新能源优化运行等关键技术研究，重点研发"一体化"综合能源基地多调度平台和管控平台，实现新能源基地风光同场集中远程控制和综合能源基地集中调度。加强新能源、核电、储能、氢能、CCS/CCUS/BECCS、数字化等技术前瞻性、基础性、系统性布局，加快突破"一体化"能量管理、虚拟电厂、电力交易等关键技术。

3.2.4 综合智慧能源

（1）发展现状

综合智慧能源指对于区域内的用户，打通各能源供应环节与能源品种的配合，通过"源－网－荷－储"各环节的协同，以电能作为核心，提供电、热、气等能源一体化的解决方案。综合智慧能源能够起到资源优化配置、能源梯级利用、提升新能源消纳水平的作用，能够满足用户多样化的用能需求，降低用能成本和提高用能效率。综合智慧能源的特点可以归纳为"三性三化"，即综合性、就近性、互动性和市场化、智能化、低碳化，通过综合智慧能源系统构建，可有效提高向用户供应能源电力的可靠性。

（2）发展趋势

综合智慧能源的发展面临诸多挑战：①受智慧基础设施建设规模制约，能源基地迫切需要智能化和智慧化升级，需要加大电力气象灾害智慧预报预警技术、新能源发电设备智能运行控制技术、能源基地汇集与送出的新型电网技术的研发；②充分释放系统灵活性的商业模式有待探究，尤其是用户侧灵活性的释放，需要利用数字化手段，以及通过配电网层面的市场化改革，让用户参与灵活性资源市场，同时获取经济收益；③不同类型的能源资源由不同主体管理，急需理顺市场机制，明确多主体的责权利。

3.2.5 储能

（1）发展现状

储能是电力系统重要的灵活性调节资源，作为"源－网－荷－储"的独立环节，统筹电源侧、电网侧、负荷侧、用户侧资源，联合可控负荷、虚拟电厂等灵活性资源参与系统调节，形成"源－网－荷－储"协同互动的促消纳格局，有效提升"源－网－荷－储"协调运行的动态平衡能力和系统整体运行效率。储能可分为物理储能、电气储能、电化学储能、热储能、化学储能等类型。储能技术分类如图 3.11 所示。

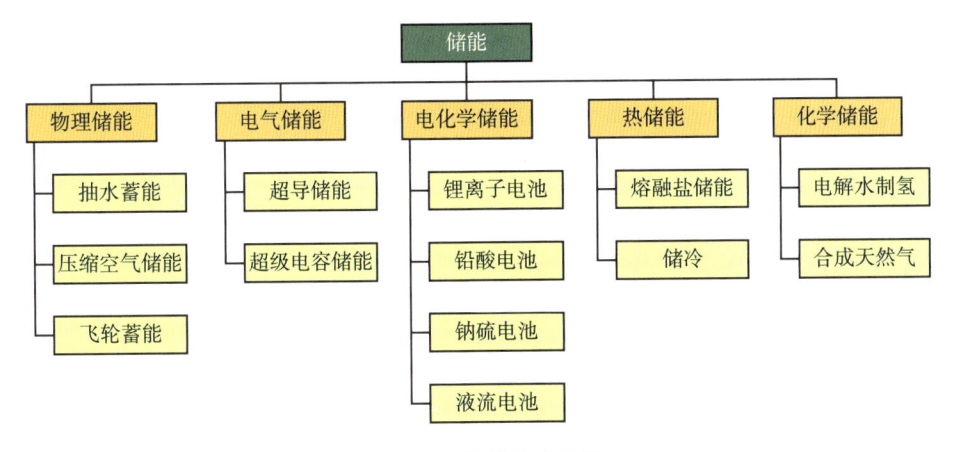

图 3.11 储能技术分类

目前，抽水蓄能技术较成熟，但在机组能量转换效率和出力响应速度方面仍有提升空间。电化学储能尤其是锂离子电池在寿命、效率等核心技术指标上无明显的短板，且能够满足多样化的场景需求，是未来储能技术主流方向。压缩空气、相变储热、超级电容器、飞轮储能等储能存在关键材料突破或本征性问题，且应用场景具有一定局限性，未来将作为储能多元化发展的补充形式。

（2）发展趋势

未来储能电池的技术发展将从关键材料和电池生产制备工艺优化两个主要方向进行突破。通过电解液配方的选择与优化，有望使电池整体的循环寿命得以延长。在安全性方面，固态化电池将显著降低可燃有机电解液的用量，从根本上降低电池热失控的风险，将成为未来电池发展的重要趋势。集成技术方面，大容量、高压直挂、电压源化的储能机组将是发展重点，技术突破将保障储能作为电力系统的灵活资源，提升规模化新能源的外送与高效消纳。

除电化学储能外，抽水蓄能的发展将主要集中于变速抽水蓄能机组研制、高水头、大容量机组制造、智能抽水蓄能电站建设与运维提升以及大型发电电动机出口断路器制造等方面。飞轮储能的发展将主要集中在高惯性、快响应、低损耗等方面。压缩空气储能的发展将主要集中在提高系统效率、储气密度和降低成本方面。超长时间尺度储能的相变储热将主要突破低成本、长寿命、高密度储热材料规模化制备，研制高效低温复合蓄冷材料，攻克面向波动性热负荷的高温高效电储热供热关键技术，以及突破紧凑化装置制造技术。

参考文献

[1] 中国电力企业联合会电力发展研究院. 中国电气化发展报告2019[M]. 北京：中国建材工业出版社，2019.

[2] 中国电力企业联合会电力发展研究院. 中国电气化发展报告2021[M]. 北京：中国建材工业出版社，2021.

[3] 全球能源互联网发展合作组织. 中国2060年前碳中和研究报告[R]. 北京：全球能源互联网发展合作组织，2020.

[4] 全球碳捕集与封存研究院. 全球碳捕集与封存现状2020[R]. 2020.

[5] 胡鹏飞，朱乃璇，江道灼，等. 柔性互联智能配电网关键技术研究进展与展望[J]. 电力系统自动化，2021，45（8）：2-12.

[6] 章超，等. 配电网形态发展趋势分析[Z/OL]. 中能传媒研究院，2020-05-25.

[7] 舒印彪，康重庆. 新型电力系统导论[M]. 北京：中国科学技术出版社，2022.

[8] 刘吉臻，王鹏，高峰. 清洁能源与智慧能源导论[M]. 北京：中国科学技术出版社，2022.

第4章 工业领域再电气化关键技术

2020年，我国工业领域的二氧化碳排放量（包括工业过程碳排放）为53亿吨，占全国排放总量的46%，其中钢铁、建材、化工三大行业合计占工业排放二氧化碳总量的83%，需要加快推进氢基燃料等低碳技术和生产工艺创新，通过再电气化技术打造新型工业技术体系。本章将从钢铁行业、有色金属行业、化工行业以及建材行业的生产工艺和管理特点出发，介绍工业领域再电气化的关键技术。

4.1 钢铁行业

钢铁作为最重要也是用量最大的金属材料，是现代人类社会的骨架，近年来，我国快速迈向并成为制造业大国，钢铁工业的跨越式发展起到了决定性的支撑和推动作用。根据世界钢铁网站公布，2021年世界粗钢产量19.53亿吨，中国达到10.32亿吨，连续多年稳居世界首位，约占全球粗钢产量的1/2。从能源与环境角度，钢铁生产长期以来以高碳化石燃料为主，具有高能耗、高排放的特点。在全球气候变化问题成为焦点的大背景下，钢铁行业的碳排放如何降低，乃至未来如何走向碳中和值得关注。

近几十年来，经过持续的努力，钢铁工业节能减排取得巨大成效，以中国为例，钢铁工业近30年取得吨钢二氧化碳排放下降幅度约50%的卓越成绩，但进一步下降逐渐趋缓。当前，我国钢铁行业的碳排放量约占全国总排放量的16%，居制造业首位，减碳压力巨大。迫切需要从工艺革新和配套能源结构调整方面取得新的突破，走出一条有效减碳的可持续发展之路。

当前，中国钢铁工业电能占终端能源的消费比重约为10%，对于钢铁生产工艺和能源利用而言，长流程钢铁联合企业每道工序能源转换的效率只有60%~70%。从能量转换理论效率来说，直接采用电加热效率最高，提升电气化水平，拓宽在钢铁工业中的电能替代领域，钢铁冶炼全流程电气化是低碳冶金的重要技术发展方向。值得注意的是，在全球应对气候变化和我国碳达峰碳中和的大背景下，国内外先进钢铁企业纷纷发布低碳冶金路线图，其中绿电和绿氢已成为共同的未来选择。获取绿电、增加绿电使用与钢铁冶金工业的再电气化相伴而行，再生能源布局与钢铁基地的布局协同发展。因此，再电气化及对应的绿电保障对钢铁工业尤为重要，成为钢铁行业走向碳中和的重要命题。

本章将从电炉短流程炼钢、直接电解炼钢、氢还原冶金三个角度介绍钢铁行业的再电气化及低碳技术，并讨论钢铁制造基地的综合能源应用与电气化技术。

4.1.1 电炉短流程炼钢

在钢铁生产中，长流程是从铁矿石到烧结矿，烧结矿入高炉加上焦炭和喷吹煤变成高炉铁水，再去往转炉炼钢工序变成钢坯，最后轧制成材。其炼铁过程中化学公式为：

$$CO_2+C=2CO$$

$$Fe_2O_3+3CO \rightarrow 2Fe+3CO_2$$

从化学公式可以看出，长流程钢铁生产的碳排放不可避免，这是长流程钢铁生产碳排放高的本质原因。

与长流程不同，短流程电炉炼钢是废钢直接进电炉（一般混合不同比例的铁水，合金、电炉消耗超高功率石墨电极等材料），直接变成钢坯，再进行轧制（图4.1）。电弧炉短流程炼钢工艺以回收的废钢（充分利用钢铁可回收性好这一特性）作为主要原料，以电力为能源介质，利用电弧热效应，将废钢熔化为钢水，实现了"以电代煤"，具有良好的降碳效应。根据国际钢铁协会的统计数据，1吨废钢的应用可减排1.5吨的二氧化碳，同时还可节省1.4吨铁矿石、0.74吨煤和0.12吨的石灰石消耗。

在长流程的钢铁制造中，高炉流程中直接碳排放占60%以上。短流程钢厂是长流程钢厂碳排放强度的1/2或更低。因此，采用短流程炼钢，加大资源回收，利用废钢炼钢可直接降碳。

国家《2030年前碳达峰行动方案》指出"大力推进非高炉炼铁技术示范，提升废钢资源回收利用水平，推行全废钢电炉工艺"。按照国家《关于推动钢铁工业高质量发展的指导意见》，到2025年，中国电炉钢产量占粗钢总产量比例将提升至15%以上，力争达到20%，废钢比达到30%。可以预见，基于生命周期（LCA）的废钢利用，将在新的双碳时代发挥越来越大的作用。2022年，工业和信息化部等六部门联合印发《工业能效提升行动计划》提到"钢铁行业：通过产能置换有序发展短流程电炉炼钢"，在政策层面支持电炉短流程炼钢工艺提升。

未来，电弧炉炼钢将进一步优化基于配料、供电、供氧、辅助能源输入、造渣等全流程的电弧炉炼钢工艺，完善集操作、工艺、质量、成本、环保等于一体的电弧炉炼钢流程，最终实现电弧炉绿色、智能、高效和低成本炼钢的目标，进一步推动钢铁工业转型升级。

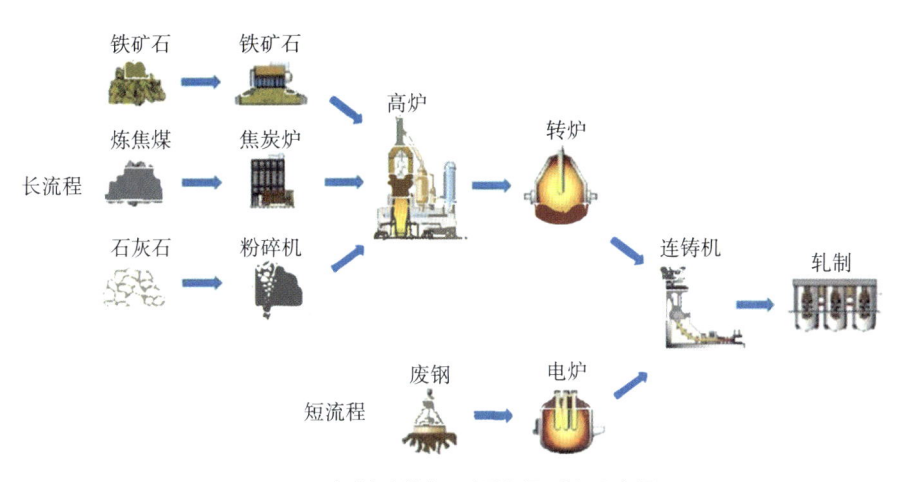

图 4.1 钢铁冶炼长、短流程对比示意图

随着电炉短流程炼钢比例的提升，钢铁企业用电将进一步大幅度上升，但同时可以提升绿色电力使用，从而使整体碳排放进一步降低。

4.1.2 直接电解炼钢

直接电解炼钢是钢铁行业一种颠覆性技术，目前依然处于正在研究与示范初期。直接电解炼钢的原理特点在于分离铁矿石中的金属铁元素与氧元素的方式不同。一般而言，分解铁矿石中的金属铁和氧有两种办法，一种是利用化学还原剂（例如氢或碳，分别对应氢冶金或长流程高炉炼铁）；另一种是采用电化学工艺，利用电能还原铁矿石。目前绝大多数炼钢工艺属于前者，而直接电解炼钢属于后者。

在直接电解炼钢的工艺过程中，铁矿石被放置在电解槽内，浸没在 1600℃ 的二氧化硅和氧化钙的熔液中，形成电解质熔液。当电流通过电解质熔液时发生分解。按照电化学反应和电子移动特性，带负电的氧离子移动到带正电的正极，形成氧气以气体形式分离。带正电的铁离子迁移到带负电的负极，被还原成元素铁，形成铁水。如果在以上的过程中使用绿色电力，则铁的生产过程将不会排放二氧化碳，因此是一种颠覆性的零碳炼钢技术。

目前，铁矿石直接电解的技术已在实验室实现，可生成实验室产品的金属铁和氧气。在实验室内，铁矿石从电解槽的顶部输入，通过一个管道流动进入电解槽内。然后，电流通过由氧化铁和其他金属矿物组成的液体熔液形成熔体。加热氧化物熔体并利用电化学反应，从而产生氧气和铁水。氧气到装置的顶部排出，而铁水聚集在电解槽底部，最终输出并硬化成钢，形成实验室产品。

欧盟 ULCOS 项目通过电解冶金法（ULCOTWIN）证明了电解炼铁工艺的应用前景。美国波士顿金属公司（Boston Metal）正在对技术进行商业化的探索。这种探索为钢铁产业链面临的碳排放挑战提供革命性的解决方案，即以绿色电力为动力，熔融氧化物电解将铁矿石转化为液态金属和氧气。这种方式不产生二氧化碳排放，能源效率极高，并且可以处理各种不同等级的铁矿石。

总体上，直接电解炼钢有待进一步研究和探索商业化实施路径。国际能源署发布的钢铁行业减碳技术路线图指出，"虽然电解技术可以实现炼钢过程的直接电气化，但由于其技术成熟度（TRL 等级）相对较低，因此未被纳入可持续发展方案。随着创新速度的加快，长期来看，电解技术还是有可能在可持续炼钢中占有一席之地。"这种方式能源输入主要是电，如工程实施，将在冶金电气化方面出现跨越式发展。

4.1.3 氢还原冶金

氢还原冶金是在炼铁工艺过程中，使用氢替代碳还原铁矿石，替换后产生的废气变成了水。氢还原技术对实现钢铁制造净零排放具有十分重要的意义，以氢冶金作为终极形态，以氢代替碳，将促进钢铁行业绿色低碳、高质量发展。

目前，主流的氢冶金技术路线为高炉富氢冶炼和气基直接还原竖炉炼铁两种，前者通过喷吹天然气、焦炉煤气等富氢气体参与炼铁过程。后者通过使用氢气与一氧化碳混合气体作为还原剂，将铁矿石转化为直接还原铁，再将其投入电炉进行进一步冶炼。前者的技术进步对长流程钢铁生产的碳减排改造具有重要意义，后者则通过研发"氢基竖炉—电炉"短流程新工艺技术，实现钢铁工艺流程革新和驱使能源结构优化，为低碳或无碳钢铁生产提供全新途径。如后者技术逐步成熟，应用比例将较前者有大幅提升。

氢冶金方式具有直接降碳的效果。当下，碳基能源仍在钢铁流程中占决定地位，而氢能和可再生能源正在快速发展。氢能作为高能量密度、无污染排放的二次能源，是有效耦合传统化石能源和可再生能源，构建清洁低碳、安全高效现代能源体系的重要选择，在能源转换与资源环境中将越来越活跃，并主导未来钢铁的技术走向。因此，氢冶金被多数行业专家认为是未来的终极形态，以氢代替碳，将促进钢铁行业向绿色低碳、高质量发展。

从能源角度，氢还原冶金的电耗将是传统钢铁生产电耗的 10 倍以上。根据国际能源署的可持续发展方案，到 21 世纪 30 年代中期，作为主要还原剂的电解氢将大规模应用，到 2050 年，电解氢的用量将增至 1200 万吨。另外，国际能源署预计到 2050 年，钢铁行业电解氢的最大需求将来自印度和中国（均超过 450 万吨），原因在于两国巨大的生产能力，以及大量可利用的低成本可再生电力。

国外许多钢铁企业已经纷纷开发利用氢能进行钢铁生产，国内先进钢铁企业也率先实践，如高炉富氢冶金是我国宝武氢冶金研究计划的项目之一，其他已经开展研究的氢冶金项目还包括富氢熔融还原、氢基竖炉直接还原等，目标是逐渐用氢气来替代碳，大幅度减少钢铁冶金流程的温室气体排放，直至实现钢铁冶金生产过程的碳中和。宝武集团湛江钢铁正在建设的氢还原冶金项目，采用全球最大的百万吨级氢基竖炉机组，是我国首套集成氢气和焦炉煤气进行工业化生产的直接还原铁生产线，也是后续自主集成并研发全氢冶炼技术的创新平台，对推动钢铁行业绿色低碳转型发展具有重要意义。

4.1.4　钢铁制造基地电力源网荷储一体化

新时期，钢厂应该具有三大功能：一是高效率、低成本、高质量的钢铁产品制造功能，二是高效率能源转换和能源及时回收利用的功能，三是大宗社会废弃物的消纳处理和再资源化功能。随着能源革命的深入和碳中和进程的推进，现代钢铁企业作为能源加工转换的角色变得更加重要。充分发挥钢铁冶金工厂与产品制造功能相伴而行的能源转换兼具能源消纳和能源储存的能力，融入区域能源系统，从能源消费侧助力能源革命具有极其重要的作用。

在新型电力系统中，钢铁冶金工厂作为兼具储能的电力负荷中心，建立包括外部能源（包含电力）网络在内的用户侧源网荷储一体化运行模式具有重大意义，这是用户端能源系统的新型生产组织模式。

围绕钢铁冶金制造基地，充分调动各要素，在源侧，钢铁制造基地内部电源（如分布式光伏、分散式风电、余能余压发电机组、副产煤气发电及自备电厂等）和外部电源（如公共电网接口，集中式绿色电力基地等）；在网侧，钢铁基地内部的供配电网、热网等及外部的区域能源系统（电网、城市热网、天然气管网等）；在荷侧，钢铁生产负荷及调整能力（如电炉的间歇性生产所带来的电力响应能力，其他可中断可调整电力负荷）；在储侧，钢铁制造基地自身储能能力（如煤气柜、热力管网）及通过能源转换所形成的储能能力（如热—电转换等）。发挥以上各要素之间的协同、支撑、互补能力，构建一体化的钢铁冶金运行新模式，即钢铁冶金清洁电力源网荷储一体化。这种模式以提升冶金工厂再生能源消费比重与降低用能成本为目标，充分利用电力体制改革创新、多尺度分层分区能源与钢铁生产调度控制和单元功能响应技术（如电炉的用电控制响应），通过充分发挥钢铁冶金工厂作为负荷同时兼具部分储能特点的能源消纳、缓冲和响应能力，就地就近灵活发展可再生能源，优化整合与组合特定区域的电源、电网、负荷和储能资源，实现源网荷储高度融合、安全稳定经济低碳运行。

针对钢铁生产高耗能，高碳化石能源大量使用，粗放单向供能损失大，集中式能源系统灵活性、柔性不足，钢铁能源与生产精细化匹配缺乏数据驱动等行业共性问题，我国宝武集团率先提出钢铁多流耦合分布式能源系统架构优化技术（图4.2）。即：以可再生能源开发、清洁能源引入的多能互补优化钢铁冶金能源结构；以钢铁冶金流程中余能就地极限回收利用与区域能源自平衡提升能源价值；以需求侧响应能力提升增强源荷互动能力；以多网互融数据驱动的网储一体优化扩大系统储能能力；以横向多能互补与纵向源网荷储协同加强系统可调整能力。该架构以提升能源系统对外交互与对内调整的柔性、灵活性以适应快速发展的内外环境变化为根本目标，以源网荷储的多维度互融为手段，从根本上促进钢铁能源绿色、低碳发展。该架构正在持续发展之中。对钢铁行业生产组织形式与能源使用模式将产生重大变革性推动。

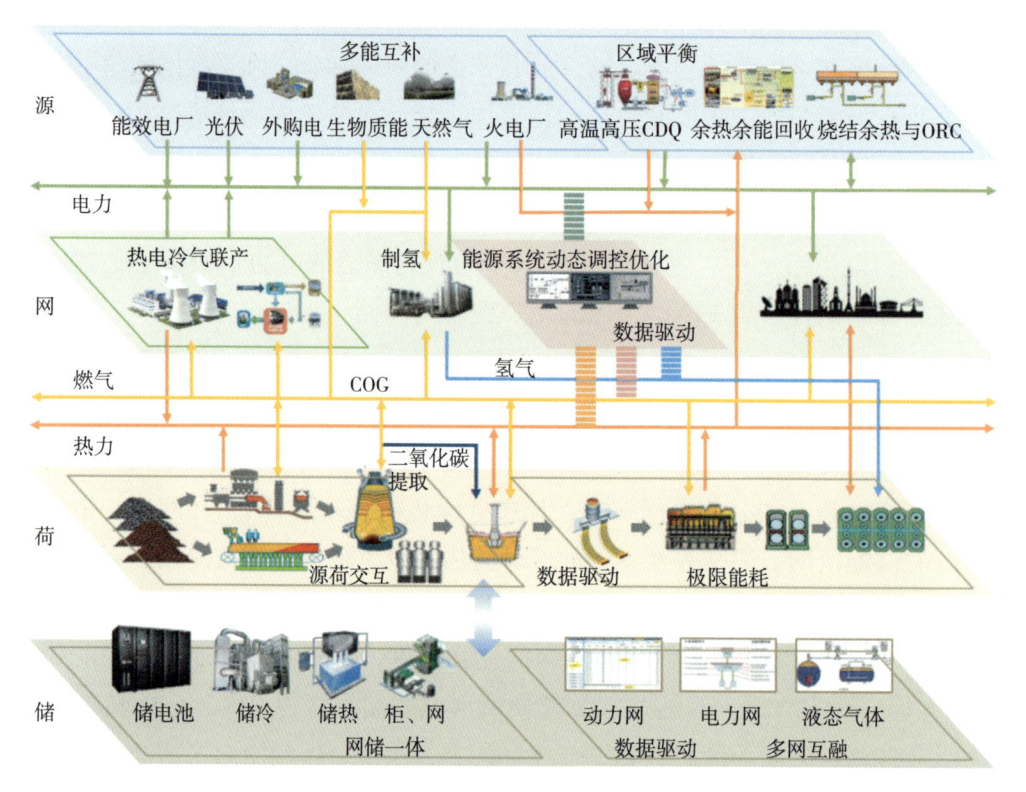

图4.2 钢铁多流耦合分布式能源系统架构

4.2 有色金属行业

有色金属行业用电量约占全国总用电量的 7% 以上，有色金属品种多，据统计，我国 10 种主要有色金属产量约 6168 万吨。2020 年，我国有色行业二氧化碳的排放总量约为 6.5 亿吨（直接碳排放量约 2.5 亿吨）。我国氧化铝/电解铝产量居世界首位，二氧化碳排放量最高，约 5 亿吨，占全国有色行业总碳排放的 85%。产量相对较大的铜、锌、铅和镁冶炼过程，二氧化碳排放 0.88 亿吨，占全国有色行业总排放量的 14%（图 4.3）。因此，有色金属行业碳减排的重点是铝冶炼过程。

铝冶炼包括铝土矿提取氧化铝，再电解生产铝，此外就是对使用后的废铝进行再生。氧化铝生产过程中主要是锅炉燃煤制备热源蒸气过程的一次能源排放；电解法是全世界工业生产原铝的唯一方法，电解铝过程电耗大（1 吨电解铝需耗电 1.3 万～1.4 万千瓦·时），而再生铝资源回收能耗和碳排放较低（图 4.4）。由此可知，冶炼过程中的绿电替代及废金属的循环利用是有色金属行业节能减排的主要发展方向。应重点发展氧化铝高效提取技术、电解铝低碳节能技术、再生铝资源循环技术及其他金属的低碳冶炼技术。因此，本节内容着重介绍氧化铝行业新型电解技术、高频冶金电炉和再生铝技术。

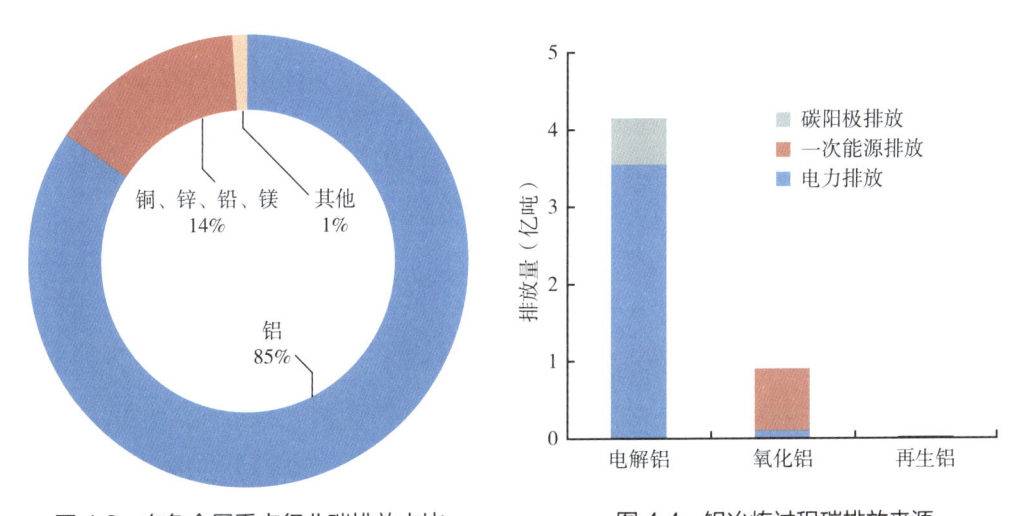

图 4.3 有色金属重点行业碳排放占比

图 4.4 铝冶炼过程碳排放来源

4.2.1 新型电解技术
4.2.1.1 电解方式与铝电解

电解是将电流通过电解质溶液或熔融态电解质，在阴极和阳极上引起氧化还原反应的过程，电化学电池在外加直流电压时可发生电解过程。电解广泛应用于有色冶金工业中，如从矿石或化合物提取金属（电解冶金）或提纯金属（电解提纯），以及从溶液中沉积出金属（电镀）。有色金属主要采用电解技术进行冶炼，电解方式按电解质状态可分为水溶液电解和熔融盐电解两大类。有色金属如锌、镉、铬、锰、镍、钴等采用湿法电解制备，铜、银、金、铂等金属也可通过湿法电解精制。此外，电镀、电抛光、阳极氧化等都是通过水溶液电解来实现的。铝、镁、钙、钠、钾、锂、铍、钍等有色金属多采用熔融盐电解冶炼制备或者精制。此外，还有将熔融氟化钠电解制取元素氟等。

在众多有色金属电解中，铝电解是体量最大、耗能最高的金属。目前，我国电解铝行业吨铝综合交流电耗约为13000千瓦·时，年耗电量在4500亿千瓦·时以上，占全国总用电量6.3%左右。如何进一步降低电解铝生产能耗，是当代有色金属领域、铝电解企业与工作者的使命。我国已完成了180千安培、280千安培和320千安培的现代化预焙槽的工业试验和产业化。现代电解铝厂的生产系统已把烟气的处理和原料的供给系统融合为一个整体，实现超低排放。目前，工业原铝生产均采用霍尔-埃鲁特高温熔盐电解铝生产技术，要实现铝电解的节能降耗，就需要降低平均电压、提高电流效率。

在铝电解生产过程中，槽平均电压和电流效率是多因素耦合指标参数，因此，通过降低平均电压或提高电流效率实现节能降耗在生产中是个很复杂的技术难题。科研工作者围绕如何降低铝电解槽电压和提高电流效率做了大量研究，比如，阳极开槽技术、石墨化阴极炭块技术、阴极涂层技术、无效应低电压技术等，这些技术都能在一定程度上降低电解槽电压。近年来，取得显著效益或获得重大突破的主要是新型阴极结构铝电解槽技术、新型稳流保温铝电解槽节能技术、低温铝电解技术等。在这一过程中，国内电解铝企业槽电压从4.15伏左右降低到4伏左右，电流效率达91%左右；也有部分企业槽电压降低到3.8伏左右，吨铝直流电耗基本在13000千瓦·时左右。

4.2.1.2 新型阴极结构铝电解槽技术

新型阴极结构电解槽上的每个阴极炭块表面具有坝形的凸起结构，如图4.5所示，这些坝形的凸起直立在其阴极炭块的表面，并与阴极炭块融合为一个整体，可以减小铝液的波动，可将槽电压降低0.3伏以上，使铝电解的吨铝电耗大幅度降低800~1100千瓦·时，取得了很好的节能效果。

为了应对阴极结构改变导致的铝电解槽热平衡的改变，配套开发了保温型铝电解槽内衬结构设计技术、沟槽绝缘焦粒焙烧启动技术和火焰-铝液焙烧启动技术，以及尝试给出了合理的铝水平、分子比、电解质成分和阳极高度等参数的范围，以实现在降低槽电压以后电解槽的稳定运行。该成果攻破了铝电解电耗难以大幅降低的技术难题，提出了铝电解生产大幅节电的技术路线，引领了当代世界铝电解节能技术的一场重要变革。目前,已在全国大部分企业得到应用,以年产 3500 万吨的一半产量、吨铝直流电耗降低 800 千瓦·时计,每年可节电至少 140 亿千瓦·时。

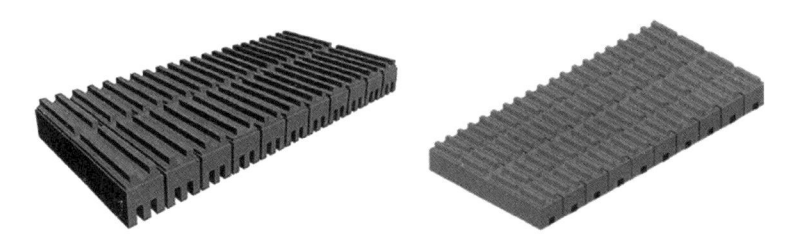

图 4.5 两种不同规格的新型阴极

4.2.1.3 新型稳流保温铝电解槽节能技术

新型稳流保温铝电解槽节能技术基于阴极稳流、电压平衡和能量平衡优化设计,优化电解槽阴极钢棒结构、阴极炭块结构、提高钢棒导电性能、钢棒与阴极炭块的组装技术,实现电解槽水平电流大幅度降低,降低铝液中所受电磁力,降低铝液的流速和界面变形,提高阴极铝水的稳定性。实现电解槽的稳定高效运行,节能效果显著,该技术的成功开发将有助于我国铝电解工业提前超额完成节能减排目标。

新型稳流保温铝电解槽节能技术的核心是通过降低铝液水平电流、降低铝液界面变形和流速、开发高导电钢棒、释放极间空间、内衬结构设计、散热分布优化等一系列措施稳定热场、电场和流场,从而降低了阴极电压降,减少侧壁散热,降低电解质对保温材料的侵蚀,提高了电解槽的寿命。

新型稳流保温铝电解槽节能技术自 2013 年在国内电解铝企业推广,使铝电解槽运行电压稳定在 3.75～3.85 伏,电流效率 92.0%～94.0%,直流电耗完成吨铝 12200～12500 千瓦·时,如表 4.1、表 4.2 所示,节能效果明显。

表 4.1 350 千安培铝电解槽应用新型稳流保温铝电解槽节能技术前后技术参数对比

指标	FHEST 技术槽	对比试验槽
槽电压/伏	3.887	4.091
炉帮厚度/厘米	18.7	10.7
电解温度/摄氏度	951	956
铝液高度/厘米	23	28
极距/厘米	4.2	5
槽电压摆幅/毫伏	5	18
阳极效应系数/(次·槽$^{-1}$·天$^{-1}$)	0.065	0.17
阴极压降/毫伏	265	341
电流效率/%	91.5	90.6
吨铝直流电耗/千瓦·时	12659	13450

表4.2 应用新型稳流保温铝电解槽节能技术铝电解槽前后直流电耗对比

企业	系列电流 千安培	实施前 千瓦·时/吨铝	实施后 千瓦·时/吨铝	节电效果 千瓦·时/吨铝
1	350	13665	12639	-1026
2	400	13050	12543	-507
	320	13133	12465	-668
3	500	13200	12593	-607
4	400	13000	12480	-520
5	240	13030	12170	-860

截至2019年，在全国200～500千安培多种系列槽型的1200多台电解槽上推广产能约150多万吨，均取得吨铝节电500千瓦·时以上的节能效果，每年可节电7.5亿千瓦·时，年碳减排当量二氧化碳约56万吨，年节约电费3亿元以上。

4.2.1.4 低温铝电解技术

低温电解可以减少铝电解槽的散热，提高铝电解电能利用率，达到节能减排、延长槽寿命等诸多优点，但电解温度的降低伴随氧化铝溶解困难、导电率下降、热稳定性差等一系列问题，所以无法在工业上应用。近年来的研究表明，分子比在1.3～2.0的低分子比电解质体系具有较低的初晶温度及足够大的氧化铝溶解度，各项物理化学性质都能满足铝电解的要求，是最有希望实现低温铝电解的电解质体系。该电解质体系在20～40千安培的电解槽上成功实现了超过两年的半工业试验应用。

铝电解理论吨铝直流电耗为6320千瓦·时，电能利用率50%左右，其余电能以余热方式直接散失，其中烟气和电解槽侧壁是主要的散热部位。将低温余热回收利用也是降低能耗的主要手段，主要对侧壁和烟气余热回收，分别用于加热氧化铝和取暖。铝电解槽侧壁加装以管道换热装置为代表的余热回收系统，由于热量回收利用率低、对电解槽炉帮影响大等原因，目前还没有在工业上较大规模的应用；烟气余热利用大多用作生活用水，被认为是能量的降级使用，而且能量利用率低；利用铝电解槽余热发电受到目前技术条件的限制，热电转化效率低，成本回收期长，大多还处于实验研究阶段。

从总体上看，随着电解槽生产智能化手段提高，通过对电解槽电解质体系的深入研究，系统的电解槽结构优化、改造，精细化的管理控制，还能较大幅度降低电解槽电能消耗。要高效解决铝电解槽散失热量大的问题，还需要多个领域的专家联合攻关。

4.2.1.5 惰性阳极铝电解技术

惰性阳极是指目前通用的冰晶石-氧化铝熔盐电解中不消耗或微量消耗的阳极。理论上，采用惰性阳极可以实现氧化铝的直接还原，不会排放二氧化碳。2006年左右，25千安培惰性阳极电解槽采用金属惰性阳极进行生产，从而证实了采用惰性阳极这种方法是可行的。

传统碳阳极每电解生产1吨铝消耗约500千克碳素，释放大量的一氧化碳、二氧化碳和碳氟化物、碳氮化合物，严重污染环境；消耗大量优质碳素，阳极需要定期更换，干扰了电解槽的热平衡；阳极底面的不均匀消耗，阳极电流分布不均，电解槽质中碳渣多，影响电解槽的稳定运行，这些造成了铝电解电能消耗远高于理论值。惰性电极电解过程中，阳极材料不参与反应，阳极气体为氧气，能避免有害气体排放，稳定生产工艺，还能节省电能约20%。将惰性电极材料应用于电解铝生产中，将降低能耗、减少污染。

采用惰性阳极可以避免传统碳阳极的缺点，开发惰性阳极技术的关键在于寻找到合适的阳极材料。阳极工作环境极其严酷，体现为高温、高腐蚀性熔盐、高电流密度。阳极必须同时具有高电导率、高强度、耐高温、高抗腐蚀性、难溶于电解质等特性。在现有的惰性阳极材料体系中，金属陶瓷惰性阳极有望实现工业化应用突破。近期，该技术的研发重点应集中在其工程铝电解应用研究方面，具体包括以金属陶瓷材料的成分优化、结构设计提升材料的综合性能，以电极和电解槽结构设计、电解质研究等改善阳极的服役环境，从而使惰性阳极服役寿命达到工业规模应用的要求。

截至2023年，世界铝工业已研发成功三种零碳排放的惰性阳极铝电解技术：Elysis公司的ElysisTM技术、俄罗斯联合铝业公司的惰性阳极工艺、海德鲁铝业公司的近零铝排放的Halzero工艺。我国对惰性阳极铝电解技术的研发也很重视。东北大学、中南大学等单位自2008年以来针对惰性阳极材料及其特性进行了10多年的研发，并于2005—2006年成功进行了惰性阳极和可湿润阴极组合的4千安培级新型结构电解槽的生产试验。

4.2.2 高频冶金电炉
4.2.2.1 冶金电炉

冶金电炉是通过电能转化为热量对金属加热冶炼的装置。与燃料炉比较，电炉的优点有：物料加热温度提升快，热效率高；生产过程容易实现机械化和自动化；容易解决环境问题等。冶金工业上电炉主要用于钢铁、铁合金、有色金属等的熔炼、加热和热处理，电炉可生产出质量性能很好的产品。20世纪50年代以来，由于对高级冶金产品需求的增长，电炉在冶金炉设备中的占比逐年上升。电炉可分为电阻炉、感应炉、电弧炉、等离子炉、电子束炉等。

4.2.2.2 高频冶金电炉

高频感应电炉又名高频加热机、高频感应加热设备、高频感应加热装置、高频加热电源等。高频的大电流流向被绕制成环状或其他形状的加热线圈（通常是用紫铜管制作），由此在线圈内产生极性瞬间变化的强磁束，将金属等被加热物体放置在线圈内，磁束就会贯通整个被加热物体，在被加热物体的内部与加热电流相反的方向，便会产生相对应的很大涡电流。频率介于3～30兆赫兹的高频及感应加热技术加热温度可达1700℃，对金属材料加热效率最高、速度最快，且低耗环保，被广泛应用于各行各业对金属材料的热加工、热处理、热装配及焊接、熔炼等工艺中。

高频冶金电炉的高频电源采用绝缘栅双极型晶体管（IGBT）为主器件、全桥逆变，保护功能完善，可靠性高；可远控和配接红外测温，实现温度的自动控制，提高加热质量和简化工人操作；高频冶金电炉取代氧炔焰、焦炭炉、燃煤炉、盐浴炉、煤气炉、油炉及普通电阻炉等加热方式；采用频率自动跟踪及多路闭环控制，安装简单，操作方便，是新一代的金属加热设备。高频感应加热设备包括中频熔炼炉、高频熔炼炉、超音频加热机、超高频加热设备以及配套的中频透热锻造炉等，其中，中频感应加热的原理升温速度快，氧化极少，由室温加热到1100℃的吨锻件耗电量小于360千瓦·时，具有良好的应用前景。

4.2.3 再生铝技术

4.2.3.1 再生铝能耗及碳减排

2020年，全球铝产量为9910万吨，其中再生铝产量3380万吨，占全球铝产量的34.1%。同年，我国铝产量为4448万吨，其中再生铝产量740万吨，占国内铝产量的16.6%，但低于全球平均水平21%约4.4个百分点，发达国家再生铝产量占铝总产量的比例较高，美国、德国和日本的再生铝产量已大于原铝产量，日本和美国的铝消费已经以再生铝产品为主。

我国电解铝产能已逼近4500万吨"天花板"。再生铝资源将逐年提升，回收利用将在铝行业碳减排中占主导。再生铝资源回收能耗和碳排放较低，废金属的循环利用是有色金属行业节能减排的主要发展方向。根据欧洲铝业协会的数据，生产1吨再生铝能耗仅为原铝的5%，仅产生0.5吨二氧化碳排放，远远低于生产电解铝的碳排放量，可以减少约86%的碳排放量。为实现有色金属工业低碳生产转型，要加强资源化利用，推广、扩大再生产品应用范围，降低有色行业总体碳排放量，提高再生铝产品价值应特别重视再生铝资源循环保级利用技术。

4.2.3.2 再生铝利用

目前,我国再生铝很少保级利用,大部分降级使用作为铸造铝合金。废铝料经预处理、熔炼、铸造等工序后得到的铝合金就是再生铝,为了进一步得到纯铝还需经过精炼。常用的铝精炼方法中采用低温电解质电解精炼能耗较低,主要研究的有低温熔盐体系和离子液体体系。

我国铝产业发展起步较晚,中华人民共和国成立以来以发展钢铁产业为主,20世纪70年代我国才开始发展再生铝,2020年我国再生铝产量达到了715万吨,位列世界第二,再生铝已经成为中国铝工业的重要组成部分。

我国再生铝行业特点主要有以下几点:①再生铝利用率低。我国再生铝通常用于低端产品,而对于性能要求较高的高端产业使用很少,从而导致我国再生铝在低端领域产能过剩,大量低端铝产品得不到应用,因而利用率很低。②再生铝降级使用。铝材根据性能指标可分为多个等级,例如制作易拉罐的铝材就属于高档铝材。我国废铝罐回收率超过97%,是废铝资源的一大版块,但在熔炼时废铝罐往往要伴随其他低端废铝料一同熔炼,造成易拉罐等高档废铝料的巨大浪费。③高杂质低性能。当前我国再生铝产品杂质含量较高,熔炼技术不够先进,特别是在预处理、熔体净化方面技术落后,缺乏分选和精炼剂相关研究,在铝液熔体中通常含有较高比例的铁、铜、镁、硅等大量金属残渣及氧化杂质,从而导致铝材性能低,国产再生铝一般仅用在汽车、摩托车配件领域,很少用于轧制挤压等高性能要求的铝加工行业。④再生铝熔炼设备落后,对于一些特殊的含铝合金,难以精确提炼出金属杂质。

4.2.3.3 废铝回收管理与熔炼技术

由于废铝类型混杂,不同废铝成分的含铝量也不同,废铝中还含有其他金属杂质等,因此废铝首先需要经过回炉熔化,之后再进行提炼处理等工艺才能再生使用。目前,在整个废铝熔炼工艺中,控制铝锭性能品质有四个关键环节,即废铝回收、预处理、废铝熔炼和熔体净化四个环节。对于废铝的熔炼技术而言,目前国内普遍采用普通反射炉作为熔炼设备,这种直接加热原料的方式,具有烧损大、回收率低的缺点,特别在熔炼碎铝屑或薄铝时,其回收率更低。普通反射炉使用天然气、煤炭等传统燃料作为能源,一方面,由于设备技术不先进,热效率较低,不超过50%,一半热量随炉体、烟气损失,导致热能的严重浪费;另一方面,由于燃料燃烧产生的废气会对环境造成污染。数据表明,按照国内技术,每熔炼1吨废铝需要消耗80千克燃料。国外较多采用双室炉或多室炉,与普通反射炉相比,多室炉具备更高的热效率,所需燃料为国内技术的一半,且铝回收率较高,但由于成本限制,国内应用较少。我国企业研究人员还需加大对再生铝熔炼技术的研发投入和政策的支持，促进我国再生铝产业快速发展。

实现有色金属行业特别是铝行业的碳达峰碳中和，需要节能提效，降低碳排放强度，优化能源结构，实现铝产业绿色发展，收缩电解铝火电产能，增加绿色清洁能源使用比例，主要措施包括：淘汰燃煤自备电厂，或者通过自备机组发电权置换，利用清洁能源置换火电；对自备电厂进行清洁化改造，用低碳或零碳能源替换燃煤；利用企业厂房及周边环境，建设风、光电站，配合储能技术，实现清洁能源直供；依托水电、核电资源，置换电解铝产能，实现清洁能源直接利用；推行低碳运输，逐步引进电动、氢能运输车辆。

4.3 化工行业

4.3.1 电蓄热蒸汽锅炉

4.3.1.1 技术概述

电蓄热蒸汽锅炉作为"煤改电"的新产品，是清洁供蒸汽主要技术之一，主要用来替代被逐步淘汰的传统燃煤锅炉，满足燃煤锅炉被取缔后工业、企业生产用蒸汽的需求，是一种环保的供蒸汽技术。

电蓄热蒸汽锅炉主要利用价格低廉的谷电制热，在保证蒸汽供应同时将部分热量存储在储热材料中，并在非谷电期间利用所存储的热能进行连续蒸汽供应。储热阶段，蓄热式电炉利用低谷电，采用电加热元件将电能转换为热能，一部分传热给复合相变储热模块，另一部分用于蒸汽发生器以产生蒸汽。放热阶段，关闭电加热元件，循环风机持续运转，吸收复合相变储热模块的热量并持续传递给蒸汽发生器，产生蒸汽外供。

4.3.1.2 技术优势

电蓄热蒸汽锅炉长期供应稳定，价格稳定且呈下降趋势，并且系统最大蒸发量可明显大于设计值，翻倍甚至更高。

电直热蒸汽锅炉运行时需要持续供电，停电即停气，且需要24小时连续加热，无法蓄热。与电直热蒸汽锅炉相比，电蓄热蒸汽锅炉在运行时停电不停气，运行稳定，且谷电时段边蓄边供，其他时段蓄热供电，设备可随时启停。

4.3.1.3 技术局限与应用方向

（1）技术局限

电蓄热蒸汽锅炉目前存在以下三个问题：① 初期投资巨大。电蓄热蒸汽锅炉初期投资是天然气锅炉的5～10倍，占地面积相较于其他蒸汽锅炉更大。② 用户端电力容量不足。电蓄热蒸汽锅炉所需功率远大于普通用户的电力容量，必须进行电力增容需求，成本较高。③电蓄热蒸汽锅炉技术尚未完全成熟。目前，采用天然气锅炉生产蒸汽，具有初期成本低、热效率高、能源成本可接受、排放相对清洁的优势，电蓄热蒸汽锅炉尚不具备完全取代天然气锅炉的能力。

（2）应用方向

随着新能源发电比例的不断增加，其出力的不稳定性对电网的安全运行造成巨大威胁，电蓄热供蒸汽锅炉系统因具备储热能力，因而具有削峰填谷的作用，能使用户获得额外的调峰收益和供热费用而备受关注。此外，在部分出现零电价甚至负电价工业区建立能源站，能够以最低廉的成本获取电力并满足工业区的用热需求。

4.3.2 电制原料

4.3.2.1 电制氢

（1）技术概述

氢气作为一种清洁的能量载体，可以很好地储存能量，且有着发热值高、燃烧性能好、资源广泛、储存运输方便等优势，故有极好的利用价值。常规的制氢方式主要利用化石燃料，会产生大量的二氧化碳，利用风电、光伏发电等可再生能源（绿电）制取氢气，正在逐步成为电制氢的主流技术方案。利用绿电生产氢气具有以下两种生产模式：一是采用绿电制氢，绿电不足的部分通过从电网获取能源作为补充；二是完全利用绿电制氢，不依赖电网。两种方式对比，前者能较好地应对绿电存在的波动问题，能稳定生产、减小投资；后者虽然波动大，但完全脱离了碳排放，大大降低了运行成本。

大规模电解水制氢系统的主要设备有电解水制氢装置、氢气纯化装置、氢气压缩机、储氢罐等。在电解水制氢装置中，包括整流柜、整流变压器、电解槽、控制系统和附属设备。其中，整流柜和整流变压器将电网输入的交流电整流为直流电；电解槽利用直流电电解水生成氢气与氧气；控制系统负责保持整个系统工作时相关参数的正常，保证系统安全运行；附属设备负责补充电解所需水、使电解液循环、将产品气与电解液分离等工作。

在整个电解水制氢装置中，最核心的是电解槽部分。目前，主要有三种电解槽技术路线：碱性电解（AWE）、质子交换膜（PEM）电解和固体氧化物（SOEC）电解。其中，碱性电解槽和PEM已经商业化，碱性电解槽在效率、使用寿命和投资成本方面占优，而PEM在操作压力、负载范围、占地面积方面更有优势，需结合实际情况进行选用，而固体氧化物目前还处在示范运行阶段。三种技术路线的比较见表4.3。

表 4.3 不同电制氢技术路线比较

技术路线 比较指标	碱性电解	质子交换膜电解	固体氧化物电解
电解质隔膜	30%KOH 石绵膜	质子交换膜	固体氧化物
电流密度/安·厘米$^{-2}$	<0.8	1~4	1~10
电耗/千瓦·时·牛$^{-3}$·米$^{-3}$	4.5~5.5	3.7~4.5	2.6~3.6
工作温度/℃	70~90	70~80	700~1000
产氢纯度/%	>99.8%	>99.99%	>99.99%
能量效率/%	60%~75%	75%~90%	85%~100%
操作特征	快速启停，产气需要脱碱	快速启停，产物仅水蒸气	启停不便，产物仅水蒸气
电能质量要求	稳定电源	要求低	稳定电源
动态响应能力	较强	强	较弱
电解槽寿命/小时	12000	10000	—
可维护性	强碱腐蚀强，运维成本高	无腐蚀性介质，运维成本低	—
技术成熟度	已充分产业化	初步产业化	研发周期
特点	技术成熟，成本低	良好的可再生能源适应性	转化效率较高

（2）国内外绿电制氢项目实例

近年来，全球可再生能源 PEM 电解水制氢项目发展迅速，项目数量和装机规模不断上升，装机规模已迈入 10 兆瓦级别。2021 年 7 月，荷兰壳牌公司的 10 兆瓦 PEM 绿电制氢项目在德国莱茵兰炼油厂投运，电解槽由英国 ITM Power 公司提供，每年可生产约 1300 吨氢气。同年，美国康明斯公司与法国液化空气公司合作建设的 20 兆瓦 PEM 电解槽在加拿大魁北克投入商业运营，该项目为当前世界上规模最大的 PEM 制氢项目，年产约 3000 吨氢气。最近，美国康明斯公司宣布将为美国佛罗里达电力照明公司提供 25 兆瓦的 PEM 电解水制氢系统，该系统由五台 HyLYZER—1000 设备组成，每天可生产 10.8 吨氢气，并将于 2023 年投运。德国西门子公司将为从欧洲能源公司（European Energy）的电转甲醇项目的 50 兆瓦电解工厂提供 PEM 电解槽。英国 ITM Power 公司与林德集团计划在德国建厂生产 24 兆瓦的世界上最大的 PEM 电解槽。此外，英国 ITM Power 公司、德国西门子等公司也在计划启动吉瓦级规模的 PEM 制氢设备的自动化、规模化生产线。

国内 PEM 电解水制氢应用示范项目的部署相对缓慢，近两年才开始出现兆瓦级示范项目。国内的 PEM 电解水技术在技术成熟度、装置规模、关键材料性能和可靠性验证等方面还存在一定差距。2021 年以来，国内 PEM 电解水设备的产业化和市场应用均有所突破。2021 年 10 月，中国科学院大连化学物理研究所研制的兆瓦级 PEM 电解水制氢系统在国网安徽省电力有限公司氢综合利用站实现满功率运行。该系统额定产氢每小时 220 标准立方米，峰值产氢达到每小时 275 标准立方米。2022 年 2 月，中石化联手美国康明斯公司在广东佛山启动吉瓦级产线的建设，生产 HyLYZER 系列的 PEM 电解水制氢设备，将于 2023 年一期实现年产 500 兆瓦的能力。

此外，河北沽源风电制氢项目采用碱性电解槽技术路线，示范工程建设 200 兆瓦容量风电场、10 兆瓦电解水制氢系统以及氢气综合利用系统三部分，可实现年产纯度为 99.999% 的氢气 700.8 万立方米。

（3）技术局限与发展前景

绿电制氢虽然碳排放低，但成本因素仍然制约其发展。电解水制氢的所有成本中，电力成本占比最大。降低绿电制氢成本，需要充分发挥可再生能源发电技术的优势，降低度电成本，对于中国市场而言，在电制氢成本降至 20 元/千克以下，即可再生能源电价低于 0.3 元/千瓦·时，绿电制氢相对于化石能源制氢则能够具有一定的优势。

4.3.2.2　电制氨

（1）技术概述

氨是氢气在工业领域规模最大的下游化工产品，也是化学工业中产量最大的产品。工业上主要通过哈伯法以氮气和氢气为原料合成氨，合成工艺与制氢原料有关，国内合成氨工艺以煤制合成氨为主。国内外对基于可再生能源驱动的绿氨生产工艺技术进行大量研究，主要包括电解水制绿氢合成氨、电催化、生物催化、光催化、电磁催化等绿氨制备技术。其中，以电解水制氢代替煤、天然气制氢合成氨，是电制氨最为成熟和现实可行的技术路径，日本、德国已建成可再生能源电转氨示范项目。当前，电制氨的能量转化效率在 40%~44%，以我国光伏项目最低中标电价计算，电制氨的成本可降至 3.8~4 元/千克，已接近氨的市场价格（近 3 元/千克）。

（2）氮气电还原合成氨技术

除传统的哈伯法外，通过氮气的直接电还原合成氨也是近年来的研究热点。电化学还原氮气反应（NRR）相较于传统制备方法克服了许多缺点，可以在低设备要求下温和、环保地制备氨气，因而具有很高的研究价值。

目前，NRR 中广泛使用的是 H 型电解槽和单室电解槽作为反应池，由于其电机和气体间距较远，故存在过电位较大的问题，采用流动电解池和聚合物电解质膜型电解槽能很好地解决这一问题。对于电解液，目前广泛应用的是离子电解质水溶液，它的缺陷是促进了 HER 副反应，而采用新型聚合物凝胶电解质不仅可以提高 NRR 的选择性，还能够应对氮气在水中溶解度低的缺点。

（3）技术发展前景

价格低廉的清洁能源电力和电制氢技术进步带来的廉价绿氢是电制氨成本下降的最大驱动力。电制氢成本的不断下降，使电制氨有望成为电制原料产业的开路先锋。提高电制氨反应的选择性、能量转化效率，降低设备成本是未来的主要发展方向。研发新型高效、低成本催化剂，设计适应性更高的反应器是重点攻关方向。预计到 2030 年，在电解水制氢成本快速下降的基础上，优化电解水和哈伯法反应器两套系统的集成和配合，电制氨综合能效可提高到 54%，成本将降至 2.9 元/千克，电制氨产业有望通过实现与化肥产业的紧密结合成为电制原料产业的代表性产品。预计到 2050 年、2060 年，电制氢成本进一步下降，电制氨成本将降至 1.8 元/千克、1.6 元/千克，成为最具竞争力的合成氨方式。

此外，由于氢能储运技术难度大、成本高，而液氨可在常温常压下实现储存运输，可以实现能源的储运便利。液氨的单位体积重量密度是液氢的 8.5 倍，液氨运输氢气体积效率是液氢的 1.5 倍，利用可再生能源电解水制氢合成氨，对于年产 10 万合成氨装置，消耗相同电量的情况下，按照重量计算，合成氨的产量是制氢的 5.6 倍，但液氨储存所需的槽罐仅是液氢的 0.64 倍。氨不仅拥有着完备的贸易、运输体系，大规模储存运输优势明显，属于洲际能源贸易运输的优选载体。目前，电催化与光电化学合成氨还处于研发阶段，产量从微克到克不等，绿氢合成氨项目将率先实现规模化与商业化，具有培育电解水制氢技术装备先发优势。

4.3.2.3 电制甲烷、甲醇

（1）技术概述

广义上讲，电制甲烷、甲醇属于电转碳氢燃料技术，而电转碳氢燃料是电转气技术（Power to Gas，P2G）中的一种，是应对电力储能问题的一种解决方案。与另一种电转气技术——电转氢相比，电转碳氢燃料具有大规模储运成本低、附加收益良好、可加强不同形式能源系统之间的有效耦合与协同等优势，对促进可再生能源发展具有重要意义。

1）电解水制氢结合二氧化碳加氢技术。电解水制氢的主流技术包括碱液电解、聚合薄膜电解和固体氧化物电解。电解水制氢结合二氧化碳加氢技术合成碳氢燃料是最常见的制取方式，并且电解水制氢技术和二氧化碳催化加氢技术都已经非常成熟。二氧化碳催化加氢技术路线中，反应条件对产物有显著的影响。在不同催化剂、不同反应温度和压力、不同二氧化碳/氢气比例的条件下，二氧化碳被还原为不同的产物，其中催化剂是实现特定产物高收率的关键。

2)电化学还原二氧化碳技术。电化学还原二氧化碳技术路线是在室温下利用电能将二氧化碳在电解池阴极上还原为碳氢燃料,用电解池中的氧化还原反应代替催化加氢的步骤,根据电催化剂和电解液的不同,可能生成一氧化碳(CO)、甲醇(CH_3OH)、甲酸(HCOOH)等产物。

3)高温共电解水蒸气/二氧化碳混合气体。高温共电解水蒸气/二氧化碳混合气体技术路线利用高温固体氧化物电解池将水蒸气和二氧化碳在阴极上共电解,生成合成气氢气+一氧化碳,再利用该合成气反应生成其他各种碳氢燃料。

(2)技术优势

电转气技术作为一种重要的可再生能源储能技术,具有显著的能源转换和时空平移特性,为新能源消纳和负荷削峰填谷提供了有效途径。

在电转碳氢燃料技术路线中,需要对二氧化碳进行捕集。碳捕集工厂(Carbon Capture Power Plant,CCPP)可以为碳捕集和封存(Carbon Capture and Storage,CCS)提供相应渠道,但是能耗较高。而P2G—CCPP系统可以实现CCPP所捕集的二氧化碳被P2G再利用,降低二氧化碳封存量,降低封存成本和泄漏风险,实现了节能减排的目的。

电转气技术提高了综合能源系统中风电等可再生能源的消纳能力,有效缓解净负荷的波动,实现电力系统的削峰填谷并消纳储存可再生能源。

(3)技术局限与发展前景

电转碳氢燃料的局限在于经济效益不明显:一是电制氢的成本较高;二是电接纳能力与经济型存在矛盾,对新能源接纳能力和运行经济性有影响。

电转碳氢燃料的发展前景主要有三个方面:发展低成本电解水制氢的技术路线、发展高效二氧化碳氢化技术和发展综合效益提升技术。

4.4 建材行业

4.4.1 数字电热隧道窑

4.4.1.1 技术概述

窑炉是用耐火材料砌成的用以烧成制品的设备,是陶瓷器物和雕塑等在生产过程中关键的热工设备,而隧道窑是由耐火材料、保温材料和建筑材料砌筑而成的,内装有窑车等运载工具的与隧道相似的窑炉,是现代化连续式烧成的热工设备。传统窑炉需燃烧煤炭等燃料来供热,在生产过程中具有能源使用效率低、对环境污染大的缺点,而数字电热隧道窑采用电能驱动和数字控制,相比于传统窑炉,突出了电气化和数字化的特点,是电能替代在窑炉生产中的应用实例。

我国有燃煤工业窑炉超过16万座，年耗煤量达3亿吨，窑炉热效率约为40%，低于世界先进水平的10%～30%，存在能源利用率低、污染严重的问题。而在实行"以电代煤"使用电窑炉后，可在产量不变的前提下提高能源利用率，电力耗煤量相较于煤窑炉耗煤量大幅减少，节约能源的同时能大幅减少污染物排放。此外，电窑炉生产周期短、运行费用低、热效率高且存在补贴政策的特点又降低了成本，使其具有可观的经济效益。

面对传统能源储量日益减少，能源价格飙升，陶瓷等建材行业节能形势十分严峻，围绕这一新课题，国内外陶瓷行业正在抓紧研究开发新型的烧成方法，形成一种新的发展趋势。20世纪80年代，我国先后从德国、英国、澳大利亚、瑞士等国引进了多条宽体节能隧道窑，通过对这些窑炉材料性能的比较，获得在现有窑炉的技术改造和设备国产化方面的经验，如今已经在包括数字电热隧道窑在内的高新科技创新和工业生产中积累了成功的经验。

4.4.1.2 关键技术

数字电热隧道窑的工作原理和核心技术集中表现在数字化、自动化与智能化方面，在国内外都取得了一定成果，其设计理念及应用场景符合再电气化趋势。下面介绍与数字电热隧道窑相关的几项技术。

（1）基于数据的热控制

在窑炉的生产过程中，不同用途的热能损耗会消耗约60%的生产成本，高密度的烧制和电热隧道窑耐火材料则降低了热扩散率。国外相关研究团队对隧道窑系统进行经济评价，采用数值模拟的方法对其传热方式进行研究，提出了提高功率因数的解决方案，在能源消耗方面节省了8%，对陶瓷工业在中小型企业批量生产时减少能耗有指导意义。

（2）电热隧道窑的自动化稳态控制

为了保持所需的点火温度，模拟自动控制系统常用于隧道窑的点火中，隧道窑作为被控对象，存在区间不确定参数，在建立隧道窑温度的ACS数学模型并确立参数后，可以实现控制系统的数字化，从而提高控制器参数的稳定性并实现区间稳定性。

（3）基于深度学习的特殊隧道窑控制

辊道窑是一种截面呈狭长形的隧道窑，三元正极材料制备过程中最重要的烧结工序就在辊道窑中进行，中南大学提出了一种基于深度强化学习的辊道窑温度场优化控制算法，该算法应用后可以将硅碳棒的实时温度作为控制，使匣钵区域温度分布达到目标值，解决了辊道窑温度分布获取困难、温度控制效果不佳的问题。

4.4.1.3 技术发展前景

工业窑炉属于高污染、高能耗行业，近年来国家发布了许多政策将其纳入监管，并鼓励企业升级改造。2019年，针对行业的《工业炉窑大气污染综合治理方案》就明确了工业窑炉大气污染综合治理的目标，加大了对工业窑炉的监管范围，"双碳"目标的提出更是为工业窑炉电气化、数字化提供了健康的政策环境。

当前，工业窑炉行业技术研究主要集中在节能减排方面，如窑型和窑体结构的优化、新型节能烧（喷）嘴的研制和燃烧系统优化、典型窑炉的能耗模型的建立等问题。此外，智能化技术也是行业研究的热门，如对设备状态的监控、控制运行生产工艺、报警提示和数据归档等。随着人工智能的发展，也将给工业窑炉自动化控制带来新的进步。

数字电热隧道窑将经验性的操作技巧变成可以量化的数据，实现了精细化的规范操作，克服过于依赖经验的缺点。数字化技术在隧道窑上的应用，可以促进中国隧道窑技术的进步，加快淘汰低产能、低效率的落后企业，是"双碳"背景下再电气化趋势的具体表现。

随着工业化、城镇化进程加快和消费结构升级，我国能源需求呈刚性增长，节能、环保以及技术的革新是当前以及未来工业窑炉发展的重点。未来，节能减排和智能化升级改造的市场需求将会促使工业窑炉的市场规模进一步加大。预计2027年，我国工业窑炉行业市场规模增长至710.41亿元，年复合增长率为3.42%。在有利的政策、技术和行业环境中，我国隧道窑标准会进一步推进，覆盖整条生产线。届时，数字化、自动化、智能化的隧道窑将成为砖瓦行业进入数字新时代的重要标志。

4.4.2 氢燃料替代
4.4.2.1 技术概述

氢能是公认的清洁能源，它有助于解决能源危机、全球变暖以及环境污染等问题，其开发利用在世界范围内得到高度关注。氢具有清洁无污染、储运方便、利用率高、可通过燃料电池把化学能直接转换为电能的特点，同时，氢的来源广泛，制取途径多样，这些独特的优势使其在能源和化工领域得到广泛应用。

我国是目前全球最大的产氢国，根据《中国氢能源及燃料电池产业白皮书2020》的数据，我国每年氢气产能约4100万吨，产量约3342万吨。储氢方面，氢气储运是氢能源产业的中间环节，连接着产业链前端的制氢和后端的氢能源利用环节，国内主要采用压缩氢气的方式进行氢气的储存和运输，液氢主要作为推进剂用于航天领域。在氢能源的应用端，氢气主要以氢燃料电池车或者氢燃料船舶的形式应用于交通领域，在化工领域则以氢冶金、氢转甲烷等应用为主，在建筑领域氢能助力分布式发电为建筑提供能源，氢煅烧为建筑提供建材（见图4.6）。

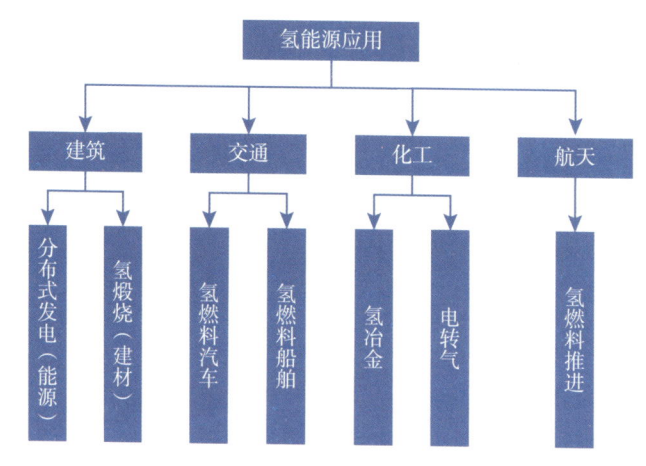

图 4.6 氢能源主要应用领域和应用技术

为实现"双碳"目标，在建材行业中使用氢燃料的重要性不容小觑。2022年11月，工信部等四部门印发建材行业碳达峰实施方案，提出"十四五"期间，建材产业结构调整取得明显进展，行业节能低碳技术持续推广，水泥、玻璃、陶瓷等重点产品单位能耗、碳排放强度不断下降，水泥熟料单位产品综合能耗水平降低3%以上。"十五五"期间，建材行业绿色低碳关键技术产业化应有重大突破，原燃料替代水平大幅提高，基本建立绿色低碳循环发展的产业体系。确保2030年前建材行业实现碳达峰。方案中提到了几个重点任务，其中包括强化总量控制、推动原料替代、换用能结构、加快技术创新、推进绿色制造等，还特别强调了开发窑炉氢能煅烧等重大低碳技术的重要性。

4.4.2.2 绿氢煅烧水泥熟料技术

水泥熟料的煅烧需要燃料的燃烧产生热量，通过热传导、热辐射和热对流等方式进行热交换，以满足形成水泥熟料矿物所需的热力学反应条件，需要将非化石能源转化为绿色燃料引入水泥窑中燃烧并释放热量，在所有的燃料中，绿色氢气是这种能源转化的最佳选择。

目前，国际主要水泥公司开始尝试采用绿氢代替燃煤进行水泥熟料煅烧。例如，墨西哥西麦斯水泥在西班牙的水泥厂大多采用电解水制氢、氢能替代燃煤用量达20%；德国海德堡水泥在英国的一家水泥厂采用液氢代替燃煤，替代率接近40%。

由大连化学物理研究所等单位提出的绿氢煅烧水泥熟料技术路线，其最终目标是要实现水泥熟料煅烧所用燃煤的全部替代，并实现窑炉烟气二氧化碳捕集利用。该技术路线首先是通过风力、光伏发电和水电产生电能，采用高效电解水技术制备氢气和氧气，随后将氢气和氧气由特制的多射流燃烧器喷入水泥窑炉中混合燃烧，即煅烧水泥熟料，排出窑炉的烟气进行水汽和二氧化碳分离，分离的水汽冷凝后返回到电解水槽中进行循环使用，分离的二氧化碳则可采用加氢制备甲醇，或是制备其他工业产品。窑炉工艺流程布置如图 4.7 所示。

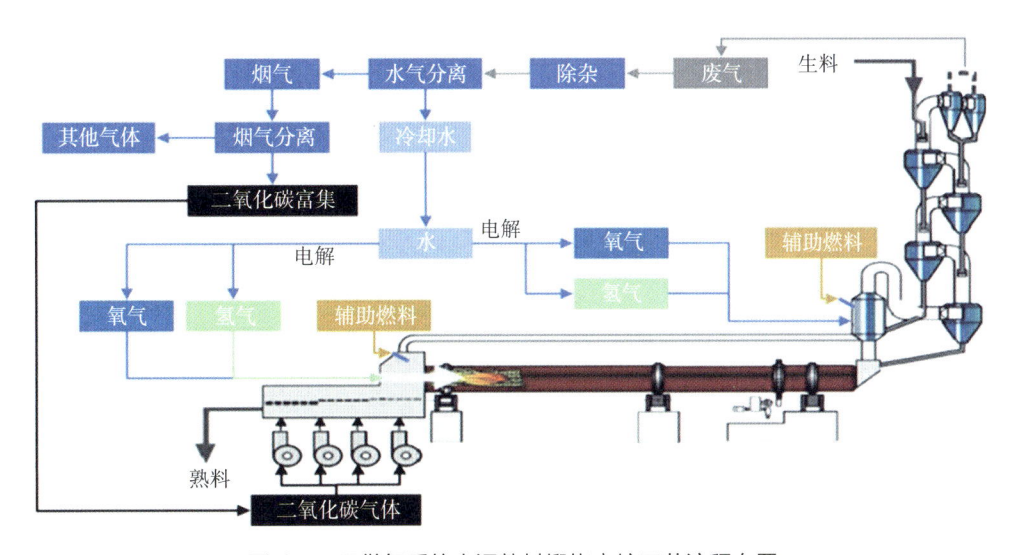

图 4.7　双供氢系统水泥熟料煅烧窑炉工艺流程布置

4.4.2.3　绿氢煅烧水泥熟料窑炉工艺技术

绿氢煅烧水泥熟料窑炉工艺技术包括新型氢、氧混合燃烧器的开发，窑炉内热传递过程调控，烟气二氧化碳分离及循环工艺等。绿氢燃烧在单位热值、燃烧速率和热流密度方面与煤炭燃烧有很大的不同，需要研究设计一种新的氢氧混合燃烧器，以满足水泥熟料煅烧的热强度要求。同时，通过在线监测和智能反馈，实现水泥窑内热能的优化配置，获得节能减碳的多重效果。此外，根据氢气和氧气燃烧前后的气体体积变化以及对窑内气固两相流的模拟分析，有研究小组正在开发一种从烟气中分离二氧化碳的新技术，分析烟气中二氧化碳循环量的变化规律和二氧化碳分压，确定高固/气比条件下物料反应的热力学过程，确保水泥窑长期高效稳定运行。

4.4.2.4　技术局限与发展前景

虽然建材行业中氢燃料替代已经取得了一些发展成果，但是其发展仍有局限性。其中，最大的局限来自上游能源氢气。氢能源利用仍然存在氢气制取成本高，运输存储存在一定困难，制取过程不够绿色低碳等问题。除此之外，新技术存在整体成本偏高的问题。氢气制取、二氧化碳加氢技术、新型窑炉技术都需要较高的前期投资成本与运行维护成本，这就导致氢燃料替代技术在市场推广与普及上存在较大的劣势。在未来的发展中，应该着力推动低成本绿氢制造，可利用弃光、弃电与电网结合，实现能源互补，解决制氢经济性难题及能源浪费。另外，应该大力推动相关技术研究，充分开发氢燃料替代在建材行业中的发展。除在水泥煅烧开发氢能源替代的相关技术外，还应该在玻璃、陶瓷生产等不同行业积极推进技术研发，通过技术升级迭代以降低成本，提高质量，使得绿色建材在市场中更具竞争力。

参考文献

[1] 杨健壮，魏致慧. 铝电解节能降耗技术研究与应用现状[J]. 甘肃冶金，2020，42（4）：4.

[2] 秦琦，卢晴晴，滕雪纯，等. 我国再生铝产业现状[J]. 轻合金加工技术，2019，47（3）：12-15.

[3] 张锁江，张香平，葛蔚，等. 工业过程绿色低碳技术[J]. 中国科学院院刊，2022，37（4）：11.

[4] 李明阳，高峰，孙博学，等. 基于目标情景的中国铝生产碳减排与碳达峰分析[J]. 中国有色金属学报，2022，32（1）：11.

[5] 杨万里，赵景申. "双碳"政策下铝加工行业发展趋势探讨[J]. 世界有色金属，2021（20）：120-122.

[6] 杜廷召，刘欣，叶昆，等. 对"双碳"目标下石油公司发展氢能的思考和建议[J]. 国际石油经济，2022，30（2）：33-38.

[7] 许卫，李桂真，马长山. 大规模电解水制氢系统的发展现状[J]. 太阳能，2022（5）：33-39.

[8] 刘振江，王宏智，陈绍玲. 绿色能源制氢工艺的研究与展望[J]. 氯碱工业，2022，58（4）：1-6.

[9] 赵雪莹，李根蒂，孙晓彤，等. "双碳"目标下电解制氢关键技术及其应用进展[J]. 全球能源互联网，2021，4（5）：436-446.

[10] 陈彬，谢和平，刘涛，等. 碳中和背景下先进制氢原理与技术研究进展[J]. 工程科学与技术，2022，54（1）：106-116.

[11] 李育磊，刘玮，董斌琦，等. 双碳目标下中国绿氢合成氨发展基础与路线研究[J]. 储能科学与技术，2022，11（9）：2891-2899.

[12] 刘石，杨毅，胡亚轩，等. 典型储电方式的结构特点及碳中和愿景下的发展分析[J]. 能源与环保，2022，44（1）：215-221，229.

[13] 赵永志，蒙波，陈霖新，等. 氢能源的利用现状分析[J]. 化工进展，2015，34（9）：3248-3255.

[14] 王一凡，王辉，李旭阳，等. 考虑电氢混合储能微电网容量配置优化的研究综述[J/OL]. 广西师范大学学报（自然科学版）（2022-08-09）：1-19.

［15］于靓，王梦琦，董玉宽，等. 双碳目标下氢燃料技术概述及氢与建筑一体化初探［J］. 节能，2022，41（5）：1-4.

［16］张静. 2020年中国工业窑炉行业概览、市场环境及未来发展趋势［Z］. 智研观点，2021.

［17］舒印彪，谢典，赵良，等. 碳中和目标下我国再电气化研究［J］. 中国工程科学，2022，24（3）：195-204.

［18］国家能源局. 实施电能替代推动能源消费革命——解读《关于推进电能替代的指导意见》［J］. 中国经贸导刊，2016（18）：51-52.

第 5 章 建筑及交通行业再电气化关键技术

目前,我国建筑领域碳排放 6 亿吨,占全国总量的 5%。以电代煤、以电代气是建筑领域主要的减碳方式。交通领域碳排放为 11 亿吨,占全国碳排放总量的 9%。我国石油对外依存度超过 70%,交通领域占我国接近 60% 的石油消耗量,发展运载工具的电气化是交通领域的主要减碳方式。预计到 2060 年,建筑和交通领域终端用能电气化水平将从目前的 30% 和 5% 提升至 75% 和 50%,再电气化技术将在两大行业发展中起到关键作用。

5.1 建筑行业

5.1.1 光电建筑
5.1.1.1 光伏发电产业发展背景

为了实现碳中和,需求侧需要全面实现电气化,尽可能利用电力替代燃料,光电建筑的发展是建筑领域电气化和低碳化、实现"双碳"目标的重要途径。根据 2060 年能源需求量的预测,我国电力需求总量预计达到 16 万亿千瓦·时。为了满足低碳电力系统的需求,风电和光电装机容量需要达到 70 亿千瓦和 8.5 万亿千瓦的水平,这大概需要占 700 亿平方米以上的安装空间,可能会与耕地等产生一定的矛盾,而建筑围护结构是很好的可利用资源。目前,城乡建筑的屋顶面积约为 400 亿平方米,理想状态下,城镇建筑屋顶安装光伏的装机容量和年发电量可以分别达到 8 亿~9 亿千瓦、1 万亿千瓦·时;农村建筑屋顶安装光伏的装机容量和年发电量分别可达 19.7 亿千瓦和 2.5 万亿千瓦·时。全面开发利用城乡建筑的屋顶光伏,不仅可以完成全国 60% 的光伏任务,建筑全年用电量和全年光伏发电量基本也可以实现"自给自足"。

光电建筑中光伏系统可以为建筑制冷、制热等提供电力,是理想的能源系统形式,具有以下优点：① 节能环保效益。由于采用光伏系统为建筑供电,避免了使用一般化石燃料发电所导致的空气污染和废渣污染,降低二氧化碳等气体的排放。② 削峰填谷作用。建筑暖通空调系统及其他用电设备的使用,在高峰期间有效消纳光伏发电。光伏系统除保证建筑自身用电外,还可以向电网供电,从而舒缓高峰电力需求,解决电网峰谷供需矛盾,具有极大的社会效益。③ 减少电力损失。光伏系统与建筑结合使用,可实现原地发电、原地用电,在一定距离范围内可以节省电站送电网的投资。在公共电网成本较高的地方,光伏发电系统是非常有效的替代技术。④ 节省城市土地。光伏组件可以与建筑围护结构表面有效结合,如屋顶或者墙面,无须额外用地或者增建其他设施,可以有效节省系统建设的土地面积。⑤ 建筑环境调节。光伏组件安装在建筑屋顶和墙面,可以直接吸收太阳能,夏天避免了屋顶墙面因阳光直射造成的温度过高,冬天夜晚也可以利用白天聚集的电能取暖,起到降低暖通空调系统负荷并改善内环境的作用。

20 世纪 90 年代,德国提出光伏发电与建筑一体化的概念,并开始实施"屋顶光伏",逐渐将太阳能光伏组件与建筑有机结合,替代建筑物的某一部分,把建筑、技术和美学融合为一体,降低成本、提高收益。我国太阳能光电建筑起步较晚,2006—2008 年开始建设一些规模较小的光电建筑示范项目。2009 年,财政部、住房和城乡建设部共同发布《关于加快推进太阳能光电建筑应用的实施意见》及《关于印发太阳能光电建筑应用示范项目申报指南的通知》等文件,以鼓励示范性光伏发电项目的发展。2009—2012 年建成的光电建筑示范项目装机容量累计约 906 兆瓦。我国未来城乡建筑总量超过 700 亿平方米,建筑屋顶可用面积和可接收足够太阳光的垂直表面超过 200 亿平方米,充分开发利用这些建筑的比表面可以实现建筑从用能到产能的转变。

5.1.1.2 光电建筑应用技术

安装在建筑物上的太阳能光伏发电系统,按照光伏组件是否具备建筑围护结构功能,可以分为建筑一体化型光伏和建筑附加型光伏两大类。

建筑一体化型光伏（Building Integrated Photovoltaic, BIPV）,作为建筑围护结构的一部分,既有发电功能,又具有建筑构件和建筑材料功能,与建筑形成统一体、不可分割,一般与建筑同时设计、施工和安装。BIPV 系统将光伏产品集成或结合到建筑上,在一些设计中还可以省去光伏系统的支撑结构,代替传统的外装饰材料,降低光伏建筑的整体造价,改善外观形象。主要应用场景包括：① 屋顶应用。建筑屋顶作为光伏组件的安装位置有其特有的优势,可以最大限度地接收太阳辐射且不易受到邻近建筑、树木等遮挡,而且可以兼做建筑屋顶的通风隔热屋面，减少夏季屋顶吸收的太阳辐射热。光伏系统能够有效地利用屋面的复合功能，单位面积成本低于安装在建筑的其他部位。②墙体应用。建筑外墙是建筑与太阳光接触面积最大的外表面，可以将光伏系统置于建筑外墙上，将光伏组件及玻璃幕墙集成为光伏幕墙，不仅可以用于发电，还可以有效增加冬季、减少夏季的太阳热辐射，降低室内的供热、供冷能耗。③构件应用。将光伏组件与遮雨棚、遮阳板、阳台等构件集成为一体化的有机整体，例如把不透明光伏组件作为外窗的遮阳棚或阳光隔板，在发电的同时减少阳光直射，改善室内的光环境。

建筑附加型光伏（Building Attached Photovoltaic，BAPV）系统，光伏组件附着在建筑物上，将建筑物作为安装载体，其主要功能是发电，与建筑物功能不发生冲突，不破坏或削弱原有建筑物的功能。附加型光伏组件是指依托建筑围护结构进行附加安装的组件，不承担建筑结构的受力，可以在建筑平屋顶上安装、坡屋顶上顺坡架空安装、与墙面平行安装，例如常见的屋顶光伏方阵和墙面光伏方阵等。

根据建筑光伏系统发电是否并网，可以分为独立光伏发电系统和并网光伏发电系统。其中，独立光伏发电系统，光伏发电不参与并网而独立运行，一般包括无储能的光伏直流供电系统、有储能的光伏直流供电系统、有储能的光伏交流供电系统、有储能的交直流混合供电系统、市电光伏互补型供电系统。

并网光伏发电系统指的是与公共电网连接的光伏系统，光伏发电后不经过储能，直接通过并网逆变器并入电网。由于光伏发电系统与常见居住建筑负载的分布规律存在差异（图5.1），因此这种系统便于满足可靠发电、供电和集中调节的需求，既可以降低系统造价，又可以降低运维过程的复杂度，建筑光伏系统与电

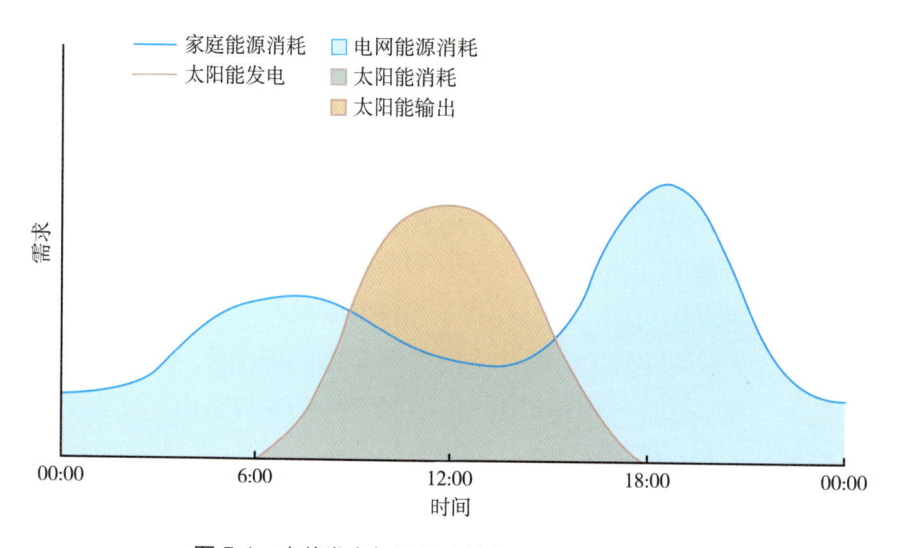

图5.1 光伏发电与居住建筑负载用电分布示意图

气负载可以实时向电网存取电能。对于全额上网系统，太阳能光伏系统发电全部并入电网，建筑负载实时从电网中取电；对于自发自用、余电上网系统，太阳能光伏可直接提供负载用电，当光伏系统发电过剩时，多余的电能上网，当光伏发电不足时，电网同时向负载补充供电。

随着太阳能光伏发电技术的进步以及光电建筑应用规模的扩大，尤其是我国自主研发设备及产品的应用比例越来越高，未来可实现建筑一体化的光伏组件及电气部件的成本将进一步下降，光电建筑将在我国能源结构中占据重要的地位，其拥有广阔的前景和市场潜力，也必将成为推进我国碳达峰碳中和最重要的技术路径之一。

5.1.1.3 光电建筑工程实践案例

光电建筑是降低碳排放、推动能源转型的有效手段，有巨大的发展空间和应用潜力。目前，国内已建成一批光电建筑应用项目，包括公共示范类建筑、工业厂房、农村住宅等。光电建筑逐步从示范向规模化应用，在建筑中应用高效、智能化的光伏发电系统将成为建筑光伏一体化的发展趋势。中国建筑科学研究院光电建筑示范楼为既有办公建筑更新改造而成，建筑面积3000多平方米，是以光电建筑、净零能耗、净零碳排放、在线实施为目标打造的示范项目，也是建筑能源系统综合实验平台，可开展多类型建筑光伏一体化技术综合实验，探索光储直柔新技术，示范太阳能零碳建筑技术路径（图5.2）。

图 5.2 中国建筑科学研究院光电示范建筑

示范建筑光伏系统安装面积1500平方米，总装机容量235千瓦，设置了多类建筑光伏技术，如图5.3。其中，配楼屋面安装有装机容量峰值总功率为39.2

千瓦的晶硅阵列，配楼东立面设有光伏薄膜阵列（4.0千瓦峰值总功率）。主楼南立面以及门厅的东、西立面安装了容量峰值总功率为44.1千瓦的光伏薄膜阵列，门厅还安有51.6平方米的透光光伏幕墙（2.2千瓦峰值总功率，年发电量1500千瓦·时），门厅屋面配置了峰值总功率为22.5千瓦的薄膜光伏阵列。主楼屋顶以最佳倾角安装有南向晶硅阵列，装机容量达到75.6千瓦峰值总功率；主楼屋顶还配置了装机容量为47.3千瓦峰值总功率的薄膜光伏阵列。单位建筑面积年发电量预计达每平方米67千瓦·时，满足建筑自身用能后净产能量可达20%，在同类建筑中达到领先水平，实现建筑由用能迈向产能，助力建筑领域绿色低碳转型。

图5.3 光电示范楼光伏技术

此外，示范建筑还建成了光储直柔示范区，集成光伏发电、储能蓄电、直流供电、柔性用电，实现光伏产能优先本地消纳，多余产能为周边建筑和电动汽车灵活供电，提高供用电协调性及光伏减碳贡献率。预计建成后示范建筑可实现单位建筑面积年产能量67千瓦·时，净产能量可达20%，在同类建筑中达到国际领先水平，实现净零能耗和净零碳排放，引领建筑从用能迈向产能，助力城市绿色低碳新发展。

5.1.2 供暖电气化

5.1.2.1 供暖电气化发展背景

我国北方城镇地区（主要为寒冷和严寒地区）多为集中供暖，但供暖能源主要为煤炭和天然气。近年来，城镇集中供热面积年均增长3亿~5亿平方米，其中一半以上新增热源与煤相关，工业领域提升改造等措施实现了燃煤的清洁高效利用，但并未解决碳排放问题。北方农村地区建筑一般无集中供暖的条件，多为分布式自采暖，采暖能耗占据农村居民能耗的47%，采暖造成的碳排放占农村碳排放总量的45%。同时，我国夏热冬冷地区住宅也没有集中供暖，随着老百姓生活水平的提高和气温骤降的极端严寒天气，夏热冬冷地区对建筑供暖的需求越来越大。2030年，我国南方地区分户、区域供暖用户数量分别有望达到6500万户、3200万户左右，碳排放潜力分别在2500万吨、4500万吨以上。

建筑供暖电气化是建筑领域降碳的关键环节，清洁取暖的"煤改电"工作是"十四五"时期的重要内容，取暖技术路线应坚持减污降碳，优先发展可再生能源供暖，推进取暖电气化发展。电气化供暖相比于其他采暖方式具有以下优势：一是电价比较稳定，电网覆盖广，方便就近接入，使用和供应有保障；二是技术类型丰富，可高效满足多类场景取暖需求；三是设备配备多重保护，使用的安全性较好，加上自动控制启停和温度，用户体验较好；四是风电、光伏等新能源发电装机容量增长快速，跨省跨区消纳规模扩大，绿色电力比重不断提高，度电成本在不断下降，供暖电气化可以促进可再生能源电力的消纳。

5.1.2.2 供暖电气化应用技术

根据采暖电气化实施方式，电采暖技术可以划分为集中采暖和分散采暖两种类型。根据采暖电气化制热设备，电供暖主要分为两大类：一大类是电直热和电蓄热供热（表5.1），包括蓄热式电锅炉等集中式供热设施以及发热电缆、电热膜、蓄热电暖片等分散式供热设施。近年来兴起的电磁能供热、石墨烯供热甚至所谓的量子能供热都可归为不同规模的电直热供热；另一大类是电驱动热泵供热（表5.2），热泵利用电能作为驱动力，通过提取低温热源的热量而产生数倍于所消耗电能的热量，以满足不同温度水平的供热需求。电直热与电动热泵在电能转换效率上有本质的区别。

表5.1 电直热和电蓄热技术

技术		技术特点	适用场合
分散式电取暖	蓄热式电暖气	发热元件热转化率高，同时具备储存热量的特点。在发电机发电时将电能转化成热能，并储存在电暖气里的高密度介质中。使用不受当地环境温度限制，可广泛应用	新建建筑和既有建筑取暖
	碳晶取暖	碳晶电取暖产品是一种以远红外线低温辐射为主要能量传递方式的取暖产品。制热均匀、舒适、不干燥，安全性能优良。产品使用过程中控制灵活	应用于公共建筑和新建住宅建筑，其中公共建筑主要包括宾馆、商厦、写字楼、医院、学校等；新建住宅建筑主要包括别墅、居民小区等
	发热电缆取暖	热源在地下，人体感觉舒适。系统控制灵活，可以实现即用即开，不用即停	对安装质量要求较高，既有建筑改造工程量较大，可在新建建筑取暖中推广应用

续表

技术		技术特点	适用场合
分散式电取暖	石墨烯电采暖	主要由碳纳米管发热体、连接件、温控器组成，具有柔韧性好，防水抗拉、寿命长的特点	可以铺装在地下或水泥层内部，可应用于精装修公寓用户、新建小区用户、小区样板房、老小区改造用户、商业综合体内的瑜伽房、健身房等

表5.2 热泵供热技术

技术		技术特点	适用场合
热泵	污水源热泵	具有水温高、占地少、热源容易得到等优点。机组能效比可达到4~5.5，系统能效比可达到3~4。使用电力作为动力，没有污染物排放。初投资较大，要求项目接近城市污水干管	适用于接近城市污水管的建筑物集中采暖
	水源热泵	能效较高，供热时，机组能效比能够达到4~5.5，系统能效比能够达到3~4.5。对地下水资源要求较高，部分地区回灌困难	适用于地质条件较好、地下水比较丰富的建筑物采暖
	土壤源热泵	能效较高，供热时机组能效比能够达到4~5，系统能效比能够达到3~4.2，但打井投资较高	适用于具有较大空地的新建建筑采暖
	空气源热泵	能效较高，供热时机组能效比能够达到2.5~4，系统能效比能够达到2~3.5。空气源热泵在环境温度低于-5℃时，制热效率大幅度下降，一般不能在严寒地区使用。空气源热泵可以冷热两用，设备使用率更高	在低温环境（-10℃或者-15℃以下）供热效率较低（一般情况下能效比由3.0降低到1.8），极端气温下存在结霜和供热难的问题，因此适用于我国偏南地区采暖

电直热供热是一种将电能通过电阻直接转化为热能的供热方式。电采暖设备的主要优点是价格便宜、操作简单、灵活方便，缺点是对电网负荷要求高，电网升级改造投入大，而且能源利用效率低、运行费用过高，属于典型的"高能低用"。电直热取暖技术种类繁多，主要方式有电暖桌、电热膜、发热电缆、碳晶板、远红外电暖器、电暖壁画等。碳晶、石墨烯发热器件、电热膜、蓄热电暖器等分散式电供暖，主要用于非连续性供暖的学校、部队、办公楼等场所，适用于集中供热管网、燃气管网未覆盖的老旧城区、城乡接合部、农村或生态要求较高区域的居民住宅。

电蓄热取暖的主要方式有蓄热式电锅炉、蓄热式电暖器等，又可分为固体蓄热和水蓄热两种方式。一般来说，水蓄热适用于取暖面积较大的农户；固体蓄热安装使用方便，适合于取暖面积较小的农户。从电网运行角度看，直热方式进一步拉大了电网峰谷差，对电网运行特性影响大。蓄热设备在停电后可延续放热，具有一定的抗停电能力。如在现有热源设备基础上加装蓄热（含辅热）和循环水泵等装置，可在一定程度上保障电网停电抢修期间"停电不停暖"。蓄热方式主要在电网低谷时段运行,削峰填谷作用明显。蓄热方式有利于改善电网运行特性,有效提升现有电力设施利用率以及风电等新能源消纳能力。

在我国北方农村"煤改电"工程初期,分散式电直热供热得到了一定应用和推广,但近些年逐渐被电驱动热泵等方式取代。北京市从2017年开始明文规定:"在推进农村煤改电过程中停止推广使用直热式电取暖设备,限制使用蓄热式电暖器,并将替换更新所有试点安装的直热式电暖器。"其主要问题在于耗能太多,电费太高,且对农村电网扩容要求太高。电直热供热是能源转换效率较低的方式,化石能源转为电能再送到用户就只剩下1/3,电直热方式供暖效率只相当于燃煤锅炉的40%,因此分散式电直热方式不宜大范围推广。

此外,目前在山东、东北等地也出现了一些大型集中的蓄热型电锅炉的应用。电直热与电蓄热相结合,可以配合电网调峰,促进可再生能源消纳,而且通过优惠的低谷电价降低供热成本,往往会使电直热供热方式比天然气锅炉供热成本还要低,将低谷电用于供热与我国弃风电等可再生能源利用相结合,也更加符合节能减排的理念。然而,从能源利用的角度来看,电是品位最高的能源,相对于电直热供热,电能可以采用提高数倍效率的电动热泵供热方式利用。集中式的大型电锅炉采用热水网输送热量,其输送效率低,经济成本较电能的输送高。因此,电直热供热方式,包括电锅炉与蓄热相结合利用低谷电的供热方式需要考虑当地的实际使用情况,不鼓励大面积推广使用。例如环境保护要求严格,热网和燃气网辐射不到,气候严寒电驱动热泵无法运行,或大量可再生能源电力需要消纳的情况,才考虑蓄热式电直热供热方式。

热泵供热是建筑领域使用电供热的最重要方式,预计"十四五"期间替代电量200亿千瓦·时。热泵系统有多种方式(表5.2),根据不同低温热源,可以将热泵分为空气源热泵、海(河)水源热泵、污水源热泵、浅层地源热泵、中深层地源热泵等,分别通过对室外空气制冷从中提取热量;以地下埋管形式从土壤中的热泵取热;通过打井提取地下水通过热泵从水中取热;利用热泵提取海水、回水、河水热量;利用热泵从污水提取热量等。这部分热量再通过空气或者水输送到室内,满足供热要求。

空气源热泵可分为空气源热泵热水机和空气源热泵热风机,是目前北方农村供暖电气化进程中最广泛的应用技术。其中,启停灵活的热风型热泵适用于日常居住少、有间歇性供暖需求的用户;热水型热泵适用于采暖季持续使用,取暖面积较大的用户。空气源热泵可以从较低温度的室外空气中提取热量,在实际运行中,考虑到机效率、压缩机效率、换热器效率等因素,在北方建筑供暖中空气源热泵制热性能系数通常可达2~4,与直接电加热供暖相比,耗电量仅为

1/4～1/2。近年来，我国在低温空气源热泵热风机技术方面取得了显著进步，通过双级压缩机技术、变频技术和新的系统设计，空气源热泵热风机可运行的最低环境温度已降至 $-30℃$。作为分体式取暖设备，空气源热泵热风机的安装与传统家用空调相同，可以单独安装在每个房间，独立控制、间歇操作，从而促进用户主动参与运行调节和需求响应。内机安装在地面上，使热空气靠近地面流动，从而对人员所处区域的空气进行加热，加热速度比传统的地板采暖或散热器更快。空气源热泵具有干净、智能、运行费用较低等优点，可以同时满足电力供暖和制冷的需求。缺点是初投资费用高，对当地电网容量有较高要求，但是空气源热泵热风机对配电容量的需求远低于热水热泵和其他电加热形式，可以降低电网升级改造投资。由于每套机组都是一个独立的供暖系统，没有水系统，可以避免冬季管道冻结等问题，该技术已成为十分可靠的电气化取暖技术。

地热能资源是指能够经济地被人类所利用的地球内部的地热能、地热流体及其有用组分。根据深度及温度不同，地热能资源可分为浅层地热能资源、中深层（水热型）地热能资源及干热岩资源。中国西南地区属于地热异常区，藏南、滇西、川西等地区拥有高温地热资源，东北平原、华北平原、江汉平原、山东半岛和东南沿海等地区则分布着中低温地热资源。地处环渤海经济区的河北、山东等省份地热储层多、储量大、分布广，是中国最大的地热资源开发区。我国地质调查局 2015 年的调查评价结果显示，全国 336 个地级以上城市浅层地热能年可开采资源量折合 7 亿吨标准煤。全国水热型地热资源量折合 1.25 万亿吨标准煤，年可开采资源量折合 19 亿吨标准煤；埋深在 3000～10000 米的干热岩资源量折合 856 万亿吨标准煤，充分利用地热能资源供暖是供暖清洁化的重要技术。

地源热泵技术属可再生能源利用技术，地源热泵系统通常以岩土体、地下水或地表水为低温热源，是由水源热泵机组、地热能交换系统、建筑物内系统组成的供热空调系统。根据地热能交换系统形式的不同，地源热泵系统分为地埋管地源热泵系统、地下水地源热泵系统和地表水地源热泵系统。地源热泵供暖采用在地下埋管的方式，通过埋管中的循环水与地下砂石黏土换热，提取地层中的热量，再通过热泵提升热量的品位，以满足建筑供热需求。对于埋深 100 米左右的地下埋管，换热后的循环水一般在 10～15℃，热泵的电热转换效率为 3～4。近年来，我国研发成功 2000～3000 米深的中深层地下埋管热泵系统，在整个利用过程中处于封闭循环系统，包括中深层地热能密闭地下埋管、热源侧水系统、热泵机组和用户侧水系统。该系统的地上结合电驱动热泵技术用于末端供暖，真正实现取热不取水。循环水出水温度可以达到 20～30℃，从而其电热转换效率可达 5。中深层地源热泵系统可以避免地下水直接利用可能引起的地下水污染问题，也比常规浅层地源热泵供热系统的运行性能更高。浅层地源热泵适宜地质条件良好，冬季供暖与夏季制冷基本平衡，易于埋管的建筑或区域，承担单体建筑或小型区域供热（冷）。中深层地热主要适宜地热冷源条件良好的地区，按照"取热不取水"的原则，采用"采灌均衡间接换热"或"井下换热"技术与热泵结合用于冬季供暖。地源热泵供暖打井等方面投资大，同时受地质构造、岩浆活动、地层岩性、水文地质条件等因素的影响，应根据地区实际情况应用。

水源热泵供热是利用热泵从包括江河湖海的地表水以及城市污水或者中水等资源中提取热量并升温供热的方式。水源热泵适用于水量、水温、水质等条件适宜的区域，类型包括污水源热泵、海水或江（湖）水源热泵、工业低温循环水热泵等。在长江流域有一些应用江河水热泵的项目，北方地区的城市也有利用污水源热泵供热的项目。虽然相对于空气源，这些水源的温度在严寒期较高，容易提取，但受到热量输送的制约，同时也在很多情况下受热资源总量的限制，价值系统投资和热泵性能系数与其他供热方式相比并不具有优势，尤其是在北方地区，不具有大规模应用的条件。应因地制宜，根据地区现有的资源情况，深入论证确定合理水源热泵供热方案，避免盲目采用导致供热安全保障和经济性问题。

未来，在供暖电气化技术推进时应兼顾短期和中长期发展，在可再生能源资源丰富地区应优先发展可再生能源电力供暖，对于短期内不具备发展可再生能源电力供暖条件的，可实施热泵式清洁取暖技术，随着未来我国可再生能源电力的高比例渗透，取暖也可转变为可再生能源取暖。短期来看，在北方分散式采暖地区（如农村地区）要因地制宜，尽量采用分布式采暖，鼓励"太阳能＋热泵"等电气化供暖技术。长期来看，应将清洁的可再生能源电力供热作为主要的热源，充分利用各地的屋顶资源建设分布式光伏，将可再生能源的分散特性与户用采暖的分散性相结合，降低供热管网等基础设施的投资。同时，可以利用智能电表双向计量，高峰时期向电网供电，低谷时期从电网购电，通过峰谷电价差提升供暖电气化的经济性。此外，由于南北方空气湿度、气候条件、建筑结构差异较大，南方地区无法沿用北方供暖标准。鉴于南方供暖周期短、供暖热负荷不大且波动性大、部分地区建筑保温效果不佳、基础设施未配套等特点，南方供暖方式的选择应根据当地气象条件、能源状况、节能环保改造、居民生活习惯及承担能力等因素，综合考虑取暖供冷等用能需求的基础上，因地制宜开展供暖电气化工作。

5.1.2.3 供暖电气化工程实践案例

（1）乌鲁木齐高铁弃风电供热项目

乌鲁木齐高铁弃风电供热示范项目于2016年建成，是水蓄热锅炉的典型工程实践。配置为6×8兆瓦电极锅炉配合9个常压蓄水罐，蓄水罐直径、高度均为 11 米。整个项目占地 2844 平方米，均安装于乌鲁木齐高铁站地下，充分利用地区空间，供热面积达到 43 万平方米，利用弃风得到电能为附近办公楼与宾馆供热。每个采暖季可以消纳风电 4608 万千瓦·时，替代燃煤 7523 吨。该项目对提高达坂城地区风电消纳能力，缓解冬季供暖期电力负荷低谷时段风电并网运行困难，减少化石能源低效燃烧带来的雾霾等环境污染问题，以及改善乌鲁木齐冬季大气环境质量具有重要意义。

（2）北京大兴区魏善庄煤改电项目

北京大兴区魏善庄煤改电项目是小模块固体蓄热锅炉的典型案例，于 2016 年建成。为 1.5 万平方米区域供暖，由院内行政楼、财政楼、会议楼、食堂等 8 个单体建筑组成。原有 2 台燃煤锅炉，末端采用地板采暖和散热器的形式。采用固体电蓄热机组代替原有 2 台燃煤锅炉的供暖改造。使用 9 台固体电蓄热机组，利用电力系统峰谷电价差最大限度地使用谷电加热固体电蓄热砖，最高储能温度达 700℃，机组根据负荷变化调整内置循环风机有序向外释放 35～90℃任意温度水源。运行成本低，目前每采暖季能够达到 12 元 / 平方米。小模块固体蓄热式电加热装置的特点是单机较小，仅为 120 千瓦，主要用于分布式，地上地下均可布置，维修简便。

（3）天津水游城谷电蓄热项目

该项目是低温相变蓄热装置的具体应用，由江苏启能新能源材料有限公司于 2014 年建成，采用 4 个电锅炉（2 个 1.6 兆瓦，2 个 1.1 兆瓦）配合 170 台蓄热装置，每台蓄热装置直径 1 米，高度 1.8 米，可达 180 千瓦·时蓄热量。蓄热介质采用无机相变纳米复合材料，相变温度 78℃。改造前使用市政采暖，采暖季总费用 521 万元，改造实施电锅炉+热库采暖系统，在夜间用电低谷时段维持空间防冻保温同时对热库供热，"充热—放热"效率高达 97%。采暖季总费用 190 万元，较改造前节省近 331 万元，也低于使用天然气、燃油的运行费用。

（4）空气源热泵供暖实践案例

商河县位于山东省济南市北部，2017 年以前农户取暖方式以燃煤炉和散热器为主。户均取暖能耗为 937 千克标准煤 / 年，花费 1000 元以内。该示范项目以"四一"模式（用户初投资不超过一万元、无补贴的年取暖运行费每年不超过一千元、设备一键式智能化操作、项目整体基于一个顶层规划）为整体目标，从经济型建筑节能改造、清洁热源和远程能耗监测平台三个方面开展工作。经济型农宅保温技术包括室内吊顶保温隔热包、室内新增高分子树脂保温吊顶、北外墙内侧高分子树脂保温板、门窗内保温窗帘等。此外，该项目选用低温空气源热泵热风机作为取暖设备，清华大学作为技术咨询单位。

为探索和验证空气源热泵热风机的应用效果，项目团队对当地典型户进行了为期 90 天的测试。典型农宅建筑总面积为 186.2 平方米，并在客厅安有一台热风机，由于用户经常出入房间且着装较多，室内温度维持在 12℃ 左右即可接受，结果显示，其日均耗电量仅为 10.3 千瓦·时，节能效果明显。通过经济型建筑节能和供暖电气化改造，以及智慧大数据平台为整个项目赋能，商河县走出了一条"清洁供、节约用、能承受、可持续"的农村取暖道路。2019 年 3 月 5 日，住房和城乡建设部在商河县组织召开首届"中国农村清洁供热国际研讨及现场交流大会"并对"商河模式"给予高度评价，认为其值得在全国推广。

（5）地源热泵供暖实践案例

雄安新区是我国中东部地热资源开发利用条件最好的地区之一，位于冀中坳陷中部凸起区，平面上分为容城、高阳和雄县 3 个地热田，地热田面积覆盖新区 80% 以上，具有储量大、埋藏深度适中、温度高、水质优、易回灌的特点。目前，区内有地热井（包括开采井、回灌井）330 口，已开发利用的地热井 234 口，采用浅层地热能用于公共建筑、大型商业建筑和小型单体建筑供暖制冷，发挥浅层地热能供暖制冷作用，核心区范围面积共 192 平方千米，均为适宜性好区和适宜性中区。雄安新区地热资源采用"取热不取水、全封闭回灌"的清洁开发技术工艺，充分发挥地热资源可调节、易储存的优势，努力探索"地热+多种清洁能源"的集成利用模式，构建以地热能为基础的多能互补弹性供应系统，通过在各地热区块建立能源站供能系统，集中式能源站之间通过热力管网互联互通，实现站与站之间的能源调配、互为备用和补充，保障用能安全。以"地热+电能+燃气+太阳能"为模式，以用户为中心，坚持采灌均衡、深浅联用、清洁高效、永续开发、按需供能，提升能源供应系统的安全性和使用效率，打造多能互补的综合能源智慧供应体系全球样板（图 5.4）。

5.1.3 厨房电气化

目前，城镇厨房用能类型主要为天然气、石油液化气和电力，农村炊事用能类型主要有煤炭（散煤、蜂窝煤）、液化石油气、天然气、生物质和电力等。我国天然气资源有限，近一半的天然气消费量依赖进口，农村地区存在天然气管网建设受限、天然气普及率较低等问题。电力在我国城镇和农村的普及程度高，随着近年来城镇和农村电网提升改造等工作的推进，电网的负荷能力普遍提高。2021 年，中共中央、国务院印发的《关于完整准确全面贯彻新发展理念做好碳达峰碳中和工作的意见》中强调："大幅提高建筑炊事等电气化普及率"。电厨炊具技术具有能耗低、使用成本低、安全便捷等特点，厨房电气化替代市场潜力大。

图 5.4　雄安新区地热清洁能源综合利用示意图

电厨炊具的推广可以增加电力消费量，提高电能在终端能源市场的占比，是促进电力系统供需两侧低碳化、零碳化转型的有效途径。

电气化厨房，又叫全电厨房，是指以电炊具替代传统燃气、燃油、燃煤炊具，以电热水设备替代燃气（油、煤）热水设备，利用电气设备实现炒、蒸、煮、烤、涮等全部炊事及生活热水等功能的厨房。由此可知，全电厨房是指摒弃传统不可再生能源，以电能作为唯一炊事能源的厨房。它通过应用集成化和模块化电加热灶具等电器，满足所有炊事方式和生产需求，实现炊事过程无明火、无废气，安全可靠、环保洁净，电气化厨房是最环保、最安全的现代化厨房炊事解决方案。

全电厨房具有以下优势：① 节能高效：设备热效率达 90% 以上，相比传统燃油、燃气厨房，使用全电厨房可节能 70%～85%，加热速率更快，比传统燃油、燃气炊事设备效率高出 30%～60%；② 低碳环保：采用全电加热技术，年碳排放量降低 50% 以上（以等量热值比较计算），最大化利用能源，最小化排放，环保效益显著；③ 安全可靠：采用先进电磁加热技术，系统出现异常时自动断电，过热自动保护，杜绝厨房明火隐患，设备稳定运行，给厨房带来更加安全放心的使用环境；④ 环境适宜：全电厨房打造环境温度适宜、无明火熏烤、低噪的洁净卫生厨房环境，使厨房清凉整洁，保障用户的食品安全；⑤ 成本低：全电厨房的节能高效能带来更大的成本控制空间，电能的使用成本与传统燃油、燃气灶相比，可以降低 40%～75%，全电厨房设备精准化操作，温度、时间自动调节，直接降低了人力成本，可更好地提升餐品的供应质量；⑥操控精准：采用微电脑数控技术，精准多档火力，操控精准，工序标准化，菜品质量可靠。

随着能源消费用户电气化水平的提升，机关、企事业单位和大中院校等机构的食堂厨房、商业厨房（酒店、餐饮店等）、城镇和农村居民厨房全面电气化改造和建设工作正在逐步推进，全电厨房正逐步从概念走向现实。江苏省宿迁市机关事务管理局食堂于 2020 年 5 月完成了全电厨房改造。全电厨房配置全套厨房电厨具 36 台，可同时容纳数千人就餐。该全电厨房的投运，平均每年可节省运营费用 10 万元，减排二氧化碳 400 吨，新增售电量约 40 万千瓦·时。浙江大学玉泉校区三食堂采用全电厨房设备后，厨房能耗降低 74%，碳排放降低 44%，能源费用降低 55%。

根据国家电网有限公司的调研结果，26 省市可电气化替代的商业餐厅和商业综合体等年用气量 45156.7 万立方米，按照天然气的热值测算，未来商业电厨炊可替代电量规模在 44 亿千瓦·时左右。城镇居民用电和用气均十分便捷，电厨炊技术的使用取决于居民家庭用电和用气消费习惯。根据《天然气发展"十三五"规划》统计，城镇居民气化率达 57%，用气量达到 330 亿立方米，按照 10% 的电能替代率测算，未来城镇居民电厨炊技术可替代电量达到 119 亿千瓦·时左右。

5.1.4 建筑柔性用电
5.1.4.1 柔性用电发展背景

新型电力系统中，"源 – 网 – 储 – 荷"各个环节均具有一定的灵活性和柔性调节能力。从电源侧来看，传统大型燃煤电厂适合提供基础电力负荷，其总体柔性水平较低且经济成本高；核电厂参与调峰则会降低机组运行的经济性和安全性，因此也有较大的局限性；燃油、燃气电厂是良好的调峰电源，但不符合向低碳能源系统转型的初衷。此外，抽水蓄能、压缩空气蓄能等大型储能设备增加电力系统的灵活性同时占据空间较大而易受到地形限制。建筑领域作为重要的电力终端用户，存在大量的需求侧灵活资源，不需要增加额外大型设备即可提供灵活性。建筑柔性用电可以快速响应电力系统要求，调控建筑电力需求，从需求侧入手保证电力系统的稳定性。未来建筑侧分布式发电比例将会增加，建筑柔性用电可以促进分布式可再生能源电力的就地消纳，节省输配电设备以及电网调度并网负荷产生的成本。因此，充分利用需求侧的灵活性，实现建筑柔性用电，是推进建筑电气化和高比例可再生能源的新型电力系统转型，缓解电力供需不匹配矛盾的重要途径。

5.1.4.2 柔性用电应用技术

建筑柔性用电是指为确保电力供需平衡，建筑根据电网和分布式系统的发电情况，考虑本地气象条件和用户需求，柔性调节建筑用电设备或系统，管理建筑用电负荷需求，可靠且经济高效地实现电力供需匹配的能力。要实现建筑的柔性用电，需要将建筑融入整个电网或电力系统中，并明确电网侧的调控需求；同时，在建筑内部能够对电网要求的柔性用能进行有效响应，通过调度建筑内部的用电系统和设备等，形成用电调节策略满足电力供给侧的调节需求。建筑柔性资源是建筑实现柔性用电的重要基础，通过对建筑柔性资源的特征分析，可以更加有效地指导柔性用电策略的制定。建筑中电力柔性来源主要包括建筑暖通空调系统、建筑蓄电系统、其他可调节的用电设备、分布式能源系统等。建筑柔性用电的控制技术如表5.3所示。建筑暖通空调系统用电占建筑运行总能耗的一半，并且具有较高的柔性用电潜力，是建筑中最重要的一类负荷灵活性来源。

表5.3 建筑柔性用电的控制技术

电力负荷	控制部位	柔性用电策略
暖通空调系统	主机设备	改变冷冻水温度
		控制冷水机组需求
		控制冷水机组开启台数
	输配及末端设备	送风温度调节
		风机变频调速
		风机开启数量调整
		水泵变频调节
		冷水水阀开度调节
	区域控制	暖通空调区域全局温度控制
	建筑蓄热体	预冷预热控制
	主动蓄冷热设备	蓄能放能时间、温度、流量控制
建筑蓄电系统	蓄电池、电动汽车	充电放电时间、功率控制
其他可调节用电设备	照明、洗衣机、烘干机等用电设备	转移、启停、功率调整控制
分布式能源系统	光电、风电、冷热电三联供等能源供给设备	切换电力供给来源

建筑蓄电系统一般是指蓄电池、电动汽车等。蓄电系统通常与电网、现场可再生能源发电系统交互，蓄电系统可以直接实现电力的存储和释放，实现建筑电力负荷的有效转移，即柔性用电。近年来，电动汽车发展迅速，其充电和放电都具有很大的灵活性。未来，随着V2G（Vehicle to Grid）、V2B（Vehicle to Building）

技术的发展，插电式电动汽车（Plug-in Electric Vehicle，PEV）中的电池可以用作分布式蓄电系统，这可以为建筑提供更大的灵活性。在建立 PEV 有序优化充电策略的基础上，可以实现建筑柔性用电。

建筑中有些用电设备可以通过转移控制、启停控制、功率调整控制，改变原本的用电模式和用电参数，实现柔性用电。其中，可以转移延迟用电使用的设备为洗衣机、洗碗机、烘干机、有充电功能的笔记本电脑等；可启停控制和功率可调的设备为建筑室内照明等，室内照明可以在自然光照充足的时候部分启停或智能无极功率调控。另外，建筑中不同个体的行为具有不同的柔性用电潜力，用户的行为可以直接影响建筑中用电设备的使用模式。用户的行为取决于许多外部因素，比如电力价格、气象条件、建筑类型、性别年龄收入等。充分利用这些因素调度建筑中的用户行为，可以使用户自主改变建筑用电负荷需求，有效实现柔性用电。

利用建筑中分布式能源系统设备等也可以实现柔性用电。分布式光伏发电、风力发电等技术在建筑中逐步发展，建筑由单纯的电力消费者转变为电力"产消者"，建筑通过改变电力供给来源（电网或者现场可再生能源电力），改变建筑与电网的交互模式。

随着建筑光伏的推进以及直流电器的出现，直流建筑在减少交直流转换过程的能量损耗、降低用能成本、用电灵活可控等方面具有优势，"光储直柔"建筑的概念被提出，"光储直柔"（Photovoltaics，Energy Storage，Direct Current and Flexibility，PEDF）是指通过光伏等可再生能源发电、储能、直流配电和柔性用能来构建适应碳中和目标需求的新型建筑配电系统（或称建筑能源系统）。"柔"是指建筑柔性用能，是"光储直柔"系统的最终目标，即终端用户可以根据电网供需关系灵活地调整建筑用电负荷，期望将建筑从原来电力系统内的刚性用电负载变为灵活的柔性负载。图 5.5 给出了"光储直柔"系统的基本构成形式，"光"是

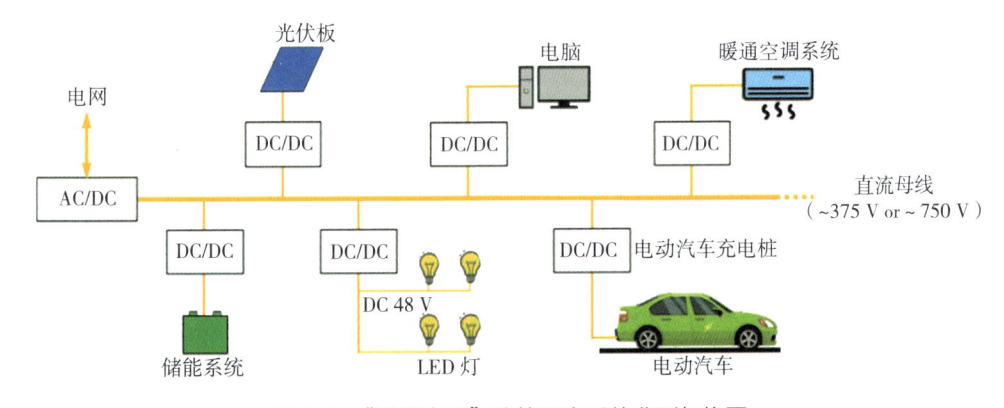

图 5.5 "光储直柔"建筑配电系统典型架构图

指充分利用建筑表面敷设光伏等可再生能源发电系统，变建筑为电力"产消者"，降低建筑侧的碳排放。"储"是实现建筑能量蓄存、调节的重要手段，需要建筑层面整体考虑储能方式，包括建筑分布式蓄电系统、电动汽车、蓄冷热设备等。"直流化"是实现建筑内光伏高效利用、高效机电设备产品利用的重要途径，系统中的各类负载、光伏、储能等通过有效的"直流—直流"（DC/DC）变换器接入建筑直流配电系统，并最终通过直流母线与外部交流电网之间的"交流—直流"（AC/DC）变换器连接，根据各类负载电器、用能/供能/蓄能设备所需的电压等级来实现分层分类变换，满足各自需求。

5.1.4.3 建筑柔性用电工程实践案例

建筑柔性用电是面向未来低碳能源系统发展需求的建筑新型运行模式探索，各方面研究仍在不断深入和探索，需要在实际案例示范和应用中进一步完善柔性用电的相关关键技术。目前，已有一些建筑开展了柔性用电规划设计、柔性用电实际应用并参与柔性需求响应的探索实践，包括国网能源研究院有限公司某办公建筑"柔性用电+需求响应"规划设计和深圳市建筑科学研究院股份有限公司（以下简称深圳建科院）未来大厦"光储直柔"系统的应用案例和探索。现有案例还多处于探索阶段，需要更多案例来支撑未来建筑柔性用电相关技术的深入研究和工程的规模化应用。

国网能源研究院有限公司拟针对园区内某栋办公建筑进行改造，本工程属于国网智能电网研究院建设项目科研办公楼的一部分，综合楼占地面积14819平方米，总建筑面积164463平方米。工程立足于低碳、高效、节能、科研的重要定位，通过冷热源系统、电力系统、照明和空调等末端系统进行改造，实现楼宇供能、用能设施智慧化。加装能源系统监测设备和管控平台，优化供用能设备运行策略，实现综合能源系统高效供能。基于供能优化数据和项目建设管理过程，提升综合能源优化能力，实现冷热源系统、建筑楼宇电力系统、建筑楼宇末端系统的柔性用电、需求响应、智慧运行。本项目新增分布式光伏发电系统、高效储能设备、电动车智能充电桩、智能插座、空气源热泵、智能照明等设备，项目楼宇具有多种电力柔性来源。基于建筑实际用电需求和现有电力基础条件，以分布式光伏和高效储电技术为基础，以园区内本地电力应用为主要实现形式。远期具备条件时，可以结合本项目园区电力设施改造乃至园区区域内的相关网络设施，形成互联互通。该建筑智能微型电网的规模较小，可采用基于用户本地的低压和配电支线微网系统。建设的小型楼宇智能微型电网以发电自用为主，微网发电并到大楼用电网络上，可与主管网运行模式配合切换。利用楼宇智能微型电网系统的高效控制和智能调节，从用电需求侧响应、智能楼宇、用电质量保证几方面提高大楼的用电智能化水平。

深圳建科院未来大厦是"光储直柔"系统应用的成功案例（图5.6）。该系统配置了150千瓦的光伏系统，通过具备最大功率点跟踪功能的直流变换器接入建筑直流配电系统的直流母线；储能配置总容量为300千瓦·时，依据储能电池使用目的、负载运行特点，采用了建筑物集中储能、空调专用储能和末端分散储能形式；直流配电系统采用了DC±375伏和DC 48伏两种电压等级，充电桩、空调机组等大功率设备接入DC 750伏母线，DC±375伏母线负责建筑内电力传输，楼层内采用DC+375伏或DC-375伏单极供电，DC 48伏特低电压配电主要覆盖人员频繁活动的办公区域。直流负载总用电容量达到388千瓦，设备类型涵盖了办公建筑内除电梯、消防水泵等特种设备外的全部用电电器。通过集成应用"光储直柔"技术，实现建筑配电容量显著降低。如果按照常规办公楼的配电设计标准，该建筑至少需配置630千伏·安的变压器容量，该项目对市政电源接口仅配置了200千伏·安直流变换器，比传统系统降低近70%，有效降低了建筑对城市的配电容量需求。

图5.6 深圳建科院未来大厦"光储直柔"系统示意图

在柔性用电负荷控制方面，建筑采用基于直流母线电压的自适应控制策略，利用直流母线电压允许大范围波动的特性，建立起直流母线电压与建筑设备功率之间的联动关系，例如空调设备可以在电压较低时降功率运行，建筑储能电池和电动车在电压较高时开始充电，通过调节直流母线电压来调节建筑总功。目前已经实现的柔性用电调节的负载包括集中式储能（75千瓦/150千瓦·时）、多联机空调（150千瓦）和双向充电桩（60千瓦）。在与电网联合测试中，接收到电网响应功率指令后，由AC/DC主动调节直流母线电压，控制储能电池放电功率，在半小时的响应时间内将平均60千瓦左右的用电负荷降到了28.9千瓦，响应削峰比例达到了51.6%；对空调参与需求侧响应的测试表明，空调负荷可从平均40千瓦降低到20千瓦，削峰比例达到50%。

5.2 交通行业

5.2.1 公路

近年来，我国在公路交通领域取得了很大进步，公路交通的便利为经济发展提供了有力支持，但是车辆对石油资源的消耗在逐年升高，对环境的破坏也进一步加剧。针对这一状况，构建新能源公路车辆体系与建设再电气化公路是有效的解决途径。混合动力车、电动车与燃料电池车将逐步成为目前公路运输的主力军；在高速公路等特殊道路上的有限空间铺设接触网，当车辆进入该铺设路段时能够切换为电力引擎，车辆由电力驱动，对石油资源的利用大大降低，从而减少了汽车尾气的排放量，减少对环境的污染。

5.2.1.1 客运

（1）新能源客车类型分类

按车辆用途划分，公共服务领域的客运车辆产品主要包括城市公交、道路客运、校车、救护车、机场摆渡车等。受使用场景、运行特征、政策支持等因素的影响，各领域下的新能源汽车产品覆盖情况有所差异，具体如下：① 城市公交领域已实现了全系列新能源汽车产品，包括5～18米的纯电动公交车（慢充和快充）、插电式混合动力公交车（油电混及气电混），以及可示范运营的燃料电池公交车，城市客车是城市公共交通的重要组成部分；② 专用校车，具有运输距离短、运输载重轻、运维成本高的特点，适用于推广应用新能源汽车，但由于专用校车对车辆安全性包括电池防护、防撞等提出更高要求，新能源客车应用较为缓慢；③ 除城市客车和校车外的其他车辆统一划分到其他客车领域，覆盖范围较广，主要包括通勤、旅游、城际班车等。

（2）新能源客车发展状况

以10米典型客车车型为例，新能源客车在动力性、能耗水平方面有明显提升，与传统燃油客车运营能力间的差距逐步减小，使用成本经济性优势明显。

随着动力电池系统能量密度提升，配套客车的电池电量逐步增加，纯电动客车的续驶里程也在不断提高，年均增长幅度10%左右，2022年平均续驶里程达到500千米，不断接近加满油后传统燃油客车的行驶里程。因此，在保障充电能源供给情况下，新能源客车续驶里程已基本满足客运需求，具备竞争优势。

随着动力电池系统管理技术和轻量化技术的应用等，纯电动客车百千米电耗水平年均下降幅度1%左右，预计2022年百千米平均电耗将达到50千瓦·时左右。因此，在客车运营相同里程下，新能源汽车使用成本将具备明显竞争优势。

在客车电气化领域，以北京为例，2021年北京公交加快推动车辆能源结构转型，更新购置新能源公交车873辆。截至2021年年底，北京公交运营车辆32896辆，其中清洁能源和新能源公交车21018辆，占比91.06%。为助力北京实现"双碳"目标，北京公交着力发展绿色低碳车辆装备，大力推动氢燃料、纯电动等新能源公交车辆的应用，拥有氢燃料公交车217辆，在204处公交场站内建成投运充电桩1361台。北京公交加强环保治理，严格管控污染物排放，2021年，北京公交安全处理危险废物1641.6吨，减少氮氧化物等污染物排放403.51吨。

（3）客车电气化发展趋势

我国客车再电气化发展轨迹大致可分为起步期、培育期、成长期和成熟期，如表5.4所示。

表5.4 我国新能源客车发展历史与未来发展愿景

起步期 （2010—2012年）	培育期 （2013—2014年）	成长期 （2015—2025年）	成熟期 （2026年— ）
新能源客车示范推广项目起步	新能源城市公交继续发力	新增城市客车中新能源占比接近100%，存量逐步替代	公共领域新能源客车逐渐饱和

我国已经启动了新能源客车的研发和推广，带动整车动力系统及关键零部件等核心技术的发展。国家开展"十城千辆"示范工程，率先在城市公交等公共服务领域推广新能源汽车，推动了行业加快新能源客车产品布局和技术创新。当前，新能源客车产品成熟、技术大幅提升、推广应用突出，成为国家推进再电气化发展的重要领域。

5.2.1.2 货运

（1）新能源货车类型分类

从动力源的角度来看，目前研究与应用的电动货运车辆主要有三种类型，即插电式混合动力货车、纯电动货车和氢燃料电池货车。①插电式混合动力货车包括串联式、并联式和混联式。其中应用较多的并联式混合动力系统由传统的内燃机系统和电机驱动系统组成，发动机、电机和变速器配合使用组合成不同的动力模式，适用于多种不同的行驶工况，能量利用率高。②纯电动货车的技术路线灵活多样，主要包括中心电机驱动、中央电机驱动桥、轮边电机驱动桥等方案。③氢燃料电池货车目前主要技术线路包括增程式、混合功率模式和全功率模式，目前混合功率模式应用最广泛。

纯电动货车与混合动力货车的能源供给方式主要有充电和换电两种，充电又细分为普通慢充和快速充电，根据充电是否需要导线又分为有线充电和无线充电。氢燃料电池汽车氢燃料的储存与供给是其区别于一般电动车的特有技术。

（2）新能源货车发展现状

目前，轻型货车在所有类型货车中的占比最高，超过70%；其次为重型货车，占比超过25%；中型货车份额很低。在动力场景中，汽柴油、天然气和两用燃料是目前的主要燃料驱动形式，货车的再电气化比例较低，不足1%，因此在未来货车领域的再电气化发展前景巨大。

目前，氢燃料电池物流车主要集中在总质量7.5～9.0吨，与纯电动物流车主流的总质量4.5吨车型相比略有差异，但从用途上看重合度较高，基本都是以市内物流配送为主，未能将氢燃料电池物流车加氢时间短、续航里程长、运营效率高的优势完全发挥出来。一方面是因为目前的加氢站数量较少、运营线路需考虑加氢站位置、运行里程和效率受限；另一方面是因为现阶段的燃料电池电堆功率依然较小，无法满足更大吨位中长途物流车的需求。技术水平和加氢站等设施配套仍是现阶段氢燃料电池货车发展的瓶颈。

国内外混合动力重卡基本采用并联式混合动力系统。该系统技术成熟度高，最大限度保持原车型动力系统布置方式，结构简单、重量较轻、成本较低、系统稳定性较高。在纯电货车领域，其续驶里程仍有待提高，且充电时间长，对充电站等基础配套设施要求高，目前更适用于行驶范围固定、行驶时间固定的领域，如场地用车和固定线路运行等。在燃料电池货车领域，目前已基本完成燃料电池系统、动力系统和整车的集成及性能研发，进入商业化示范阶段。由于燃料电池系统功率偏低，车载储氢能力尚有不足，燃料电池货车的发展仍有限制，后续的发展重点集中在关键技术升级、加氢基础设施建设、推广示范运行等方面。

（3）新能源货车发展趋势

由于电动货车没有排放，即使在高污染天气也可以正常运营，或在传统车没有路权的区域可以正常运营。因此基于环保政策要求，纯电动重型货车在高排放场景如矿山、钢铁厂等领域，市场需求会不断呈现，市场销量未来会稳步增长。此外，在矿山等场景下，通过实际运营经济性测算，运输活动强度越高，纯电动重型货车相对同规格燃油车经济性优势越明显，3年之内生命周期成本可平衡。表5.5给出我国新能源货车发展历史与未来发展愿景。

第 5 章　建筑及交通行业再电气化关键技术

表 5.5　我国新能源货车发展历史与未来发展愿景

培育期 （2013—2014 年）	成长期 （2015—2025 年）	成熟期 （2026 年—　）
新能源汽车逐渐渗入 环卫、邮政、物流等领域	加强燃料电池货车推广示范应用， 尤其在中重型货车领域	新能源货运车运维体系建立 和完善
	新能源货车开始起步	中重型车领域新能源汽车 进一步趋稳发展

国内新能源重卡整体处于起步阶段，其发展现状呈根据其自身的不同技术路线匹配不同适用领域的特点。简言之，纯电动适合短程使用，高环保要求的领域对纯电动的需求更明确；混合动力适合中程使用，适用于城市复杂工况（频繁起停、加减速等），考虑出勤率和可持续性等因素，混合动力相对其他新能源形式在技术成熟度方面体现出优势；燃料电池适用于长途重载，在关键技术攻关后，将成为新能源货车的终极解决方案。

综上所述，纯电动、混合动力、燃料电池等技术路线各有其特点，也均有其适用的应用场景，应建立合理细致的发展规划，依托产业联盟，促进技术发展，进行配套设施建设，全面推动货运再电气化的发展。

5.2.1.3　公路设施

（1）电气化公路

电气化公路（Electric Highway，eHighway）的概念最早由德国西门子公司于 2010 年提出，从目前开展的电气化公路技术和试验测试路段来看，可分为在公路上空架线式和在路面嵌入轨道式两种电气化公路技术类型，如图 5.7 所示。

（a）德国空中架线式电气化公路　　　　（b）瑞典路面轨道式电气化公路

图 5.7　电气化公路

德国空中架线式电气化公路系统主要包括供电线路、电动牵引卡车及车载智能受电弓控制系统三部分。空中架线式电气化公路核心是将车载智能受电弓与混合动力驱动系统结合使用，供电线路架设在公路上空，为在该路段行驶的装配

· 111 ·

有车载受电弓装置的重型混合动力货运车辆进行动态供（充）电的一种技术。接触网系统的核心是将智能受电弓与混合动力驱动系统结合使用，配备车载智能受电弓控制系统的混合动力电动货车在行驶时可以从公路上空架设的供电线路上获得动力，支持其高效行驶，同时实现零排放。在没有配备供电设施的公路上，车辆可自动调节到混合动力系统行驶。供电线路采用的是比较成熟的标准化 670 伏直流供电方式。路侧沿线设置箱式变电站，箱式变电站一般接入城镇 35 千伏或 10 千伏电网，通过整流、变压成 670 伏直流电后，输送至供电接触网。

瑞典路面轨道式电气化公路技术是通过在公路路面上挖槽内嵌安装由沥青砂胶、耐磨钢、电气绝缘层、导电极等部件组成的供电轨道（图 5.8）。在电动货车牵引车辆的底盘上安置一根能够灵活升降（允许左右摆动幅度 1.2 米左右）的充电连接臂。当电动车辆行驶在充电轨道上方需要充电时，连接臂放下，并自动寻找轨道与其连接，实现外部电力直接驱动，或者为车载蓄电池组充电。瑞典地面轨道式电气化公路的工作电压 800 伏，最大电流 250 安，最大功率 10 兆瓦 / 千米。地面轨道 50 米为一段，分段铺设和供电，每千米设置一个分变压站将电压从 20 千伏降至 800 伏，每个变电站为 20 个轨道段供电。

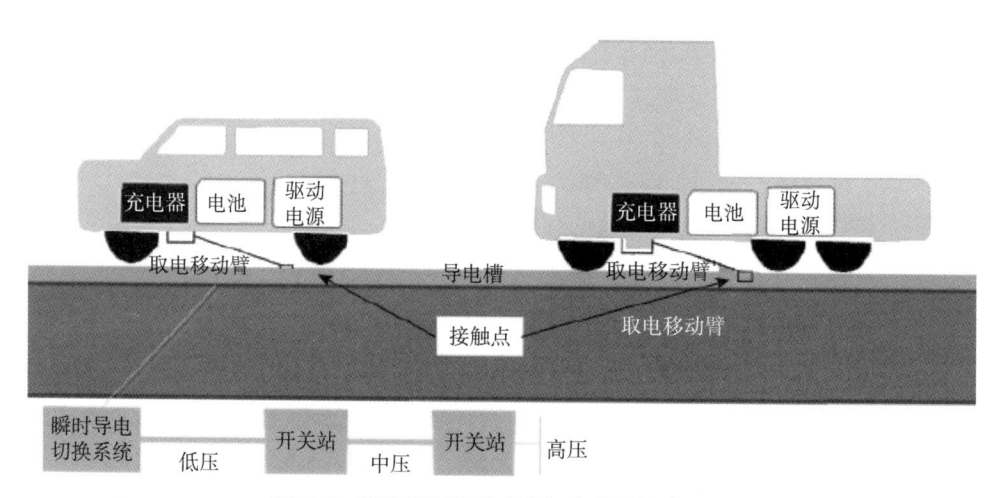

图 5.8 瑞典路面轨道式电气化公路技术原理

公路空中架线式电气化公路分别在德国、瑞典、美国等国家开展了不同环境区域的多个试验路段的功能性验证测试工作，相关技术基本成熟。空中架线式电气化公路建设不需要路面占道施工，也不需要中断交通，对原有公路正常交通影响小，是目前各国优先选择的试点路段建设方案。

随着我国经济发展和公路网里程结构的日益增长和完善，公路货运需求不断增长的同时，公路货运能耗也不断增加，在公转铁运输没有覆盖的公路短途货运比较密集的疏港公路路段、煤运通道路段、货运通道路段和客运班线密集的大型柴油客货运车辆路段建设电气化公路运输系统，可从根本上支撑交通运输行业打好柴油货车等污染防治攻坚战，支撑我国公路柴油大型货运车辆电动清洁能源化发展，为我国公路领域再电气化和"双碳"目标的实现提供一种全新的技术思路。

（2）充电桩设施

充电桩按照用户场景，可分为公共充电桩和私人充电桩，但是对于商用车来说，是用户、运营商或第三方投资建设的专属充电桩，多为直流快充，用于运营车辆专用充电。表5.6给出不同充电桩对比。

表5.6　不同充电桩对比

类型	交流充电桩	直流充电桩
分类	入地式、挂壁式	一体式、分体式、移动式
充电接口数	一机、一充、一机双充	
适用场景	家用、公共停车场、商场	公交、运营车辆、高速服务区、公共停车场
充电方式	需要车载充电机转化	直接对动力电池充电
输入电压/伏	220	380
输出电压/伏	<500	200～750
建设要求	占地面积小、配电要求低，对电网压力小	占地面积大、配电要求高，电网负荷大

据不完全统计，我国已有3102个高速公路服务区建设了充换电基础设施，共建成充电桩约13374个，主要集中在京津冀、长三角、珠三角等东部地区，西部及东北地区覆盖率相对较低。与新能源汽车的迅猛发展相比，公路沿线充电设施存在发展滞后、设置量不够、覆盖面不足等问题。

综上所述，公路领域电气化建设的发展和实施能够有效提高机动车的行驶效率，减少碳排放，降低环境污染。相关部门和汽车行业要提高对公路领域再电气化建设的重视程度，积极支持新能源汽车的研发，完善配套充换电设施与电气化公路的建设，制定完善的管理制度和激励机制，进而有效实施公路领域再电气化建设。

5.2.2　铁路

1956年至今，我国电气化铁路从无到有、由弱变强，运营里程突破10万千米，电气化铁路里程和高铁里程稳居世界第一，发展迅猛，形成了世界上规模最大的电气化铁路网和最发达的高铁网。根据国家发展改革委印发的《中长期铁路网规划》（2016—2025），预计到2025年，我国铁路网规模将达17.5万千米，其中高速铁路达 3.8 万千米，均利用电能作为动力。

5.2.2.1 电气化铁路

近 20 年来，我国铁路行业明确提出要积极推进铁路土地综合开发利用，鼓励铁路建设按照因地制宜、多能互补的原则，在铁路沿线站段开发利用新能源，加大节能减排力度，构建新型产业协同模式。此外，《新时代交通强国铁路先行规划纲要》中指出，近 10 年内铁路规划应以促进铁路能源的优化为第一要义，要求研制新一代电力、内燃、混合动力、新能源及多源制机车。在此背景下，将光伏应用于电气化铁路牵引供电系统，推进轨道交通能源互联网的建设，以及深入研究混合动力技术，有利于推动轨道交通与能源融合发展，有助于优化交通运输系统能源结构，促进绿色低碳、环境友好型交通运输系统的发展。

（1）牵引供电沿线光伏

目前国内外针对光伏在电气化铁路中的应用主要集中于非牵引领域（除机车外的用能），能耗占比更高的牵引领域（即机车用能）未受到应有的重视，国内能够涉及的相关研究才刚刚起步，且多集中于整体方案设计，仍缺乏深入、系统性研究。

目前，德国铁路已有兆瓦级光伏接入的工程案例，现已投运的有两种光伏应用形式，一是将光伏组件敷设于沿路隔音墙上，从技术层面考量虽方便易行，但在实际投运后却显现出光伏组件后期维护难度大、经济性较差等诸多问题。二是在铁路沿线任意位置建立光伏电站再集中接入牵引供电系统，实验结果表明，光伏的接入有利于补偿牵引网电压，补偿程度随光伏装机量增加而提升，但对光伏逆变器提出了更高要求。在国内，呼和浩特铁路局开展的光伏供电项目已完成一期光伏向铁路非牵引供电工程，二期将着手对光伏接入 27.5 千伏牵引供电系统的技术攻关。

电气化铁路是电力系统中的特殊用户，其电能质量问题由来已久。在光伏电站接入的情况下，会使电能质量降低，影响其输出性能。因此，在未来对于光伏接入轨道交通牵引供电系统，除研究大规模光伏电站接入轨道交通牵引供电系统的经济性和社会效益外，应着重研究光伏电站侧及牵引网侧的电能质量改善方式，增加系统稳定性。

（2）站点综合能源系统

由于铁路沿线站段众多，且用能相对集中，同时具备大范围使用电力牵引的技术条件，这为融合光伏发电技术创造了条件。故各国铁路行业较早就开始了光伏应用于铁路非牵引领域的相关研究，绝大多数都是利用光伏发电为沿路车站、通信系统、车辆检查场等供能，部分试点项目已取得了较好的环境及经济效益，其中，以日本、德国、美国为典型代表。如东日本铁路公司1993年在东京站安装完成的30千瓦峰值总功率屋顶光伏系统，于2011年扩建至453千瓦峰值总功率，产生的电能直接为站内照明设施、空调等负荷供电；德国铁路在吸纳新能源方面已有了规模的应用，约有10%以上的电能来自新能源，远高于全国6.25%的平均值；纽约StillwellAvenu地铁车站大规模利用非晶硅薄膜电池建立了210千瓦峰值总功率屋顶光伏发电系统；其他国家如巴基斯坦、意大利、孟加拉国等地的车站、沿线通信系统中也已有了类似的应用。

我国也较早开展了光伏发电在轨道交通领域的技术研究及应用工作。2008年总装机容量240千瓦的一体化光伏在北京南站建成使用。2013年7月，南京南站总装机10.67兆瓦光伏发电系统正式并网，超过杭州东站（10兆瓦）、虹桥站（6.5兆瓦）、武汉站（2.2兆瓦），成为全球最大的单体并网发电的铁路建筑。2016年10月，国内首个兆瓦级地铁车辆段光伏发电项目在河北省石家庄建成，除为车辆段自身运行以及维修基地提供充足的电量，剩余电量还将为线路上行驶的列车供电。2018年建设完成正式并网广州地铁鱼珠车辆段5兆瓦光伏项目，是目前国内规模最大的地铁分布式光伏电站，主要供高架站的动力和照明用电。

我国拥有丰富的太阳能资源，而城市轨道交通高架车站、高架区间及车辆基地等地方均是安装分布式光伏发电系统的理想地点，其场地与结构上的优势为太阳能光伏发电系统的应用提供了可能。将城市轨道交通与太阳能光伏发电系统组合，既可降低城市轨道交通的运营成本，又体现城市轨道交通的"节能、环保"理念。

（3）混合动力火车

混合动力系统最早来源于汽车行业，经过国外著名企业不断研发，已经被成功应用于轨道交通领域。近年来，越来越多国内重点院校和科研单位也开始重视混合动力技术，并进行深入研究。混合动力机车是指载有两种或两种以上动力源装置的轨道交通车辆，其运用灵活，能够实现电气化与非电气化铁路之间的跨线运行，减少架设电网或第三轨的投资，可满足站段调车、线路救援等特殊需求。与传统内燃机车相比，混合动力机车具有节油效果显著、环境友好性好、维护成本低、综合经济性好等优点。

为适应内燃机车发展的新要求，欧美等国家采用小功率高速柴油机和动力电池的混合动力技术，开发了平台化的系列产品。2001年，加拿大铁路动力技术公司推出了"绿山羊"型混合动力机车，并开发了GenSet系列混合动力型机车。2009年，法国阿尔斯通公司对V100系列液力传动内燃机车进行改造，其采用238千瓦的柴油发电机组和102千瓦·时的镍镉电池作为动力。2010年，日本铁路货运公司研制了采用柴油机发电与锂离子电池储能、具有制动能量回收功能、采用永磁直驱技术牵引电机的 HD300 型油电混合动力交流传动调车机车。2013 年，德国联邦铁路、德国阿尔斯通等公司生产了 PrimaH3 和 PrimaH4 型混合动力机车。2018 年，在第 12 届德国柏林国际轨道交通技术展览会上，法国阿尔斯通公司展出了 H4 型多动力源调车机车，其具有"柴油机 + 锂电池"混合动力模式、"电网 + 柴油机"双动力源模式、"电网 + 锂电池"双动力源模式等 3 种运用模式。目前，国外至少已有 5 个国家共计研制了 8 种系列的混合动力调车机车，其中已有 6 种形成批量并投放市场运用。

相较于国外，我国在轨道交通领域使用混合动力技术的时间比较晚，但经过近 10 年的探索和实践，取得了一定的成果。2011 年，中车资阳公司研发出一款混合动力的调车机车，其型号为 CKD6E5000，采用 641 千瓦柴油机与 280 千瓦·时的磷酸铁锂电池组。该机车相较于传统内燃机车，其能耗下降将近 50%。2013 年，中车唐山轨道客车有限责任公司在混合动力系统的基础上研发出了低地板的有轨电车，这是城市轨道交通中首次使用"动力电池 + 超级电容"的混合动力模式。2016 年，中车长春轨道客车股份有限公司与北京交通大学共同研发城际 CJ-1 型 0505 和 CJ-1 型 0506 混合动力动车组，将柴油发电机组、动力电池应用于动车组，实现有接触网区段和无接触网区段的跨线运行。2018 年，中车大连与中车资阳、中车戚墅堰等公司共同开发了节能环保型调车机车 FXN3B，采用 2500 千瓦的中速柴油机和储能容量为 185 千瓦·时的钛酸锂动力电池组。虽然我国混合动力技术在轨道交通行业的研究仅经过十几年，但相比于国外整体水平已有较大进展，应用前景非常广阔。

纵观国内外混合动力机车产品及发展状况，可以看出：国外混合动力技术发展较早，已有 6 种（占比 75%）步入批量不等的商品化运用阶段，而国内混合动力调车机车仍处在验证阶段或样机商品化阶段，尚未形成量产。随着世界能源和环境问题的日益突出，我国乃至全球将会有越来越多的轨道交通装备供应商致力于混合动力技术的研究及应用。

5.2.2.2 城市轨道交通

目前，世界各国的城市轨道交通均已实现电气化，通过电力驱动实现便捷、高效的现代化城市交通。目前我国城市轨道交通直流供电系统主要采用 DC750 伏和 DC1500 伏两种电压等级。考虑到再生制动能量的利用，随着电力电子技术的发展，柔性直流牵引供电系统成为近年来的研究热点。此外，在我国对于运行速度高、运行距离远的城市轨道交通线路，也有采用交流供电制式的成功经验。

5.2.3 水路运输

水路运输是指利用船舶和其他浮运工具，在海洋、江河、湖泊、水库淤积人工水道运送旅客和货物的一种运输方式。水路运输以船舶运输为主，具有运量大、运费低廉、污染轻等突出优点，在综合交通运输体系中起着重要作用。

2018 年 4 月 13 日，国际海事组织（International Maritime Organization，IMO）海洋环境保护委员会（Marine Environment Protection Committee，MEPC）宣布，到 2050 年，将航运板块的二氧化碳总排放量削减 50%，逐步实现零碳目标。水路运输由于其自身行业特点，实现电气化具有较大的困难，其脱碳主要依靠替代燃料的发展。目前获得行业认可的、具备在船舶行业应用的船舶替代燃料与技术主要有液化天然气（Liquefied Natural Gas，LNG）、液化石油气（Liquefied Petroleum Gas，LPG）、氢、氨、燃料电池、电池动力等，本节将对几种主要船舶工业技术和岸电技术展开介绍。

5.2.3.1 远洋运输

远洋运输是海洋运输的一种，也是整个运输业的组成部分，是指使用船舶跨越大洋的运输，主要承担国际贸易货物运输的任务。

远洋船续航里程高，对燃料能量密度要求较高，因此在燃料的选取上应优先考虑能量密度，可考虑选用低碳燃料或者零碳富氢燃料。LNG 船、LPG 船、氨燃料船、混合动力船都是远洋运输中的优先选择。

LNG 船动力应用最为广泛，船用 LNG 燃料动力系统涉及的储存、供给、利用等技术及产品已发展成熟，业界已积累了较充分的经验，技术成熟度高。LPG 是另一种有实船应用的船用燃料，目前 LPG 运输船的新造和改造项目正在推进，LPG 船的技术发展也较为成熟。氨作为被关注的船用替代燃料，各国的研发热情都很高涨，但现有发展还处于起步阶段，缺乏相关技术标准支撑且没有实船应用，技术成熟度相对较低。再电气化在以上这三种船舶技术中的应用需要引入一种新的船舶工业，即混合动力船，因此本节将重点针对混合动力船展开介绍。

（1）发展现状

船舶混合动力技术是一种新型船舶技术，能有效缓解能源问题和环境问题。混合动力船在设计和建造时主要使用传统气体或燃料动力发动机结合电力推进，是极具发展前景的船舶能源综合优化利用系统，是船舶节能减排领域的研究热点。

混合动力船是利用石化能源（柴油、汽油）、风能、太阳能及蓄电池储能混合供电的混合动力船舶电力推进系统，可以结合两种或以上能源或者动力装置的优势，不仅可以节约燃油，还可以降低营运成本，根据推进功率需求灵活选择运行模式，从而有效降低能耗和排放，这也是它节能减排的原理。根据电池动力的充电方式可将现有的混合动力船分为传统的混合动力船和插电式混合动力船。

传统的混合动力船不需要在岸定期充电。电池可以使用发电机、交流发电机和其他手段充电以获取来自主机或辅助发动机的功率。电池依赖于传统发动机充电，而发动机的高负荷或峰值要求由电池的功率分担。

插电式混合动力船类似于插电式混动汽车，可以在码头上使用岸电给电池充电，但这些船舶在长距离操作中基本不常见，因为电荷储存在电池电容器中，只能使用有限的几天就需要再次充电。

（2）典型工程实践

2020年6月，国内第一艘油气电混合动力内河船舶"新长江26007"轮实现技术改造。同年12月，鼎衡航运9000吨不锈钢化学品船项目获批工信部"远洋运输船舶混合动力系统研制"项目的示范船。

（3）发展趋势

混合动力船在远洋航运和内航运输中都处于发展初期，技术成熟度较低，但都有一些研究和实例应用，后续将进一步推进相关规定及研究，让新混动船早日走向市场，从"柴—电"逐步朝着"气—电""电—电（燃料电池—锂电池）"的方向发展。

5.2.3.2 内航运输

内航船舶是指在我国内河或沿海航行，只航行国内航线的船舶。内航运输具有运量大、运输成本低、运输安全性高、污染少等优点，因此内河运输主要承担流域大宗货物运输的任务，多为内贸运输。

内河及沿海船舶航程相对较短、靠港频次较高，对燃料能量密度的敏感性不高。因此，可考虑使用能量密度较低但减碳效果好的能源，如氢燃料或者电池。同时，考虑到船舶载重吨位相对较小，LNG船、LPG运输船、氢燃料船、电动船及燃料电池船都可能是沿海短途航线和内河航道上比较好的解决方案。本部分主要介绍氢燃料船、电动船及燃料电池船。

（1）氢燃料船

氢燃料是航运业零排放解决方案的重点发展方向。氢能的应用主要分为氢燃料电池和直接燃烧（氢内燃机）两种方式。德国曼集团研究认为，与燃料电池相比，不论从成本、功率密度、燃料灵活性还是可靠性来看，氢内燃机都更具优势。目前，氢燃料电池仅适用于低功率应用场景，还无法成为近海/远洋船舶的主要推进方案。

日本川崎重工、洋马发动机公司和日本发动机公司于 2021 年联合宣布共同开发用于大型船舶的氢燃料发动机，还将研发船用氢燃料储存和供应装置，实现氢燃料推进系统的系统集成。德国曼集团也在研发双燃料氢气发动机，预计于 2026 年上市。今年，我国首艘氢燃料电池动力船也正式进入项目入级检验阶段，该项目是我国氢燃料电池在船舶上应用的突破，对内河航行船舶的"零污染、零排放"转型具有重要示范意义。

由于能量密度、成本、安全、加注体系等方面的不利因素，氢燃料中短期内应用到大型远洋船舶上的可能性不大。要满足国际远洋航行船舶的应用需求，尚需进一步发展液氢储氢技术和在线制氢技术。业界针对氢燃料动力船开展研究及试点项目，船用技术装备、规范标准、基础设施等将逐步发展完善。

（2）电动船

电力推进船舶（电动船）以电动机作为推进主机，分以蓄电池、燃料电池、电容为电源的电力推进（纯电动船）和以柴油机、燃气轮机带动发电机产生电力推进（电推船）两种形式。纯电力推进与常规柴油机推进相比，具有经济性、操纵性、可靠性、环保性、空间利用率高等优点，并为船舶智能化发展提供了路径。

丹麦马士基集团 2020 年在旗下的 Maersk Cape Town 轮安装了一套 600 千瓦·时的集装箱式船舶电池储能系统，减少非动力推进电气系统的油耗。近年，我国也积极研发纯电动船，如"君旅"号、"蓝海豚"号。最近，我国宜昌枝江鑫汇船厂交付了全球最大电池容量的锂电池动力船舶"长江三峡1"号。

纯电动船目前受制于相关标准缺失、充电设施不完善、电网供电能力有限等不利因素，主要集中在内河、沿海的渡轮、游船、港务船等。短期内无法大规模向货运领域应用，中期内可能无法进入全球性的长航线、大吨位商用船市场。随着相关标准的制定及充电设施等技术的成熟，具有良好的碳减排能力的电池动力的应用可行性将提升。

（3）燃料电池船

对小型船舶来说，燃料电池具有较好的船用前景。燃料电池通过电氧化反应过程将燃料中的化学能转化为电能，转化效率最高可达 60%。相对而言，质子交换膜燃料电池（Proton Exchange Membrane Fuel Cell，PEMFC）的应用较为广泛，燃料成分是氢气。相对于传统的内燃机，燃料电池能量转换效率高，污染物排放量少，在船舶领域表现出了很强的竞争力。目前，燃料电池主要应用于军用潜艇，商船尚未应用，但已有燃料电池系统被开发和装船测试，部分燃料电池成功应用于船舶中，主要是小型近海船舶，但多为实验性质。

近年，我国高温 PEMFC 单电池（氢燃料电池）船舶研究取得了较大突破，现有 100 千瓦级别燃料电池在船舶的应用，主要是渡船等小型船舶实现了实验性的应用，但总体水平与先进国家还存在一定距离。

对小型船舶来说，燃料电池具有较好的船用前景。目前，船用氢燃料电池的功率一般在 350 千瓦以内，正在向 500～1000 千瓦功率等级发展。除大功率燃料电池外，还需研究解决针对氢燃料泄漏、氢脆、快速升温、火灾等风险的控制技术。电池容量与寿命是燃料电池船舶应用的最大障碍，也需要技术的发展与突破。

5.2.3.3 港口岸电

近年来，港口建设进一步加快，港口船舶停靠量不断增大，燃油消耗量和污染物排放也逐渐增多，给港口城市带来严重的环境污染问题。目前，减少港口燃油最有力的措施就是实行港口岸电。

港口岸电就是停靠在码头的船舶可利用清洁、环保的"岸电"替代船舶辅机燃油供电，保证船舶各支撑设备系统的正常运行。港口岸电作为港航领域最具前景的节能减排新技术之一，在促进绿色港口建设及港口运输物流电气化方面都具有重要意义。

（1）应用现状

港口岸电项目在国外已得到大量发展，但在国内还属于发展初期。随着国家各种排放限值及节能减排相关扶持政策的不断出台，港口岸电技术的发展已成为必要。截至 2018 年年底，全国已建成岸电设备 3700 余套，覆盖泊位 5200 余个，其中《港口岸电布局方案》任务已完成约 67%，京杭运河水上服务区基本实现岸电全覆盖。

（2）典型工程案例

港口岸电技术最早在欧美发达国家的港口应用。1985 年，瑞典的斯德哥尔摩港首次建立岸电，给油轮供电；2000 年，瑞典在哥德堡港实施岸电给滚装船供电；2004 年，美国洛杉矶港建立岸电给集装箱船供电；2005 年，美国在长滩港实施岸电技术给油运输船供电。发达国家的港口岸电技术已经比较成熟。

我国的港口岸电技术起步较晚，最早于 2009 年在青岛港完成 5000 吨级内贸支线码头低压岸电改造。2010 年，上海外高桥码头和连云港分别实施岸电给集装箱船、客滚船供电；2011 年，深圳蛇口港实施岸电给集装箱船供电；2015 年，在泰州的靖江新华港实施岸电给散货船供电。

（3）港口岸电发展趋势

我国的港口岸电处于早期阶段，有很大的发展潜力。随着向海经济的高速发展，岸电项目将成为服务"一带一路"的重要措施。我国的港口岸电推广主要包含在沿海港口、沿江港口和内河港口,将有越来越多的港口和船舶需要使用岸电,港口岸电市场将十分广阔。

5.2.4 航空

航空运输碳排放量随着航空业迅速发展而高速增长,民航运输碳排放量的增长远高于其他运输方式,2010年以来年均增长率接近10%。航空运输业的碳排放主要源于航空煤油的燃烧,约占其总排放量的79%。与20世纪50年代投入使用的早期喷气发动机相比,目前的燃油效率已提升了80%以上,在此基础上继续提升效率的技术难度极大,采用低碳排放的新能源航空动力可助力航空运输业奔向零碳。

航空运输分为民用航空运输和非民用航空运输,民用航空运输是指使用航空器从事除国防、警察和海关等国家航空活动外的航空活动,民用航空运输分为公共航空运输和通用航空运输。航空运输减小碳排放量的关键在于推进技术的突破。此外,机场的地面维护及管理技术的革新也是减排的重要一环。

5.2.4.1 公共航空运输

(1)多电飞机

传统的飞机二次能源系统由液压、气压、机械和电能四种能源共同构成,每种能源均由产生、传输、分配和利用等环节构成完整复杂、相互独立的能源系统,致使飞机能源系统内部结构复杂,系统的可靠性较低。20世纪70年代开始,航空领域出现了多电飞机(More Electric Aircraft,MEA)和全电飞机(All Electric Aircraft,AEA)的概念。

多电飞机是航空科技发展的全新技术,其仍采用内燃机驱动,但将飞机的发电、配电和用电集成在一个统一的系统内,从而实现发电、配电和用电系统的统一规划、统一管理和集中控制。多电飞机让飞机二次能源更多使用电能,颠覆了传统飞机的设计思路,是飞机技术发展的一次革命。

多电飞机是全电飞机发展的一个过渡,部分次级功率系统用电力系统取代,实现飞机的电气化管理;全电飞机是指所有的二级功率均用电能的形式分配。多电/全电飞机简化了飞机内部结构和发动机结构,减少排放,减少地面支援设备,提升了可靠性和维护性,降低全寿命周期费用。

典型的多电飞机有空客A380和波音787。空客A380按多电飞机电力系统来设计,总发电功率是910千伏·安。波音787与空客A380飞机相比,更接近全电飞机,总发电功率是1400千伏·安。

在多电/全电飞机全面发展的同时,欧美对下一代商用飞机在燃油消耗、噪声控制、污染排放等方面提出了新的要求，形成了电推进飞机概念。多电/全电飞机二次能源逐步统一为电能，是飞机非推进能源的电气化。更进一步地，电推进技术是在多电飞机二次能源电气化的基础上将飞机推进能源和动力系统革新，飞机的动力部分或全部由电能提供，实现一次能源电气化，是航空电气化发展的高级阶段和重要方向。采用电推进技术，能够有效降低能量消耗，进一步提高动力系统能量转换效率，降低碳排放与噪声，是应对航空业日益严峻的环境挑战的重要手段，因而得到了航空业的广泛关注。

（2）氢燃料飞机

现代航空器主要以石油燃料作为动力能源，而氢推进飞机是将氢气燃烧作为发动机燃料。目前，欧美主要国家都将氢推进视为飞机脱碳的最佳候选者，也是2035年可实现的主要技术解决方案之一。在中型和大型飞机上以氢作为燃料，飞行里程可达10000千米。氢动力飞机在飞行过程中的排放物以水为主，通过稀薄燃烧技术还能减少高达80%的氮氧化物的产生。

近年来，氢燃料飞机的发展势头强劲。2020年10月，世界首架燃氢飞机在英国克兰菲尔德机场试飞成功，成为世界低碳飞行史上具有里程碑意义的重要事件。2020年，空中客车公司公布了全球首款零排放民用飞机的三种概念机型，这些概念机都依靠氢能源作为主要动力，命名为"ZEROe"，并计划于2035年投入使用。2022年1月，ATI发布了FlyZero液氢动力支线飞机概念。

氢燃料的优势在于燃烧温度高，热值约为传统航空煤油的280%，对于远距离航行的飞机来说，可有效减少整机油耗和总重。然而，氢较低的密度及较为严苛的储存温度限制了氢动力飞机的面世。对于相同能量的燃料，储存液态氢所用的加压燃料箱体积约为常规飞机油箱的4倍。特别是在远程飞机方面，燃料箱尺寸过大，无法安装在传统飞机的机翼内，需采取异常庞大的机身或大型机翼设计，且燃料箱必须广泛绝热并增压。这些要求使得氢动力远程飞机需要采取革新式设计，短期内无法明晰应用前景。

（3）燃料电池飞机

由于电池能量密度较小，将其作为飞机能源限制了其航程和载重。燃料电池相对于电池等设备具有功率密度大、受天气制约小等特点，可作为新型、高效、低排放动力系统，是未来飞机的潜在最优动力解决方案之一。

质子交换膜燃料电池（PEMFC）和固体氧化物燃料电池（SOFC）是目前最具有应用潜力的燃料电池动力系统。PEMFC已经开始应用于汽车、轮船等交通工具，使用高纯度氢作为燃料。SOFC是一种高效、清洁能源设备，可使用碳氢燃料。

国外针对燃料电池飞机的研究起步较早。2008年，波音公司4月3日成功试飞以氢燃料电池为动力源的一架小型飞机，随后呈现多样化的发展态势。2022年4月，德国航空航天中心（DLR）宣布牵头开展328H2-FC项目，开发功率为1.5兆瓦的氢燃料电池系统，预计在2025年实现首飞。

我国近年也加强了对燃料电池的研究。同济大学航空航天与力学学院和上海奥科赛飞机公司共同研制的氢燃料电池无人机"飞跃一号"已经完成试飞。武汉众宇动力系统科技有限公司的"天行者"首飞，创造了国内燃料电池无人机最长航时纪录。

氢燃料电池系统比燃氢涡轮发动机系统的能源效率高，而且氢燃料电池系统避免了氢与空气燃烧引发的氮氧化物排放，在飞行过程中可实现绝对零排放。因此，对于通勤和支线飞机来说，氢燃料电池是更节能、环保和经济的选择。

5.2.4.2 通用航空

通用航空产业是我国新常态下重要的经济增长点，社会成熟进步的重要标志，中国通航产业的发展不能再走汽车业"发展—污染—治理"的老路，应从源头控制通用航空对环境的负面影响。能源电动飞机是通用航空产业绿色发展的未来，也是"第三航空"时代的重要标志。

近年来，随着城市空中交通（Urban Air Mobility，UAM）概念的兴起，用于解决城市交通拥堵问题，具有空中飞行功能的电动垂直起降飞行器（Electric Vertical Take Off and Landing，eVTOL）不断涌现。eVTOL区别于常规飞行器的主要技术特征有：① 可实现垂直起降；② 采用分布式推进；③ 运用全电/混合动力技术。与常规直升机相比，eVTOL的显著优势包括低碳环保、噪声低（采用电动推进）、自动化等级高（多为自主飞行）、运行成本低（简化了结构及维修成本）、高安全性和可靠性。

航空发动机行业对eVTOL动力系统看法不一，总体来看是全电推进和混合电推进并行。罗罗公司认为小型eVTOL的全电推进系统较容易实现；普惠加拿大公司也认为全电eVTOL会成为城市生活的一部分；但赛峰集团认为未来20年能支持eVTOL飞行超过30分钟、载重超过100千克的全电动架构还无法实现，并且在相当一段时间内可能还要依赖燃油发动机驱动电动机的混合电推进系统。尽管如此，eVTOL仍被看作是最具发展前景的、可作为城市空中交通运输的有效运载工具，近几年来得到迅猛发展。空客、波音以及其他各种创新技术公司都推出了各种各样的eVTOL飞行器，目前全球已有超300家企业投身于eVTOL（垂直起降飞行器）机型研发中。

2020年1月，亿航的Autonomous Aerial Vehicle在美国进行了首次飞行。3月，亿航在欧洲地区获得第一个飞行许可，也是亿航首次在我国以外开展正式测试飞行，亿航将与挪威合作伙伴合作。大众汽车集团（中国）发布首款 eVTOL 载人飞行器原型机 V.MO，该原型机基于现有自动驾驶解决方案与电池技术打造零排放的移动出行。2022 年 4 月，美国国家航空航天局（NASA）表示，将启动先进空中交通计划研究工作。

尽管 eVTOL 应用前景广阔，但还面临着几个重大挑战：① 技术成熟度：在能量及其管理、自主飞行控制、态势感知与避障等技术领域还需进一步提升；② 适航规章：适航审定规章的制定及其符合性方法；③ 基础设施：起降场地、停靠、充电及维修，应用管理终端的建立等；④ 空中交通管理：高效、安全、统一的空中交通管理，包括空域分配、航线管理等。

5.2.4.3 机场飞机辅助动力装置

飞机辅助动力装置（APU）是一种小型燃气涡轮发动机，其主要作用是向飞机独立提供电力和压缩空气，主要工作在飞机起飞前、爬升阶段和降落后等时段。APU 与主发动机一样燃烧航空燃油，排放废气，存在效率相对较低、噪声、耗油量相对较大的缺点，给机场及机场地区带来的大气污染和环境噪声十分突出。近年来，各航空企业通过实施"以电代油"，使用地面设备在航前、过站、航后等地面等待时间代替飞机 APU，减少二氧化碳等气体的排放，节油率可达 80% 以上。目前机场所使用的地面设备主要分为两种：地面车载电源、空调设备和地面桥载电源、空调设备。

国外在 1995 年开始使用地面设备，技术相对比较成熟，产品种类比较丰富。我国机场地面设备的使用起步较晚，2012 年以首都机场、浦东机场、虹桥机场和白云机场等大型机场作为试点，正式启动了民用机场使用桥载设备近机位代替 APU 的推广工作，2014 年开始使用远机位桥载设备替代 APU 的推广。2020 年，北京大兴机场积极推动 APU 替代设施的建设。截至 2023 年，大兴机场 76 个近机位全部安装了 APU 替代设施设备，实现了 100% 覆盖。

2021 年年底，中国民用机场协会发布了《四型机场绿色性能评价标准》，在低碳减排方面提供了新的思路。除安装 APU 替代设备外，还应持续推动场内车辆油改电工作，力争 2030 年前实现 100% 电动化。充分考虑机场空地、屋顶、湖面等资源，建设光伏发电系统，辅以直流驱动和蓄能系统，确保航站楼及其附属能源设备设施全天耗电需求，建设原则为"自发自用，余电上网"。

目前，青岛胶东国际机场已完成全场景电动化建设，牵引车、摆渡车、巡场车等都是 100% 绿色能源，配有新能源汽车充电站。大兴机场北一跑道南侧区域及其货运区屋顶分布式光伏发电项目顺利并网发电，项目并网运营后，每年可向电网提供 610 万千瓦·时的绿色电力，相当于减排 966 吨二氧化碳，并同步减少各类大气污染物的排放。

参考文献

[1] 中国南方电网有限责任公司. 数字电网推动构建以新能源为主体的新型电力系统白皮书[R/OL]. (2021-04-26)[2022-06-11]. http://www.sasac.gov.cn/n2588025/n2588124/c18236783/content.html.

[2] 黄盛杰, 郑巍, 孙传东. 浅谈电动拖拉机的开发研究[J]. 农业装备技术, 2021, 47(5): 43-44.

[3] 闫建英. 电动小籽粒精密播种机设计及试验研究[J]. 农业技术与装备, 2017(2): 77-79.

[4] 曹新伟, 史慧锋, 肖林刚, 等. 日光温室电动齿轮齿条开窗通风系统设计[J]. 农业工程技术, 2016, 36(10): 46-47.

[5] 丁露雨, 鄂雷, 李奇峰, 等. 畜舍自然通风理论分析与通风量估算[J]. 农业工程学报, 2020, 36(15): 189-201.

[6] 韩刚, 许玉艳, 刘琪, 等. 科学制定水产养殖业绿色发展标准的思考与建议[J]. 中国渔业质量与标准, 2019, 9(5): 55-60.

[7] Xue JL. Photovoltaic agriculture – New opportunity for photovoltaic applications in China[J]. Renewable and Sustainable Energy Reviews, 2017, 73.

[8] 吴建辉. 小型电动榨油机: CN201220669048.8[P]. 2013-06-05.

[9] 皇甫秋霞. 脉冲电场辅助水代法制取芝麻油对油脂品质和蛋白性质的影响[D]. 扬州: 扬州大学, 2017.

[10] 杨光德. 高压静电果蔬保鲜机理分析[J]. 淄博学院学报(自然科学与工程版), 2000, 2(2): 4.

[11] 王益强. 热泵干燥技术在脱水蔬菜加工中的应用[J]. 现代制造技术与装备, 2016(9): 114-115.

[12] 太淑玲, 刘大伟. 太阳能智能孵化系统的研究[J]. 黑龙江畜牧兽医, 2014(24): 24-26.

[13] 柴豪杰. 樟子松方材高频真空干燥热质模型及干燥效能提升研究[D]. 哈尔滨: 东北林业大学, 2020.

[14] 吕欢, 王贵富, 何正斌, 等. 光电-光热联合木材太阳能预干燥设备性能探析[J]. 林业工程学报, 2016, 1(3): 27-32.

[15] 徐达成, 高怡晨, 谢欢. 氢燃料电池混合动力车制氢和充电技术的现状与展望[J]. 世界科技研究与发展, 2020, 42(5): 483-492.

[16] 舒印彪, 谢典, 赵良, 等. 碳中和目标下我国再电气化研究[J]. 中国工程科学, 2022, 24(3): 195-204.

[17] 郑义恒, 刘良旭, 刘燕. 新建高速公路服务区新能源汽车充电桩建设探讨[J]. 西部交通科技, 2021(6): 206-208.

[18] 何继江,侯宇,缪雨含. 欧洲电气化公路建设对中国交通碳中和的启示[J]. 经济与管理,2022,36(3):67-73.

[19] 贾利民,程鹏,张蜇,等. "双碳"目标下轨道交通与能源融合发展路径和策略研究[J]. 中国工程科学,2022,24(3):173-183.

[20] 王镠莹,温宏宇. 铁路新技术发展趋势研究及对我国的建议[J]. 中国铁路,2020(1):59-64.

[21] 朱晓娟. 含光伏能源的柔性直流牵引供电系统稳定性分析[D]. 成都:西南交通大学,2020.

[22] 沈曼盛,周方圆. 国内外铁路牵引供电技术发展现状及趋势[J]. 电气化铁道,2019,30(1):1-7,12.

[23] 李廉枫,朱兵,任聪. 国内外混合动力机车的开发与应用[J]. 机车电传动,2020(5):73-76,82.

[24] 张沈习,王丹阳,程浩忠,等. 双碳目标下低碳综合能源系统规划关键技术及挑战[J]. 电力系统自动化,2022,46(8):189-207.

[25] 尚家发,刘碧涛. 谁将是海运业的未来燃料?[J]. 中国船检,2018(6):78-84.

[26] 刘冰. 城市综合交通运输体系发展与规划[M]. 北京:中国建筑工业出版社,2019.

[27] 涂环. 清洁能源船用适应性综合分析[J]. 中国船检,2022(1):5.

[28] 吕龙德,熊莹. 一波政策推出我国造船业迎来新风口[J]. 广东造船,2022,41(2):8.

[29] 高迪驹,黄晓刚,孙彦琰,等. 混合动力船舶电力推进试验平台设计[J]. 中国航海,2014,37(2):15-18+73.

[30] 马宇坤,张勤杰,赵俊杰. 船舶行业"氢"装上阵之路有多远[J]. 船舶物资与市场,2019(3):14-16.

[31] 霍伟强,付威,徐广林,等. 港口岸电技术及其推广分析[J]. 能源与节能,2017(2):2-5.

[32] 齐扬,李伟林,吴宇,等. 航空推进电源系统研究综述[J]. 电源学报,2022:1-12.

[33] 郑日恒,刘方彬,姚兆普,等. 绿色推进研究进展与挑战[J]. 空天技术,2022(2):1-26.

[34] 秦江,姬志行,郭发福,等. 航空用燃料电池及混合电推进系统发展综述[J]. 推进技术,2022,43(7):6-23.

[35] 谢松,巩译泽,李明浩. 锂离子电池在民用航空领域中应用的进展[J]. 电池,2020,50(4):388-392.

[36] 李诚龙,屈文秋,李彦冬,等. 面向eVTOL航空器的城市空中运输交通管理综述[J]. 交通运输工程学报,2020,20(4):35-54.

[37] 张卓然,李进才,韩建斌,等. 多电飞机大功率高压直流起动发电机系统研究与实现[J]. 航空学报,2020,41(2):324-335.

第6章 农林牧副渔业再电气化关键技术

电能具有清洁、安全、便捷等优势，其输送方式更加灵活，适合于作业面积较大、负载较分散的农村地区，在农林牧副渔业领域实施再电气化，利用电力传动代替机械传动，减少材料和能源的消耗，提高田间作业的质量；同时减少一次化石能源消费和污染物的排放，实现能源生产侧"清洁替代"和"高效利用"，对我国如期实现"双碳"目标具有重要意义。

6.1 生产电气化

农业生产电气化是将电力广泛应用于农林牧副渔作业的过程，具体包括耕作、灌溉、通风、供暖、制冷等生产过程。在传统农林牧副渔业的能量消耗结构中，柴油和煤炭等一次化石能源的消费占比相对较高，而清洁电力能源的消费占比相对较低，其生产电气化程度低、投入的人力大、生产劳动强度较高且容易造成环境污染和资源浪费。相比于传统农业生产方式，电气化的现代农业生产方式具有高效率、低污染、低成本、稳定可靠和机动灵活的特征和优势。提高农林牧副渔业生产技术与生产设备的电气化水平，推动农业生产电气化，是现代化农林牧副渔业创新发展、产业生产变革的有力措施。

6.1.1 电排灌技术

我国作为农业大国，传统农业生产需要消费巨量水资源，加之气候环境的影响，水资源相对短缺使得供需矛盾日益突出。为提升现代农业生产电气化水平，实现农业高效用水、清洁低碳的生产目标，国家出台了一系列农业生产电气化改造政策，其中，明确指出在农业生产领域积极推广电排灌措施。

农业电排灌指通过电力驱动的水泵带动农机实现引水灌溉、抽水排涝等，使用电水泵的电力驱动替代柴油机泵的燃油驱动实现"油改电"，电排灌技术是一项农业生产技术革新，具有高效节能、绿色低碳等优点，是农业生产、抗旱、排涝的重要保障，可广泛应用于灌区农田、草原牧区、温室大棚等不同场景的农业电排灌中。

电排灌技术革新依赖电水泵这一关键组件的更新迭代。电水泵是以电动机为动力带动泵体输水或使其增压的器件，电水泵运行状态稳定可靠、效率高、能耗低、节能无污染，对提升电排灌的效率意义重大。

（1）灌区农田电排灌

现代农业生产技术将灌溉和排水功能相结合形成排灌工作模式，在此基础上，通过电气化技术改造传统排灌模式实现灌区电排灌，以达到提高灌区农作物生产效率、节约水资源、减低排灌成本、减少环境污染的效果。以黑龙江省三江平原灌区为例，作为我国著名重点灌区，率先着力提升了农业排灌电气化水平，在建三江青龙山灌区建立了完善的电排灌系统，在农业生产方面有力地保障了粮食生产安全、水资源调度安全和绿色生态安全，促进了灌区粮食增产增效，对解决"三农"问题、维护国家安全具有重要战略意义。

（2）草原牧区电排灌

我国草原牧区资源丰富，搞好牧区水利工作是牧区经济可持续发展的基础保障。随着新能源发电技术的成熟，利用风能、太阳能等可再生清洁能源为无电网覆盖的草原牧区和采用燃油发展草原电提水灌溉的落后地区进行电能替代，研制并推广清洁风力发电提水灌溉、太阳能发电辅助灌溉等技术，为农业生产电排灌提供清洁能源供应保障。例如，在风力资源丰富的草原牧区，通过风力发电系统将风能转换为电能，实现电力驱动提水设备进行灌溉作业。新能源发电技术结合电排灌技术在草原牧区的应用促进了牧区水利工作的发展和新能源的消纳，解决人畜饮水和牧区灌溉的难题，推广前景广阔。

（3）温室大棚电排灌

在农业温室大棚里，电动排灌技术的发展很好地解决了温室大棚排灌这一农业生产难题。使用电机驱动泵抽水实现电排灌，并通过管道和阀门对温室大棚作物进行定时定点灌溉，确保了温室大棚农作物的生产效率，既节约了水资源，又减少了燃煤消耗，降低了碳排放。

6.1.2 耕作电气化技术

农作物的耕作主要包括犁地、播种、施肥等。随着农业机械化发展，不同的机械设备被运用到农业生产中，大大减轻了农民的劳动强度，提高了农业生产效率。将电气化技术应用于现代农业生产，为农业机械化设备提供清洁高效的电力能源驱动，将进一步提高农民的耕作效率和农作物生产率。下面介绍几种常见的农业耕作电气化设备。

（1）电动拖拉机

新型电动拖拉机配备储能电池，利用高效清洁的电力进行驱动，具有无污染排放、无须消耗燃油、人力物力成本低的优点，且具备依靠电力驱动电机进行起动调速等优势，农业生产耕作效率和农作物产量明显提升，有利于农业生产的快速可持续发展。我国自主研发的电动拖拉机，能够实现传统拖拉机的所有功能，既适用于平原与丘陵地带，又可做到 24 小时待命，充分体现了我国在电动拖拉机上的科研水平。在新能源利用方面，由于耕作区域大多在户外，电动拖拉机可结合光伏、风能发电等新能源供电技术就近充电，提高电能的高质量利用，有效促进风电、光伏等新能源的消纳利用。

（2）电动播种机

传统农业播种方式主要是以人力、畜力或拖拉机悬挂小型播种机进行播种，不仅播种效率低、劳动成本高，且由于回转半径过大而破坏农作物生长环境，同时其作业噪声大、碳排放污染严重、成本投入高，已经不能满足现代耕作的需要。电动播种机具有体积小、价格低廉、环境友好的特点，既缩小了回转半径，也降低了碳排放和噪声污染，利用电力驱动取代柴油驱动，不但解决了燃油油价过高带来的经济成本问题，而且有效提高了农民的生产效率，确保农业生产耕作标准化、无害化、电气化。

（3）电动施肥机

电动施肥机采用电力驱动，通过电机轴转动，带动施肥棒将播料槽内的肥料均匀甩出，使得出肥更加顺畅，抛洒更加均匀，从而提高施肥质量和效率。电动施肥机具有控制精确、结构简单、用能高效、低碳环保等特点，能够减少农业机械对土壤的扰动、降低不必要的化肥等资源浪费。

6.1.3 农业电通风技术

目前，我国农业生产的传统通风方法主要为自然通风。自然通风是指借助设施内外的温度差产生的"热压"或室外的自然风力产生的"风压"促使空气流动。自然通风系统投资少、耗能低、经济性好，但其通风效果不明显，易受外界环境的影响。农业生产电气化改造的进步，使农业电通风技术得到了创新发展和普及应用。下面介绍农业电通风技术在温室通风、畜舍通风等方面的应用。

（1）温室通风

通风技术是温室环境调控的一种手段，将室外较低温度的空气引入室内，使室内空气流动。例如，传统农业温室大棚通风方式主要采用人工扒缝或卷膜器将顶部的小棚膜打开进行通风，这样的通风方式不但耗费了大量人力，而且易出现棚膜积水，抗风能力差。将电气化技术应用于农业生产领域的通风技术改造升级，在温室通风中使用电动装置进行电力驱动通风，可以降低人力强度，解决通风不均匀、抗风性差的问题，提高通风效率。

（2）畜舍通风

传统的畜舍通风开口处的风速和压力分布是不均匀的，易受外界环境影响，此外，舍内环境容易被细菌、病毒等污染，牲畜容易感染生病，进而影响牲畜的健康育肥。针对这些问题，通过对畜舍内的通风系统进行电气化改造，利用油汀式电暖器将电能转换成热能，同时使用负压风机对畜舍进行通风换气，换气效果更加高效，可提升畜舍规模化管理水平和环境卫生水平。

6.1.4 水产养殖电气化技术

我国水产养殖产量连续30年位列世界第一，2021年全国水产养殖总产量为5394.4万吨，占世界水产养殖产量的60%以上。目前水产养殖的基础设施落后，电气化程度不高。下面介绍增氧泵、投饵船传统养殖设备的再电气化改进成果及其应用优势。

（1）增氧泵

在大面积高密度水产养殖活动中经常使用增氧泵进行增氧，增氧泵的作用是将空气压入水中，使空气中的部分氧气溶于水中，增加水的含氧量，从而保证鱼类生长对氧气的需求。目前广泛使用的增氧泵通过柴油机等驱动，但在高密度养殖环境中，若增氧泵出现故障，短时间的缺氧就会导致大量的水产品死亡，造成重大的经济损失。针对增氧泵的结构，利用电气化技术，将柴油机驱动的增氧泵改进为电机驱动，并针对短路、过流、过载等原因引起的电机故障设计一套保护系统，对电机进行监控，当电机驱动的增氧泵发生故障时，能够快速实现故障报警。通过电气化技术改进的增氧泵，设计合理、针对性强、可靠性高，有利于减少养殖人员的工作时间和降低劳动强度，使养殖人员的最终收益得以增加。

（2）电动投饵船

在水产养殖中，投喂饲料是一个关键环节。投喂饲料的位置和数量是否合理，关系着最终的养殖产品质量与经济效益。目前，虾蟹养殖的投饵方式主要包括人工撑船投饵和投饵机定点投饵，两种投饵方法都存在劳动复杂程度高、生产效率低、精细化程度低等问题。对此，针对投饵船的结构特点，应用电气化技术对投饵船设计一套电力驱动系统，驱动投饵船的航行方向、航行速度和投饵启停。由电力驱动的投饵船可以保证连续作业，不仅能降低渔民的劳动强度，还能提高投饵的精细化程度，最终提高渔民的收益。

6.1.5 温室大棚电供暖技术

农业温室大棚供暖电气化指利用电气化技术新建、扩建和改造传统温室大棚，根据农作物的生长环境需求，在保证安全性和经济性的基础上以高效、清洁的可再生能源发电为农机提供电力驱动。农业温室大棚电气化主要体现在"电—热"能的转换上，根据不同的转换方式可分为三种类型：电加热、电储热和电热泵。

（1）电加热技术

电加热技术指通过电加热元件以对流或辐射散热的形式直接进行加热，将电能转化为热能，能量转换效率高，在温室大棚中使用电加热技术更加清洁高效且投入成本低。例如，在温室大棚中育苗时，土壤温度关系着种子的发芽率及种苗的正常生长，是温室大棚环境控制的主要对象，通过电加热增温的方式能够有效解决土壤温差大幅变化的问题。

（2）电储热技术

电储热指的是将电能转化为热能后，经储能设备将热能储存在蓄热介质中，使用时，储存的热量被释放用于加热。依据蓄热介质的不同，电储热又可以分为水电储热、高温固体电储热和相变电储热。其中，水电储热指利用电锅炉将储于储水罐中的冷水进行加热，进而为温室大棚供暖，具有供暖效率高、成本低、安全可靠、操作方便等优点；高温固体电储热技术指利用电加热设备直接将电能转化为热能，并储存于固体储热器，当温室大棚内温度降低时，将固体储热器中的热能与温室大棚供暖系统热水进行换热，进而实现大棚供暖的目的，既能克服液体储热技术的缺点，还兼具低碳、高效、节能、稳定等优点；相变电储热技术结合了以上两种储热技术的优势，利用相变储热装置代替储水罐或固体储热器将热量进行储存。

（3）电热泵技术

电热泵装置利用电力驱动热泵运作，实现热量传输电气化。在农业生产过程中，电热泵主要应用于温室大棚供暖。该技术利用电力加热管道中的水，并由电力驱动管道中的热水循环流动，把热量源源不断地传到大棚内。与传统供暖技术相比，电热泵供暖提升了冬季大棚温室的供暖效果，改善了"电—热"能量转换过程中高耗能、高污染等现象。

除此之外，现代农业生产发展还密切结合了新能源发电技术，建立了以新能源温室大棚为主的现代化农业温室大棚供暖体系，该体系利用清洁能源转换实现温室大棚电供暖等功能，不仅可以配合电网调峰，解决可再生能源消纳问题，还能够降低农业生产成本，达到低碳清洁、高效利用的目的。例如，光伏发电与农业温室大棚相结合形成光伏农业大棚，可将太阳能资源充分应用于农业生产中，既能减少劳动力成本的投入，又可以节能减排，在农业生产领域的合理化应用具有无可比拟的优势和开发潜力。

6.2 加工电气化

随着现代农业快速发展，我国农产品加工业发展水平稳步提升，是国家"乡村振兴"战略的核心内容。我国农产品加工业目前仍以常规加工方式为主，存在生产效率低、能源消耗大等问题。将电气化技术，如高压静电场保鲜技术、电磁杀菌技术等应用于农产品加工业可实现高效率、低能耗、灵活可靠的加工过程，有效推进农产品加工业的发展。本节将从粮油加工电气化、果蔬加工电气化、肉禽蛋奶类及水产品加工电气化和木材干燥加工电气化四个方面对农产品加工业的电气化技术进行介绍。

6.2.1 粮油加工电气化

粮油产品关系着人们的生活，影响着国家安全、社会稳定和经济发展。粮油生产加工技术是保证粮油质量的关键，我国是粮油消费与加工大国，但我国目前的粮食加工能力还远不能满足日益增长的需求。因此，粮油加工电气化技术的应用与推广具有非常广阔的前景和社会经济效益。本节主要介绍粮油产品加工过程中的电气化技术。

（1）油脂加工电气化

电气化设备的稳定运行对于利用压榨法生产食用油的每个工序都至关重要。在炒制和碾粉过程中，保持稳定的电压可以确保机器达到所需的温度和速度，从而使粉质细腻，提高出油率。在压榨过程中，利用电动榨油机代替传统的燃油榨油机可以减少二氧化硫等有害气体的排放，实现绿色、低碳的能源消耗，同时也大幅度提高了生产效率。在压榨过程中，榨膛的温度直接影响出油效率和油质，采用电磁感应加热榨油机可以保证榨油机榨膛温度的稳定，通过感温探头反馈榨膛的温度，并通过控制器控制电磁感应线圈开关，即可保证榨油在恒温条件下进行。

相较于压榨法制油，浸出法制油是目前油脂提取率最高、应用最广的一种方法。将电气化技术与浸出法相结合的新型油脂生产技术可进一步提高油脂提取率和生产效率。将高电压脉冲电场技术（PEF）与油脂浸提工艺相结合是一种油脂生产新工艺，可提高出油率，缩短提取时间，降低提取温度，减少对营养物质的损害，提高食用油的品质。

（2）粮食电烘干技术

粮食烘干是粮油加工产业的重要一环，传统的晾晒方式存在许多问题，如烘干时间不够、效果不佳，且容易受天气和地域的限制。传统的烘干装置通常使用煤炭燃烧加热，存在能耗高、需要人工看管以及成本高昂等问题。同时，燃烧过程中排放大量有害物质，与此相比，电能是一种经济、清洁、易于控制和转换的能源。因此，将电能与粮食烘干相结合，推广绿色、清洁的粮食烘干技术和设备具有非常重要的意义。

为提高烘干设备的节能效果，将变频调速技术应用于烘干机，并在锅炉鼓风机、提升机上安装变频器。采用变频调速，可对风量、压力进行任意无级化调整，以提高风机工作效率，减少机器故障。

6.2.2 果蔬加工电气化

果蔬加工业的主要目标之一是开发兼具高质量、安全性和最佳营养特性的创新性产品。将电气化技术与果蔬加工相结合，可在提高加工效率的同时保持果蔬产品的风味、质地和整体质量。

（1）果蔬高压静电场保鲜技术

高压静电场保鲜技术是一种无污染的物理保鲜方法，其原理是通过利用高压静电场电离空气，产生一定量的臭氧和离子雾，以杀灭微生物，延长果蔬的保鲜期。果蔬在贮藏期间会产生乙烯，而乙烯是一种能够促进果蔬成熟和变色的物质。若乙烯的含量过高则导致果蔬过早腐烂和变质，臭氧是一种强氧化剂，起到除霉杀菌和与乙烯结合的作用，该作用降低了果蔬内乙烯的含量，从而达到延长贮藏期的作用。离子雾中的负离子可以减缓果蔬的新陈代谢和呼吸作用，同时抑制酶活性，从而达到保鲜的效果。经高压静电场处理的果蔬，其外观色斑减少，果肉褐变度降低，因减缓其贮藏期内营养物质的转化与消耗，腐烂程度降低。

（2）脱水蔬菜热泵干燥技术

脱水蔬菜是指通过特殊的加工方式和技术对新鲜的蔬菜进行处理，大部分水分脱去的一种干菜。传统的蔬菜干燥方式速度慢、能源消耗大、营养成分流失严重,而热泵因其电热转换的高效性,在脱水蔬菜加工方面得到广泛应用。热泵是一种利用电能驱动,将低位热源的热能转移到高位热源的节能装置。整个热泵干燥系统是由压缩机、冷凝器、蒸发器和干燥室等组成。利用热泵干燥技术生产的脱水蔬菜质量好、加热温度低、干燥时间短、能耗消耗小。

6.2.3 肉禽蛋奶类及水产品加工电气化

肉禽蛋奶类和水产品及其制品是人们日常生活中蛋白质和脂肪等营养物质的主要来源,本节主要介绍肉禽蛋奶类及水产品加工过程中的电气化技术,主要包括家禽的电气化孵化技术、肉奶及水产品的电气化杀菌技术。

(1) 家禽的电气化孵化技术

家禽种蛋的孵化是家禽养殖生产的重要环节,孵化率的高低不仅影响出雏的数量,而且孵化过程也与日后家禽的生长发育、生产性能密切相关。孵化机以电能为主要热源,可以根据家禽孵化的生物学原理,创造出一个与自然孵化相类似并且可控的人工孵化环境。采用孵化机对家禽种蛋进行孵化的优点是孵化效率高、对环境变量的控制更为精准,以及采用自动化设备可以避免烦琐的人工翻蛋操作。

太阳能智能孵化系统为孵化过程的节能减排提供了新的思路与方法,其利用太阳能为孵化装置提供电能和热量。太阳能发电主要通过光伏板和控制器实现,但是太阳能发电易受外部光照强度的影响。为了保证孵化过程中的电力供应,太阳能孵化系统一般会配备储能系统并保留额外的供电系统。

(2) 肉奶及水产品的电气化杀菌技术

对食品进行杀菌处理能有效延长食品的保质期,目前常采用物理方法对肉蛋奶制品及即食水产品进行杀菌,其中物理杀菌技术可分为热杀菌和新型的非热杀菌技术。本节介绍肉奶及水产品中的电气化杀菌技术,主要包括欧姆加热杀菌与电磁杀菌技术,它们均能在杀菌的同时减小对食品品质的影响。① 欧姆加热杀菌技术,因其具有对食品品质影响小的优势而逐渐兴起。欧姆加热杀菌技术具有加热速度快、便于控制、能量利用率高、受热均匀等优点。目前,欧姆加热杀菌技术可广泛用于肉及肉制品、牛奶及乳制品、水产品等方面的杀菌消毒,均能够在取得良好杀菌效果的同时保障物料品质。② 电磁杀菌技术,是建立在欧姆加热杀菌基础上的一项新型杀菌技术,可分为电杀菌技术和磁杀菌技术。高压脉冲电场杀菌技术因其杀菌效率高、能耗小、无污染且对食品品质影响小,不光可用于肉奶及其制品,还可用于果蔬制品的杀菌,应用场景较广泛。磁杀菌一般将物料放入磁感应强度大于 2T 的震荡磁场中,且所施加的磁场是不断变化的。目前对磁杀菌效果与施加磁场强度的关系、磁场对食品质量的影响、微生物失活的机理、磁杀菌设备等都有待进一步地研究，所以磁杀菌技术是一项有待进一步探究和实践的技术。

6.2.4 木材干燥加工电气化

木材干燥是木材加工生产中不可或缺的步骤，采取适当的措施使木材中的含水率降低到一定的程度，能够提升木材力学性能并延长使用寿命。本节主要介绍木材加工过程中的电气化干燥技术。

（1）木材除湿干燥技术

木材除湿干燥技术以除湿机（或热泵）中循环流动的制冷剂为热能传递媒介，使得从木材中排出的水蒸气冷凝成水，并回收其潜热用来加热窑内循环空气，提高能量利用率。木材除湿干燥技术适宜用于干燥质量要求较高的珍贵木材和难干木材，且其节能效果显著，与常规蒸汽干燥技术相比，其节能率高达40%～70%。但是，木材除湿干燥存在干燥时间长、电耗较高、调节不灵活等缺点。

木材除湿干燥技术的发展趋势是与其他能源联合干燥，其中应用较成功的是"太阳能—热泵"除湿联合干燥技术。传统的"太阳能—热泵"除湿联合干燥技术在光照充足时利用太阳能供热系统干燥木材，在夜间或光照不足时利用热泵除湿干燥机消耗电能完成供热和干燥任务。"光电—光热"联合干燥系统结构如图6.1所示，除太阳能供热系统外，该系统还集成了太阳能光伏发电装置，在白天光照充足时，由蓄电池组储存光伏板发出的电能，随后向干燥系统的电机、传感器、控制器等负载供电，能进一步减少电能消耗。

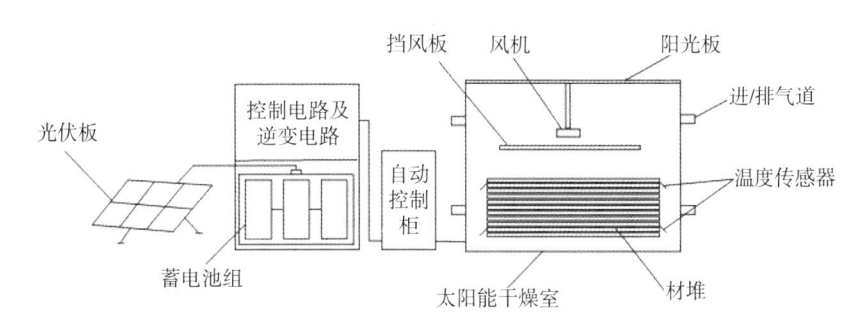

图6.1 "光电—光热"联合干燥系统结构示意图

（2）木材高频真空干燥技术

木材高频真空干燥技术使用高频介质加热和真空低温干燥的组合干燥工艺，具有干燥速度快、干燥品质高、能耗小等优点。相对于传统的干燥方法，高频真空干燥技术具有许多优势，如其可实现均匀加热，且干燥速度较快。此外，在真空条件下进行干燥可以避免木材因干燥过度而产生干裂等问题。该技术已广泛用于白蜡木、巴里黄檀、阔叶黄檀等大断面木材的干燥加工流程。高频真空干燥技术在实际应用中存在投资大、能耗高、易使木材内部发生碳化等缺点。

6.3 农村可再生能源

农村能源是我国能源体系的重要组成部分，与城市能源构成相比，农村能源结构更加单一且高碳。其中，以京津冀为代表的华北农村地区电能主要由农村配电网或并网型微电网提供，而热能则大多通过燃烧散煤、薪柴和秸秆等获得。为响应乡村振兴、能源革命、"双碳"目标等国家战略，农村能源结构变革迎来重大发展机遇与挑战。我国农村可再生能源生产主要包括生物质能（生物质直燃与混燃技术、沼气/生物质气化技术、垃圾焚烧发电技术等）、小型分布式电源（风力发电、小型水电站等）、太阳能（渔光互补、光伏大棚屋顶光伏、太阳能热水器、太阳灶等）。本节围绕生物质发电、农村小水电、农村光伏以及农村综合能源系统四种主要技术，介绍农村可再生能源的发展情况。

6.3.1 生物质发电

生物质能是自然界中植物通过光合作用将太阳能转化为化学能并贮存在有机物内部的能量形式，是典型的可再生能源。生物质能发电技术是以生物质原料（如秸秆和农业剩余物、树木和采伐加工剩余物、生活垃圾、人畜粪便和有机废水等）或者生物质加工品（如固体成型燃料、乙醇、沼气等）为燃料的热力发电技术。

生物质燃料在生物质燃烧锅炉（循环流化床锅炉、链条炉排锅炉、往复炉排锅炉等）中直接燃烧，通过余热回收过程加热锅炉中的水，产生高温高压水蒸气推动汽轮机旋转，通过发电机组将机械能转换为电能。发电后的余热通过农村热网传输，满足农村热负荷用能需求，从而实现生物质资源的"温度对口、梯级利用"。生物质能在发电项目中可以部分替代化石燃料，对减少空气污染和温室气体排放具有重要意义。广东粤电湛江生物质发电厂设计装机容量100兆瓦，通过燃烧当地农林业砍伐剩余物和生物质废弃物替代燃煤发电量，减少二氧化碳的排放。

我国农村每年产生原始形态生物质资源近6.74亿吨农作物秸秆、3.5亿吨林业废弃物、近4亿吨畜禽粪污（农村）等，主要的处理渠道是回归农田，开发利用率比例极低。大量的生物质资源未能得到有效开发，甚至造成严重的环境问题。为解决该问题，国家发展改革委、国家能源局联合发布的《"十四五"现代能源体系规划》提出，推进生物质能多元化利用，稳步发展城镇生活垃圾焚烧发电，有序发展农林生物质发电和沼气发电，因地制宜发展生物质能清洁供暖，在粮食主产区和畜禽养殖集中区统筹规划建设生物天然气工程，促进先进生物液体燃料产业化发展。

（1）农林生物质发电

我国的农林生物质来源主要包括农作物秸秆（稻草、玉米秸秆、稻壳等）、林业生产作物（树叶、树枝、灌木等）和林业加工剩余物（木屑、碎木等）以及能源作物（柳树、桉树、高粱、甘蔗等）。

农林生物质发电技术主要包括直燃发电、混燃发电、高温气化发电和沼气发电。各种燃烧方式的特点如表6.1所示。

表6.1 农林生物质各种燃烧方式的特点

燃烧方式	设备投资成本	设备投入	相对节能性	烟气排放
直燃发电	中等	小	中等	粉尘高、NO_x高
混燃发电	低	中等	高	粉尘低、NO_x中
高温气化发电	高	最大	低	粉尘极低、NO_x低
沼气发电	低	最小	中等	粉尘极低、NO_x低

生物质直燃发电技术发展较早且最成熟，但该技术对原料成本、原料种类、原料供给稳定性等因素要求较多，且单独发展生物质直燃发电厂单位投资成本高、性价比低。

生物质混燃发电现阶段多采用生物质燃料与原煤混燃，通过调节生物质–煤投放比例（常规掺烧比例20%~30%），既可解决直燃方式燃烧效率低等问题，又能提高生物质利用。另外，生物质混燃相对于纯烧煤粉锅炉的排烟中二氧化碳、氮氧化物和二氧化硫等气体排量均有所降低。

生物质气化发电（蒸汽锅炉+蒸汽轮机、燃气轮机/内燃机+发电机组）是通过燃烧气化炉中产生的可燃气体（一氧化碳、氢气、甲烷等）产生高温高压的气体/水蒸气，驱动发电设备将机械能转换为电能。生物质气化发电对不同种类的生物质原料有较强的适应性，气化燃烧后排出的烟气中固体粉尘最少，氮氧化物排量最低，环境友好程度较高，国家通过政策引导的方式鼓励发展生物质气化燃烧技术。

（2）沼气/生物质燃气发电

沼气/生物质燃气发电是利用农村的农作物秸秆、林业废弃物、人畜粪便、污水为原料,通过微生物分解转化、热化学方法等制备沼气、乙醇等生物质燃气。以沼气为例,沼气是一种混合气体,其抗爆性能好,每立方米沼气的发热量为 20800～23600 千焦,是绿色清洁高效能源。在我国,以秸秆为原料的厌氧发酵生产生物天然气潜力 823×10^8 立方米/年,通过替代天然气温室气体最大减排量 1.97×10^8 吨/年,接近中国当前年温室气体总排放的 2%。根据国家发展改革委发布的《2021 年生物质发电项目建设工作方案》,农林生物质发电及沼气发电竞争配置项目将给予专项资金补贴。在国家政策的激励下,预计我国沼气发电年均增长率将达到 72.6%。基于现有增长速度测算,到 2025 年,用于发电的沼气量将达到 143×10^8 立方米;到 2030 年,将达到 286×10^8 立方米。

农村发展生物质燃气电站具备多种优势:① 成本小,沼气电站的投资成本仅为小型水力电站的 1/2～1/3,比风力、潮汐和太阳能发电低得多;② 建设周期短,小型沼气电站的建设只要几个月时间就能投产使用;③ 原料成本低,农村具有巨大的生物质资源市场,生物质燃气电厂靠近原材料产地,可以有效降低运输、储藏成本。

(3)垃圾焚烧发电

垃圾焚烧发电是开发农村生物质能源的重要途径之一,其主要设备包括焚烧炉、余热锅炉、蒸汽轮机、烟气净化系统等。垃圾在焚烧炉内燃烧产生的高温烟气,余热锅炉回收烟气中的热量产生高温高压的水蒸气,从而推动蒸汽轮机转动发电。

垃圾焚烧发电可以实现农村可再生能源开发和农村环境保护的双重收益,有效解决农村垃圾困局。垃圾焚烧电厂通过烟气净化系统运用中和、吸附、过滤原理,减少焚烧产生的粉尘、酸性气体、重金属盐以及二噁英等污染物。据统计,2021 全国农村产生生活垃圾约 1.5 亿吨,在农村建设垃圾焚烧发电厂,可以有效处理农村垃圾,减少垃圾填埋用地,节约土地资源;减少有害物质的排放,改善生活环境;提高废弃资源利用率,降低农村用能成本。

6.3.2 农村小水电

农村小水电是符合农村用电需求和经济发展水平的小型水电站,按照水资源的开发方式分为堤坝式水电站、引水式水电站和混合式水电站。基本原理是通过修建拦河坝(堤坝式水电站)、引水低坝(引水式水电站)实现集中水头的目的。利用上游水源储备的重力势能推动水轮机转动,从而生产绿色清洁的电能。农村水电资源的开发受到建设成本、用电负荷、水源径流量等多种条件共同制约,装机容量普遍较小(当前我国农村水电主要以 5 万千瓦及以下的小型水电站为主)。

我国西部地区海拔落差大、水资源丰富，具备发展水电的必然条件，且西部地区远离负荷中心，长距离输电造价高、网损大，大电网难以覆盖。相较于风电、光伏等分布式可再生能源，水电更加经济可靠，将成为我国改善西部地区农村能源消费结构、减少农村对化石能源依赖的重要选择之一。《中国能源中长期（2030、2050）发展战略研究》中提到，我国将继续大力开发小水电资源。预计到2030年，全国小水电装机容量可达9300万千瓦，开发利用的程度可达72.7%。到2050年，我国小水电总装机容量可达1亿千瓦。截至2019年年底，全国共建成农村水电站4544座，农村水电总装机容量达到8144.2万千瓦，占全国水电总装机容量的22.9%。各省份2020年末农村水电装机及发电情况如表6.2所示。

表6.2 2020年末各省份农村水电装机及发电情况

序号	地区	年末发电设备容量（万千瓦）	本年度新增发电设备容量（万千瓦）	发电量（万千瓦·时）
1	四川	1 147.5	11.2	4 405 264
2	云南	1 267.3	16.1	3 840 865
3	湖南	631.5	1.2	1 947 753
4	福建	729.9	2.8	1 642 428
5	广东	773.3	8.4	1 576 566
6	广西	464.8	6.5	1 439 877

数据来源：水利部农村水利水电司。

6.3.3 农村光伏

在实现"双碳"目标与乡村振兴战略的推动下，农村光伏发电项目的建设在农村县域中初见成效，其中主要包括渔光互补、光伏农业大棚与屋顶光伏。

（1）渔光互补

渔光互补是一种在水域上建设光伏电站，并在水域下方进行渔业养殖的低碳、高效技术模式。正如我国东部与中部水域覆盖面积大的地理优势，通过渔光互补养殖技术能提高水域的整体利用率实现额外创收，并且将光伏发电板立于水面上方，可抑制藻类植物的生长，减少水分蒸发量70%~85%，增加鱼虾的成活率，促进当地经济发展。

如图6.2所示，传统形式的渔光互补发电工程通过支架和桩基将光伏板立于水面之上；漂浮式渔光互补利用浮体系统和锚固系统支撑的漂浮式光伏板，其灵活多变的结构可以适应更复杂的水面和安装环境，但装配面积略大。两者相比，传统形式的渔光互补发电安全稳定性更高，而漂浮式光伏电站单位面积发电量可以达到更高水平。在经济性角度,两者材料成本几乎一致,但当桩基部分需要过长时,采用漂浮式光伏板可降低成本费用。

图 6.2 传统型渔光互补与漂浮式渔光互补

我国江西省万安县渔光互补工程,利用闲置水面 2000 亩,建设 54 兆瓦渔光互补发电区。据统计,项目完全结束后,可产生清洁能源 1 亿千瓦·时,减少煤炭使用 3.2 万吨,减排二氧化碳 9 万吨,实现了多方共赢。山东东营华为与光伏企业"通威新能源"合作建设的"渔光一体"项目合计共有 41 万块光伏板,涵盖智慧渔业、光伏发电、休闲观光三大版块,自 2021 年 1 月至今,累积发电近 3 亿度,收益达到 1.1 亿元。山东东营生态园养殖水塘已产出南美白对虾 300 多吨,创收 1500 余万元,具有经济与环境的双重效益。

(2)光伏农业大棚

光伏农业大棚利用太阳能发电产生清洁能源,为温室大棚的农业生产多个环节提供能量,如温室内加热、保温、灌溉、监测、通风等。

贵州威宁能源公司的夏家坪子光伏农业大棚发电项目,年发电量可达 591 万千瓦·时,发电年产值达 241 万元。该项目通过高支架和大间距布置光伏板,使电站在发电的同时,支架下的土地可种植经济价值较高的农作物,实现双向创收,进一步深化"农光互补"融合发展。

(3)屋顶光伏

屋顶光伏是利用建筑物屋顶,依靠光伏板发电产生清洁能源。2021 年 6 月,国家能源局印发《关于组织申报整县（市、区）屋顶分布式光伏开发试点方案的通知》，首批 676 个县被列入整县分布式光伏推进试点，光伏发电在农村配电网中比例将显著提升。在我国政策的大力支持背景下，建筑屋顶光伏可得到迅速发展。

我国农村的建筑屋顶面积约为 273.3 亿平方米，可安装光伏板面积达 131 亿平方米，考虑到各地太阳能资源差异和光伏发电效率，计算得到全国农村屋顶光伏可安装规模总量为 19.7 亿千瓦，年发电量为 2.95 万亿千瓦·时，可为我国电力资源提供重要支撑。除此之外，国家政策支持屋顶光伏接入电网，电网企业优先收购，从而增加农民收入，促进农村屋顶光伏的发展，为实现农村经济绿色转型提供了帮助。

山西芮城村级示范的农村屋顶光伏综合系统（见图 6.3）包括家庭部分和村级共用部分。家庭部分依靠屋顶光伏板产电，可维持一户村民生活用电和部分农业用能。蓄电池的装配在光伏板产能效率低的天气下可以满足基本的照明和家电用电需求。村级共用部分主要包括公共空间光伏发电、公用直流充电桩，以及各类泵、农副产品加工设备等。村级之间可实现户间电量的相互补充，并为公共设施及农业生产设施提供电能。

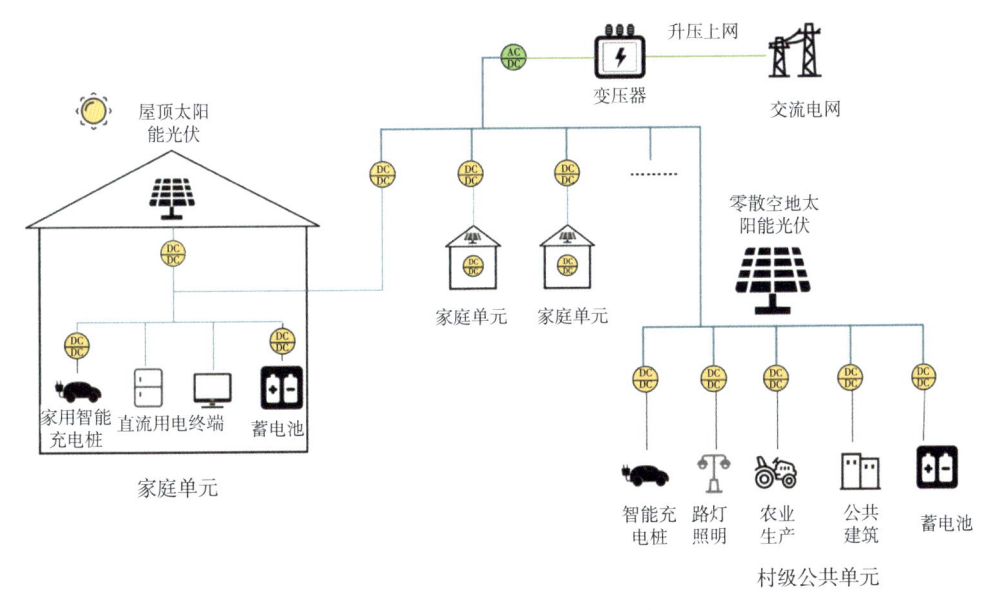

图 6.3 农村屋顶光伏综合系统

6.3.4 农村综合能源系统

农村综合能源系统是结合当地的环境特征和资源优势，综合考虑热、电、气等多种用能需求，实现农村多种可再生能源的循环利用。目前我国农村综合能源系统的典型代表为现代农业为主的农业园区与新农村综合能源站。

（1）农业园区

现代农业园区是生产生活一体化的混合型园区。农业园区能源需求集中且多样化，主要通过多种供能设备与系统满足生产、生活所需要的电负荷、热负荷。

山东省寿光市现代化农业园区依靠当地环境与寿光现代农业生产基地相结合，利用生物质与沼气发电实现自给自足，同时将产生的多余热能回收给农民生活与农业大棚的热能需求。

今后，我国现代农业园区会趋向以互联网技术为基础，将农业园区与信息技术相联系，向信息化、智能化发展，如园区内有温控系统的农业大棚、家禽综合管理系统等，将进一步提高生产效率。

（2）新农村综合能源站

新农村综合能源站是由污水综合利用系统、生活垃圾产能系统、农业废弃物产能系统和沼气能源综合利用系统组成的综合系统，供给侧可依靠沼气、生活垃圾、农业废弃物与电网联合实现电力供应，满足农户与生产用能，通过畜禽粪便及秸秆与大中型沼气工程结合，可以产生热能、电能和有机肥，实现废物循环利用。

新农村综合能源站与传统的综合能源站相比，降低因农作物肥料等造成的环境污染，并大规模使用生物质产生清洁能源，减少林木与绿植的使用。新农村综合能源站的发展是环境污染问题保护人类健康，实现多能高效利用的重要方向。

参考文献

[1] 舒印彪，谢典，赵良，等. 碳中和目标下我国再电气化研究[J]. 中国工程科学，2022，24（3）：195-204.

[2] 国家能源局. 实施电能替代推动能源消费革命——解读《关于推进电能替代的指导意见》[J]. 中国经贸导刊，2016（18）：51-52.

[3] 黄盛杰，郑巍，孙传东. 浅谈电动拖拉机的开发研究[J]. 农业装备技术，2021，47（5）：43-44.

[4] 闫建英. 电动小籽粒精密播种机设计及试验研究[J]. 农业技术与装备，2017（2）：77-79.

[5] 曹新伟，史慧锋，肖林刚，等. 日光温室电动齿轮齿条开窗通风系统设计[J]. 农业工程技术，2016，36（10）：46-47.

[6] 丁露雨，鄂雷，李奇峰，等. 畜舍自然通风理论分析与通风量估算[J]. 农业工程学报，2020，36（15）：189-201.

[7] 韩刚，许玉艳，刘琪，等．科学制定水产养殖业绿色发展标准的思考与建议［J］．中国渔业质量与标准，2019，9（5）：55-60．

[8] 凌浩恕，何京东，徐玉杰，等．清洁供暖储热技术现状与趋势［J］．储能科学与技术，2020，9（3）：861-868．

[9] Xue JL. Photovoltaic agriculture – New opportunity for photovoltaic applications in China［J］. Renewable and Sustainable Energy Reviews，2017，73.

[10] 吴建辉．小型电动榨油机：CN201220669048.8［P］．2013-06-05．

[11] 皇甫秋霞．脉冲电场辅助水代法制取芝麻油对油脂品质和蛋白性质的影响［D］．扬州：扬州大学，2017．

[12] 杨光德．高压静电果蔬保鲜机理分析［J］．淄博学院学报（自然科学与工程版），2000，2（2）：4.

[13] 王益强．热泵干燥技术在脱水蔬菜加工中的应用［J］．现代制造技术与装备，2016（9）：114-115．

[14] 太淑玲，刘大伟．太阳能智能孵化系统的研究［J］．黑龙江畜牧兽医，2014（24）：24-26．

[15] 柴豪杰．樟子松方材高频真空干燥热质模型及干燥效能提升研究［D］．哈尔滨：东北林业大学，2020．

[16] 吕欢，王贵富，何正斌，等．光电-光热联合木材太阳能预干燥设备性能探析［J］．林业工程学报，2016，1（3）：27-32．

[17] 孔繁旭．5mm厚柞木单板高频真空干燥工艺及应变分布研究［D］．哈尔滨：东北林业大学，2018．

[18] 宋洪远．智慧农业发展的状况、面临的问题及对策建议［J］．人民论坛·学术前沿，2020（24）：62-69．

[19] 蒙继华．卫星遥感技术助力智慧农业［J］．高科技与产业化，2018（5）：54-59．

[20] 孙岩，刘仲夫．大数据在智慧农业中的应用展望［J］．现代农村科技，2022（4）：15-16．

[21] 张向飞，丁永生，王运圣．基于电力线载波的农业物联网节点和集控器设计［J］．上海农业学报，2016，32（4）：132-139．

[22] 李兰兰，冯江华．5G网络技术在农业智能化管理中的应用［J］．农机化研究，2022，44（9）：260-263．

[23] 李道亮，刘畅．人工智能在水产养殖中研究应用分析与未来展望［J］．智慧农业（中英文），2020，2（3）：1-20．

[24] 徐东，徐一，郭小文．智慧农业系统在达州市达川区蔬菜种植中的应用［J］．四川农业与农机，2022（3）：49-50．

[25] 刘晓，李永玲．生物质发电技术［M］．北京：中国电力出版社，2015．

[26] 张东旺，范浩东，赵冰，等．国内外生物质能源发电技术应用进展［J］．华电技术，2021，43（3）：70-75．

[27] 翟秀静，刘奎仁，韩庆．新能源技术［M］．北京：化学工业出版社，2005．

[28] Hui SA, Ew A, Xiang LB, et al. Potential biomethane production from crop residues in China: Contributions to carbon neutrality – Science Direct [J]. Renewable and Sustainable Energy Reviews, 2021, 148: 111360.

[29] 何伟, 陈波, 曾伟, 等. 面向绿色生态乡镇的综合能源系统关键问题及展望 [J]. 中国电力, 2019, 52 (6): 77-86, 93.

[30] 孔维政, 杨威. 面向现代化农业的综合能源系统构建模式初探 [J]. 电气时代大数据在智慧农业中的应用展望, 2020 (8): 32-33.

第 7 章 再电气化综合效益

7.1 增强能源供应保障能力

7.1.1 能源自给率

能源对外依存度，是指一国能源净进口量占能源总消费量的比重，通常能源依存度大小是反应能源安全程度的重要指标之一。我国能源对外依存度指数主要包括三个方面：煤炭的对外依存度、石油的对外依存度和天然气的对外依存度。与能源对外依存度相对应，我们可以定义能源自给率的概念，即一国能源生产量占该国能源总消费量的比重，可由如下公式计算得到：

$$Y_t = \frac{A_t}{C_t}$$

其中：Y_t 为能源自给率；A_t 为能源生产量；C_t 为能源消费量。

基于 BP 世界能源统计年鉴的数据（2006—2019 年），由上式可计算得到我国能源自给率及变化趋势如表 7.1 所示。

表 7.1 2006—2021 年我国能源自给率

年份（年）	煤炭自给率（%）	原油自给率（%）	天然气自给率（%）	能源总自给率（%）
2006	98.41	58.84	98.31	89.12
2007	98.03	55.92	94.69	88.74
2008	98.56	52.61	94.72	88.53
2009	95.75	48.04	91.76	85.92
2010	94.78	46.57	85.29	84.01
2011	94.69	45.59	77.76	83.09
2012	91.82	44.25	73.7	82.92
2013	92.30	44.41	69.87	82.39
2014	92.92	41.46	70.31	81.84

续表

年份（年）	煤炭自给率（%）	原油自给率（%）	天然气自给率（%）	能源总自给率（%）
2015	94.85	40.06	70.01	81.65
2016	94.14	34.06	64.97	81.58
2017	91.35	30.20	54.7	81.44
2018	92.3	29.1	54.7	79
2019	-	29.2	57.9	-
2020	-	27	57	-
2021	-	28	55.7	79.4

我国正在努力推进能源转型并已取得显著成效，其中包括大力发展清洁能源，建设煤炭的使用。2018年，我国的一次能源消费总量约为135.98皮焦，年增长率为3.3%。虽然原煤产量增加了4.5%，但其在一次能源消费总量中的占比首次降至60%以下。同时，2018年原油消费量增长6.5%，天然气消费量增长17.7%，石油消费总量的70.9%和天然气消费总量的45.3%均来自进口。

提高能源自给率，特别是提高石油和天然气的自给率对保证国家能源安全具有重要意义。基于我国化石能源资源"富煤、缺油、少气"的禀赋，同时考虑我国拥有丰富的非化石能源资源，特别是可再生资源，通过再电气化过程，一方面在供给端实现能源生产的清洁化，另一方面在消费侧实现能源消费的电气化，减少终端能源消费中石油、天然气的消费比重，降低我国石油、天然气的对外依赖度。

通过在工业、建筑、交通等领域全面实现电气化，进而实现降低碳排放、提高能源安全保障能力的目标，其主要路径通过再电气化战略使终端能源消费中电力消费占比大幅提升，同时，不断提高太阳能、风能、水力及核电等可再生能源发电的比例。2019年，我国单位GDP用电量为0.621千瓦·时/美元，是2016年美国单位GDP用电量0.245千瓦·时/美元的2.5倍、日本单位GDP用电量0.167千瓦·时/美元的3.7倍、德国单位GDP用电量0.151千瓦·时/美元的4.1倍。2019年，我国人均用电量、人均生活用电量分别为5161千瓦·时和732千瓦·时，而美国2018年的人均用电量、人均生活用电量分别为11473千瓦·时和4980千瓦·时，是我国2019年指标的2.2倍和6.8倍。从用电结构上看，2019年，我国第二产业用电量占全社会用电量比重为68.3%，美国为25.1%；我国第三产业用电量占比为16.4%，美国为36.4%。美国居民生活用电量为工业用电量的1.5倍，我国居民生活用电量为工业用电量的20.7%。在区域电气化水平方面，总体上看，南方、华东经济发达地区电气化水平高于华北、华中、西北、东北等区域。2017年，华东、南方、华北、华中、西北、东北区域终端用电占比分别为25.5%、24.4%、23.0%、18.5%、22.4%、15.6%。此外，在电气化水平的产业平衡程度以及农村地区电气化水平等方面，我国均有较大的发展空间。

受资源禀赋限制，我国煤电一直是电力供应的主力电源，2019年煤电装机容量占52%、煤电发电量占62%。受二氧化碳排放约束影响，煤电发展受到一定程度的制约。过去5年，风电开发成本下降约30%，光伏组件价格下降约50%，预计到2030年，我国风电、太阳能发电装机分别达到7.9亿千瓦和8.6亿千瓦，水电（不含抽蓄）装机达到4.1亿千瓦，核电装机达到1.2亿千瓦，非化石能源发电装机总量将达到22.8亿千瓦，约占全国总发电装机容量的60%，非化石能源成为我国新增能源需求的主要来源，为终端电力负荷提供清洁电力是再电气化的关键路径之一，在电力供应侧、消费侧同时发力，提升电气化水平。

通过电气化路径和智能化手段，提高能源利用效率。据测算，电是多种能源间灵活高效转化的关键环节，电能能够高效转化为热能、光能、机械能，电能除转换为光能的效率在30%左右外，转换为其他能量的效率均在90%以上，在满足终端能源需求和实现多能互补中处于核心地位。通过新一轮科技革命赋能，推动能源电力开发更加绿色化，电力的输送与使用更加智能化，能源电力与经济社会和人民生活的融合更加泛在化，构建以电力为中心的能源转型升级路径，对于提高全社会生产生活效率、节能减排、提高能源安全保障能力具有重要意义。

7.1.2 多元化供应体系

建设多元互补的综合能源供应体系，实现石油、煤炭、天然气和电力等多种能源于系统之间互补协调，重视氢能在能源供应体系中的作用，注重节能技术的开发、推广和应用，提高能源利用效率，是保障国家能源供应安全的重要路径。

为减少化石能源使用，可再生能源比重持续上升，电气化进程深入推进。2020年，煤炭在全球一次能源中占比下降，其中，我国煤炭消费在一次能源中占比已降至56.8%。全球可再生能源装机容量达到2799吉瓦，其中水电比重最高，达到1322吉瓦。欧洲的可再生能源发展全球领先，美国在2020年可再生能源新增装机容量同比增长80%，基于多种能源综合高效利用的新的能源供给体系初步形成，其主要表现为：① 立足资源禀赋，建设更加多元化的能源电力供应体系，传统化石能源与可再生能源协同发展，大容量、高参数、低能耗的先进煤电机组持续发挥保障电力供给基础性作用，可再生能源继续保持快速增长态势，装机和发电量占比显著提升。② 可再生能源成为电力增量中的主力，推动能源电力体系的清洁化、低碳化进程。通过可再生能源发电和储能技术的发展，煤电灵活性改造等手段，实现能源供给的绿色、低碳、经济、运行。③ 煤炭清洁高效利用持续推进，煤炭集中燃烧替代、电能替代步伐加快，用能方式不断优化，存量煤电效率进一步提升，以技术创新持续巩固煤炭的全球行业领先地位。④ 氢能利用技术持续发展，氢能在重工业、重型运输的脱碳以及电力系统灵活性方面发挥重要作用，实现氢能生产的绿色化，减少化石能源开发副产氢的消费比重。

再电气化在供给侧通过可再生能源的规模化利用实现清洁化，在消费侧通过电气化实现能源消费的低碳化，是保证能源电力供应多元化、能源供给宽松化，巩固国家能源安全的重要手段。

随着可再生能源技术、通信技术以及自动控制技术的快速发展，以电力系统为核心，集中式和分布式可再生能源为主要能量单元，依托实时高速的双向信息数据交互技术，涵盖煤炭、石油、天然气以及公路和铁路运输等多类型、多形态网络系统的新型能源利用体系基本形成。

7.1.2.1 能源互联和多元供应是保证能源安全的重要手段

以化石能源为主的能源结构不可持续，能源安全问题难以得到保障。能源互联和多元能源供应能够最大限度地提高能源利用效率，降低经济发展对传统化石能源的依赖程度，从根本上改变当前我国的能源生产和消费模式，更多以清洁能源满足能源需求，保障能源安全。

7.1.2.2 再电气化是多元能源供应体系的基础

在能源互联的背景下，传统的以生产顺应需求的能源供给模式将被彻底颠覆，多种能源互联共享、高效互补利用是新型能源体系的核心，以再电气化为基础的新型电力系统是新型能源体系的基础设施。

能源互联网通过构建以电力为核心与纽带，多类型能源网络和交通运输网络的高度整合，具有"横向多能源互补，纵向'源–网–荷–储'协调"和能量流与信息流双向流动特性的网络结构，实现更广泛意义上的"源–网–荷–储"协调互动。其中，"源"是指煤炭、水能、天然气等各类型一次能源和电力等二次能源，"网"涵盖了天然气和石油管道网、电力网络以及铁路、公路等运输网络，"荷"与"储"则是指各种能源需求以及存储设施。通过"源–网–荷–储"协调互动，达到最大限度消纳利用可再生能源，能源需求与生产供给协调优化以及资源优化配置的目的，进而实现整个能源体系在供给侧的"清洁替代"和在需求侧的"电能替代"，推动整个能源产业以及经济社会的变革与发展。

7.1.2.3 再电气化是推动以清洁能源为主体的新型电力系统建设的重要驱动力

以清洁能源为主体的新型电力系统是未来多元化能源供应体系的核心，在满足能源结构调整以及建设节能、低碳、环保电力系统需求的同时，也将改变当前能源利用的体系和能源工业的格局。

（1）再电气化在需求侧要求分布式可再生能源大规模接入，在消费侧支撑电动汽车等电气化负荷的灵活应用

未来能源体系的核心内涵是实现可再生能源，尤其是分布式可再生能源的大规模利用。能源互联网具有高度集成特性，这种集成特性使得其能够将各类型分布式发电设备、储能设备和负载设备组成的微型能源网络互联起来，实现上述设备的"即插即发、即插即储、即插即用"以及无差别对等互联。一方面，各类型分布式可再生电源、储能设备以及可控负荷之间的协调优化控制需要通过电气化手段实现；另一方面，以电气化技术为核心的能源互联网能够为电动汽车提供更为完善且具有较强通用性的基础设施。

（2）再电气化能够提高需求侧管理精细化和用能的个性化水平

需求侧资源是多元能源供给体系中重要的可调控资源，其在平抑可再生能源间歇性，维持能源可靠供给的有效手段。通过电气化和智能化手段，一方面，实时掌握用户用电情况，通过自动化手段实现对用户用电设备精细化管理控制；另一方面，及时根据系统运行情况快速向用户传递需求侧响应指令，同时用户也能够通过智能的交互界面，直观清晰地了解能源供应状态和信息，调整自身用电行为。

（3）再电气化能够推动广域内能源资源的协调互补和优化配置

多元能源供给体系具有分布式和集中式相结合的特点，面对我国能源生产与消费逆向分布的格局，通过新型电力系统的建设，一方面，以电网为依托，实现包括可再生能源在内的多能源广域优化配置；另一方面，通过微电网技术实现就地分布式电源和多能源资源配置的协调互补和优化控制。

7.2 促进经济发展

7.2.1 拉动经济规模增长

随着再电气化的推进，带动社会投资，带来更多的就业岗位，拉动上下游产业发展和转型升级，特别是随着以电为中心、高度电气化的能源体系逐步构建，将加快推动高端装备制造、新能源、新材料、新能源汽车等战略性新兴产业发展，进而促进经济高质量发展。

7.2.1.1 再电气化投资分析

再电气化包括在能源生产侧大力发展清洁能源发电，带动风电、太阳能发电、水电、核电等电源侧和特高压、智能配电网等电网侧投资增长；在能源消费侧，加强工业、建筑、交通领域的电气化改造升级，推动终端电气化相关产业发展。因此，再电气化的投资规模主要包括能源电力产业的投资和终端电气化相关产业的投资。

（1）能源电力产业

电力行业是再电气化的核心，投资需求来自电网、储能、清洁发电、绿氢所需的专门清洁发电设施。其中电网的投资需求与总电力装机和新能源的增长密切相关，清洁能源发电主要包括风电、太阳能发电、核电和水电。根据"双碳"目标要求，预计2020—2060年，能源电力产业累计投资额将接近70万亿元（2020年不变价，后同）。其中，电源投资主要在清洁能源发电，包括太阳能发电17万亿元、风电15万亿元、核电等6万亿元；电网投资集中于特高压建设和智能配电网发展，预计可达30万亿元。

（2）终端产业

终端电气化发展主要涉及钢铁、水泥、化工等重点产业以及建筑和交通领域。在碳中和目标下，如图7.1所示，预计建筑行业实现碳中和目标需要投资额超过22万亿元，电气化相关投资费用约5万亿元。就交通行业而言，我国未来将用电动汽车替代燃油车，电动汽车的产量将大幅增加，致使新能源汽车投入与相应能源生产投入提高，同时轨道交通还将有较快发展，带来了电气化提升新的增长点，内河船舶和部分沿海船舶甚至部分短途航运也有望实现电气化，港口岸电和机场桥载岸电实现广泛应用，交通行业实现碳中和的总投资额累计预计将超过

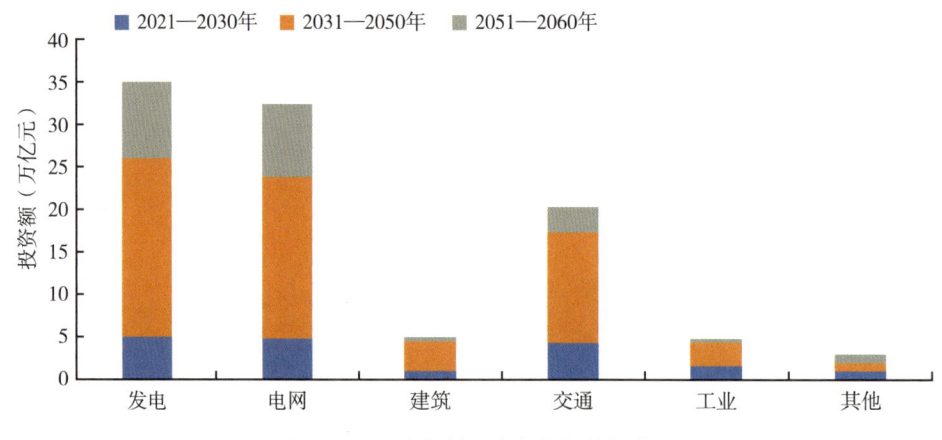

图7.1 重点领域再电气化相关投资

35万亿元，其中电气化相关投资超过20万亿元。工业中，钢铁、化工、水泥三大高耗能行业总体碳中和投资成本分别为3.2万亿元、4.1万亿元和1万亿元，电气化相关的投资成本分别为2万亿元、1万亿元和0.2万亿元。

不同行业的电气化推进技术具有不同难度，在不同领域可用的减排技术也不同，在建筑、轻工业、道路运输和轨道交通等领域，电气化技术具有广阔应用空间，在化工、水泥等行业，电气化技术推广难度更大。因此，行业规模发展趋势、电气化技术成熟度、减排成本和在行业中应用比重决定了各产业再电气化的投资规模。预计2030年前，在电动汽车、建筑供暖的热泵、电炉炼钢等直接电气化技术相对成熟的领域将加快发展，相应的投资也将不断加大。2030年后，对于交通领域的重型交通、航空和船运，水泥、化工等难减排工业部门，电气化技术有望得到大规模应用，相应的设备投资也将逐步增加。

7.2.1.2 重点产业发展

（1）产业结构

产业结构方面，第一、第二产业占比将逐步降低，第三产业占比不断升高。目前，我国第一、第二、第三产业占比分别为7%、39%和54%，2030年三次产业占比分别变为6%、35%和59%。2060年，第三产业占比接近70%，随后产业结构基本保持不变，经济规模仍继续增长（图7.2）。

图7.2 我国产业结构变化

再电气化将助推我国加快构建现代产业体系，发展战略性新兴产业和现代服务业，推动传统产业高端化、智能化、绿色化。以2020年为基准，预计到2060年，各行业中服务业产值系数最高，达到5.7；煤炭采选业最低，不足0.2；建筑、交通、高端化工产品、先进能源装备等产业将得到较快发展（图7.3）。

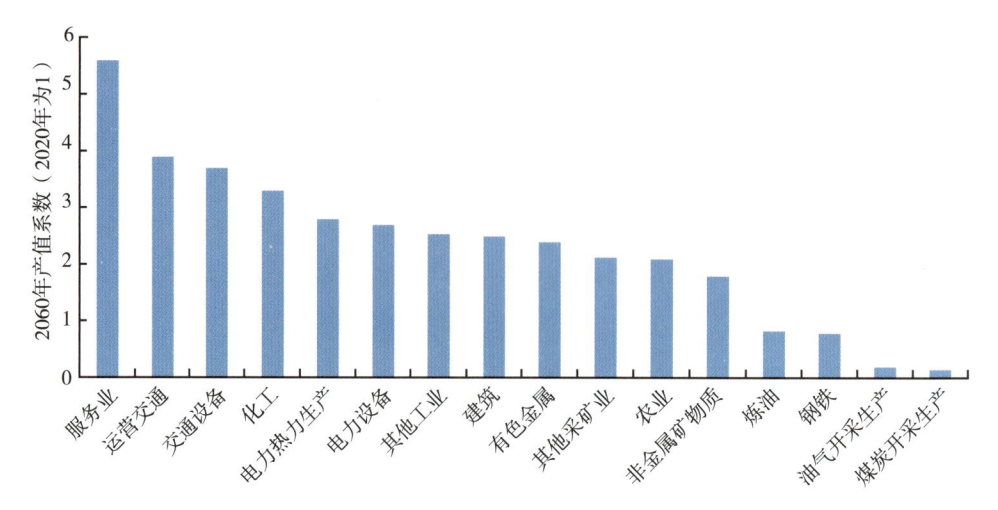

图 7.3 重点产业结构产值系数

（2）战略性新兴产业

再电气化将推动高端装备制造、新材料、新能源汽车、新能源、节能环保等战略性新兴产业加速发展，为我国产业迈向高端注入动力。2020年，有关"十四五"规划的建议提出，战略性新兴产业发展重点涉及新一代信息技术、生物技术、新能源、新材料、高端装备、新能源汽车、绿色环保以及航空航天、海洋装备等。在我国已经提出的战略性新兴产业中，绝大多数产业与再电气化具有高度关联性，一方面，再电气化促进产业升级，电气化应用和电力系统清洁低碳转型对新材料、高端装备制造、节能环保等均提出较高要求；另一方面，战略性新兴产业发展也进一步推动了再电气化进程。

近年来，我国战略性新兴产业实现快速发展，充分发挥了经济高质量发展引擎作用。同时，产业发展呈现重点领域发展壮大、新增长点涌现、创新能级跃升、竞争实力增强等诸多特点，形成了良好的发展局面。核心技术产业竞争实力不断增强，我国新能源发电装机量、新能源汽车产销量、智能手机产量、海洋工程装备接单量等均位居全球第一，在新一代移动通信、核电、光伏、高铁、互联网应用、基因测序等领域也均具备世界领先的研发水平和应用能力。

为了集中优势资源推动各地特色产业集群发展，2019年，国家发展改革委下发《关于加快推进战略性新兴产业集群建设有关工作的通知》，在12个重点领域公布了第一批国家级战略性新兴产业集群建设名单，共涉及22个省、市、自治区的66个集群，并研究形成"一揽子"金融支持计划。此外，战略性新兴产业重点企业普遍呈现研发强度高、创新能力强的特点，2019年，战略性新兴产业上市公司研发强度比全部上市公司平均研发强度高2个百分点。在战略性新兴产业各个领域中，信息技术研发强度最高，2019年达到10.18%，节能环保产业最低，为 4.31%（图 7.4）。随着政策利好和创新水平持续提升，战略性新兴产业将稳步壮大。

图 7.4 战略性新兴产业上市公司各领域研发强度对比

"十四五"提出要发展壮大战略性新兴产业，着眼于抢占未来产业发展先机，培育先导性和支柱性产业，推动战略性新兴产业融合化、集群化、生态化发展，战略性新兴产业增加值占 GDP 比重超过 17%。促进战略性新兴产业规模扩张和创新发展，掌握产业发展主动权，是确保国家经济安全、产业安全、科技安全的关键支撑，也是我国经济发展水平持续提升的必然选择。

随着再电气化深度推进，绿色技术和绿色产业将加快发展，包括新能源、新能源汽车、节能环保等，同时全社会对能效水平提升和碳排放控制的要求倒逼产业加快调整，促使发展信息技术、数字经济等产业拉动经济增长。未来 5～15 年，战略性新兴产业发展总体呈现智能化（生产组织方式）、绿色化（资源使用方式）和分享化（价值实现方式）的趋势。智能制造、智慧能源、智慧研发、智慧医疗等高水平的智能应用成为战略性新兴产业的关键标志，"绿色"成为战略性新兴产业的"底色"，战略性新兴产业正尝试以"绿色"生产"绿色"——生产全过程、产品全生命周期的绿色化，在战略性新兴产业发展过程中，对绿色电力的需求也将不断增长，提升用能电气化水平。

7.2.1.3 电能供应成本

电能供应成本受发电、消纳、输配电等环节成本的综合影响，发电侧主要是电力结构中火电、水电、核电、风电、太阳能发电等不同形式发电的度电成本；消纳侧受到不同火电调峰、抽水蓄能和电化学储能等灵活性资源占比及其度电成本影响。发电与消纳具有联动效应，随着发电侧风电、光伏等可再生能源渗透率不断提高，灵活性资源需求也将不断增加，相应的消纳成本也将提高。因此，对于高比例新能源电力系统，成本变化不仅仅是电源成本，还需要考虑电网消纳成本的增长。

在发电环节，目前水电、风电的度电成本已经低于火电，核电、光伏发电从全国平均看还略高于火电，根据当前各类电源发电量占比可以测算电力系统的综合度电发电成本约为 300 元 / 兆瓦·时。综合考虑各类发电技术成本的变化曲线，以及碳中和目标下我国电力系统的发电量结构变化趋势，可以测算不同年份的电力系统综合发电成本。2030 年，预计风电、光伏成本均将低于水电、核电，清洁能源的成本将全面低于火电，根据 2030 年的发电量结构，得出电力系统综合发电成本为 260 元 / 兆瓦·时。2030 年后，随着碳中和目标的加快推进，以及清洁能源发电技术的不断成熟和成本逐步降低，清洁电力占比将加快提升，2060 年，预计所有非化石能源发电量占比超过 90%，其中风电、光伏发电等新能源发电量占比将超过 60%，综合发电成本为 210 元 / 兆瓦·时。

在消纳环节，新能源渗透率不断提升，其波动性、随机性对电力系统安全稳定运行的影响也将不断增大，为消纳新能源的灵活性调度将带来额外的系统成本。目前，电网接入更多新能源、缓解弃风弃光问题的主要方式是通过在辅助服务市场加强电网灵活性资源调配，具体来说，在新能源出力高的时段，要求火电机组降低功率、抽水蓄能或储能电站充电，从而充分消纳新能源，在新能源出力低的时段，则主要通过火电机组提升功率以及储能放电来保障电力供应。从中长期看，随着煤电机组装机和发电量的双重降低及新能源装机的持续增长，电力系统的灵活性调节将面临更大技术和经济成本挑战。从已有国际经验看，消纳成本会随着新能源比例的提升而增长，对于不同电力市场机制，通常增长比例可高达 20%。

近中期，电化学储能的度电成本始终高于火电灵活性调节以及抽水蓄能调节，火电灵活性调节是成本最低的电网消纳新能源方式，因此从维持系统安全、保障电力供应与促进新能源消纳的角度看，火电不宜过快退役。2030 年，抽水蓄能装机将达到 2 亿千瓦左右，电化学储能装机将达到 8000 万千瓦；2060 年，抽水蓄能和电化学储能装机分别达到 4 亿千瓦和 2 亿千瓦。2060 年仍将保持一定规模的火电实现兜底保供、调峰调频，产生的二氧化碳通过 CCUS 予以中和，加上深度调峰造成火电煤耗的提高，火电的消纳成本较当前有所提升。

通过能源互联网实现多能互补，可降低系统波动性和随机性，是有效降低电力调峰成本和供应成本的重要手段。有研究提出，从日内特性看，风电和光伏发电特性以及典型的负荷特性曲线进行匹配后，将比其分别作为独立电源降低一半以上的调峰需求。清洁能源中，水电、核电可以作为相对稳定的基荷电源，储能、用户侧需求响应亦可发挥部分调节作用，火电则可作为最后的兜底技术，未来电力系统将呈现以新能源为主体、多种电源协调互济、"源－网－荷－储"友好互动的特征。从电力供应成本看，受到新能源消纳调峰影响，近中期电力供应成本均将处于上升趋势，预计在2040年左右达到峰值。远期考虑到风电、光伏技术进一步成熟，平准化度电成本继续走低且在电力系统中电量占比继续提高，带动发电环节的成本大幅下降，同时电力系统灵活性调节和安全稳定运行水平不断提高，多能互补与"源－网－荷－储"一体化相关技术和业态得到长足发展，有效降低整个系统的运行成本。

总体上，尽管近中期供电成本有一定上升，但涨幅远低于同期的整体消费价格指数涨幅以及国内生产总值增幅，而远期随着技术不断成熟，供电成本还具有一定下降空间。再电气化在支撑和推动产业高端化、绿色化、智能化升级方面也将发挥越来越大的作用。总体看，再电气化将有利于推动经济社会高质量发展，有力支撑我国建设成为富强、民主、文明、和谐、美丽的社会主义现代化强国。

7.2.2 推动能效水平提升

能效水平用于评价不同经济体能源综合利用效率，通常用能源强度（单位GDP能耗）来衡量，也可用于比较不同经济体经济发展对能源的依赖程度。能源强度受到产业结构、生产工艺、节能技术、能源种类以及管理机制等多方面因素影响。

（1）能源强度主要影响因素

产业结构是能源强度的最大影响因素。传统工业，尤其是高能耗行业，通常单位产值能源消费量高，附加值低，其在经济结构中占比越高，能源强度越高。高端制造业、信息技术产业、数字经济产业、现代服务业等高附加值产业单位产值能耗远低于传统工业，其占比越高，则社会总体能源强度越低。对于某一具体产业而言，其单位产量的能耗是影响能源强度的另一个重要因素。例如，我国的吨钢可比能耗，从1990年的997千克标准煤/吨降至2021年的550千克标准煤/吨，降幅达45%，已经接近世界发达国家水平。我国水泥综合能耗从1990年的201千克标准煤/吨降至2021年的120千克标准煤/吨，降幅达40%，日本、德国等国家水泥综合能耗已降至约100千克标准煤/吨，未来我国水泥能耗还有进一步下降的空间。单位产量的能耗主要受工艺环节优化、余热余压回收利用、用能设备的能源效率等因素影响，通过技术改进和用能管理可实现能耗强度的进一步下降。

再电气化有助于实现能源替代，大规模开发清洁能源转换为终端可高效便捷利用的电能，实现用能效率提升。表7.2展示了终端主要领域的典型设备特点，在工业、建筑、交通各领域，以电为能源的设备效率远高于以煤炭、天然气为能源的设备。在工业蒸汽供应、建筑供暖、公路交通等领域，相应的电锅炉、热泵、电动汽车等均具有极高效率的优势，通过以绿色电力替代传统化石能源，有利于减少终端使用能源总量。在再电气化的过程中，还将带动新能源装备、新材料、电力装备、电动汽车、大数据以及相关技术研究等产业发展，提高高附加值、低能源强度的产业占比，推动经济转型升级，进而促使全社会能源强度下降，逐步实现经济增长与能源消费脱钩。

表 7.2 终端主要领域典型设备效率

设备类型	能源品种	效率	应用领域
燃煤锅炉	煤	70%～85%	工业供热 建筑供暖
燃气锅炉	气	90%	
电锅炉	电	95% 以上	
热泵	电	CDP=3～5	
燃气灶	气	50%～60%	炊事
电磁炉	电	85%	
燃油汽车	油	40%～50%	交通运输
电动汽车	电	90%	

（2）电气化水平与能源强度的相关性

能源强度由能源消费总量和国内生产总值共同决定。在工业、建筑、交通等各个领域，电能均具有极高的终端利用效率，因此随着电气化水平的提升，终端能源的物理利用效率得到大幅度提高，从而在实现高度电气化的同时，极大促进了能源消费总量的下降。高端制造业和先进服务业对能源的需求往往呈现高电能比重的特点，产业升级对电能有更高的需求，也将促进电气化水平的提升。

我国一次能源消费总量、终端能源消费总量、能源强度（按一次能源消费量计算）、终端能源强度的变化趋势如图 7.5 所示。2020—2030 年，由于经济规模的增长，一次能源消费量和终端能源消费量均有所增长，但在 2030 年已基本达到峰值，进入平台期。能源强度和终端能源强度则快速下降，分别从 0.54 吨标准煤/万元和 0.37 吨标准煤/万元降至 0.34 吨标准煤/万元和 0.22 吨标准煤/万元，降幅分别为 36% 和 40%，电气化率从 27% 提升至 38%。2030—2050 年，一次能源消费量和终端能源消费量实现达峰后下降，能源强度和终端能源强度分别降至 0.15 吨标准煤/万元和 0.08 吨标准煤/万元，降幅为 56% 和 64%，电气化率从 38% 提升至 62%。2060 年，能源强度和终端能源强度分别降至 0.10 吨标准煤/

万元和 0.05 吨标准煤 / 万元，分别下降了 33% 和 38%，电气化率进一步提升至 70%。从总体趋势看，电气化率的提升伴随着能源强度下降。

在终端用能领域，由于电力设备的高能效水平，电气化的提升有利于减少终端能源消费量，促进终端能源强度下降。对于全经济尺度而言，我国一次能源按照发电煤耗法计算，短期来看随着电气化水平的提升，电能需求量增大，按照发电煤耗法所计算得到的一次能源消费量也将增大，电气化水平的提升并不能促进能源强度下降。从中长期看，能源和经济逐步脱钩，一次能源消费总量达峰后逐步下降，能源强度也进一步加快降低，这主要是由于经济结构调整，高附加值产业占比提升，经济总量持续增长导致的。如果采用电热当量法折算一次能源消费量，结果将有所不同，随着电力生产的清洁低碳水平不断提升，可再生能源发电占比持续提高，采用电热当量法将使折算的一次能源消费总量大幅下降，更能反映电气化清洁低碳、安全高效的优势和特征，电气化水平的提高对能源强度的下降将表现出明显的推动作用。

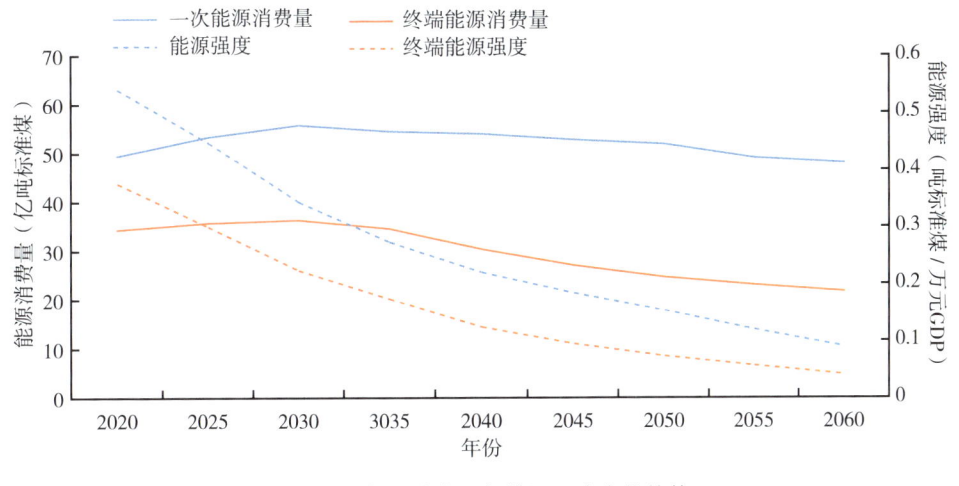

图 7.5　能源消费量与能源强度变化趋势

7.3　改善生态环境

7.3.1　污染防治

环境污染与化石能源的开发使用密切相关，从大气环境来看，煤炭、石油等化石能源使用是大气环境遭到破坏的重要原因，化石能源的燃烧往往伴随着大量废气的产生，其中煤炭燃烧的污染物排放水平最高；从水体环境来看，化石能源开采会对地下水系造成破坏，化石能源使用会排放污染物，这不仅给水环境造成影响，也会进一步扰乱生态系统平衡，水质污染一方面会导致水体生态环境遭到破坏，水中生物多样性降低，另一方面饮用水受污染带来的疾病威胁也不容忽视。生态环境的破坏将持续增加健康和治理成本，由能源生产与消费过程导致的负外部性问题将严重阻碍我国生态文明建设，亟须加快推进能源清洁化转型。

7.3.1.1 再电气化对减少污染物的作用

煤炭、石油、天然气等化石能源消费是大气污染排放的重要来源。从污染物排放源看，煤炭是二氧化硫的主要排放源，占总排放量超过一半，每燃烧1万吨煤平均产生100吨二氧化硫；石油则是氮氧化物的主要排放源，占其总排放量的70%，每燃烧1万吨石油平均产生170吨氮氧化物；生物质能的初级利用是$PM_{2.5}$的主要排放源，占其排放总量超过60%，每燃烧1万吨生物质平均产生123吨$PM_{2.5}$。通过清洁能源替代化石燃料直接消费，是减少污染物排放、实现空气环境治理的主要手段。

在发电侧，加快发展风电、光伏为代表的新能源发电，积极开发水电，安全有序发展核电，构建清洁发电体系。清洁能源发电产生的污染物排放远低于燃煤机组，全生命周期造成的大气污染程度低。据内蒙古某49.5兆瓦风电场环境影响评价结果显示，风场二氧化硫和氮氧化物的排放水平分别为0.077克/千瓦·时和0.024克/千瓦·时，是超低排放改造后煤电的20%和7%。光伏发电得益于较长的使用年限和零排放运行，从全生命周期看也具有可观的环境效益，多晶硅光伏的二氧化硫、氮氧化物、颗粒物等大气污染物排放分别是常规燃煤发电的30%、11%和60%，目前光伏电池的主流技术单晶硅电池板，以及未来可能进一步普及的异质结、碲化镉等非晶硅类电池，其全过程碳和污染物排放水平相比多晶硅系统更低，意味着光伏发电发展将沿着更加清洁低碳的路径。

开发新能源还有利于改善水土和气候。我国在内蒙古、甘肃、新疆等地光伏电站建运经验和众多研究证实，集中式光伏电站能够使下垫面水土、局部微气候朝着更有利于植被存活生长的方向改变，长远看利于西北荒漠化地区水土保持和条件改善。具体表现在：① 提高了相对湿度。大面积光伏组件的遮蔽作用降低了风速，减缓了水分蒸发速率，提高了局部相对湿润度。② 缩小昼夜温差。在格里木荒漠地区大型光伏电站的太阳能辐射研究发现，站内光伏阵列对向下短波辐射吸收能力强于地面，可降低白天温度，提高夜间温度。③ 引起土壤理化性质改变。研究发现，建设光伏电站加强了地表粗糙度，提高了表层土壤的含水量、有机质含量和土壤肥力，局部小气候改变和土壤质量提升给植物生长创造了优越条件，而植物的生长又进一步强化了土地固沙保水的能力，推动生态进入良性循环发展。

在用能侧，大量存在的工业小锅炉、民用散烧煤、燃油汽车等使用化石燃料的过程中将产生高浓度的空气污染物，导致雾霾天气产生。通过电能替代减少煤炭、石油等化石能源的直接消费,将有效改善大气环境,提升空气质量。随着电力系统的清洁转型加快推进,风电、光伏等清洁能源电力占比不断提升,电力的污染物排放强度将进一步下降,从全社会尺度看,电能替代对污染防治的贡献度将持续提升。

此外,发展建筑光伏一体化技术(BIPV),建筑物表面的光伏组件具有遮蔽作用,能够减少到达建筑物表面的太阳辐射,降低城市热岛效应,光伏组件的吸收率、转化率和铺设位置则是影响降温效应的重要因素。有实证研究显示,当光伏组件铺设于屋顶,并且吸收率高于65%、转化效率达到30%时,就能使城市温度降低2~3℃,从而有效缓解城市热岛效应。此外,城市热岛效应被证实与污染程度密切相关,热岛现象通过造成低气压,形成污染物回流和聚集,加剧了城区尤其是其内强热岛区的污染状态。因此,从这一角度看,建筑光伏除了为建筑提供清洁电力外,还能够在一定程度上削减污染影响。

7.3.1.2 减污效益

有效的产业和能源结构调整、碳定价机制和污染物末端治理措施的实施能够显著降低二氧化碳排放、提升空气质量,实现二氧化碳和$PM_{2.5}$的协同控制。许多学者开展了通过能源转型协同推进二氧化碳和其他空气污染物减排的研究,再电气化作为能源转型的重要路径,通过终端电能替代,减少工业、建筑、交通的化石能源消耗和空气污染物排放,改善了城市空气质量,首先确保人口稠密地区实现减污降碳,同时在发电侧进行清洁替代,推动全社会温室气体和空气污染物下降。预计到2060年,在再电气化助力下,协同推进减污降碳,可减少二氧化硫、氮氧化物和$PM_{2.5}$排放分别达到1261万吨、1162万吨和340万吨,降幅分别为91%、85%和90%(图7.6)。

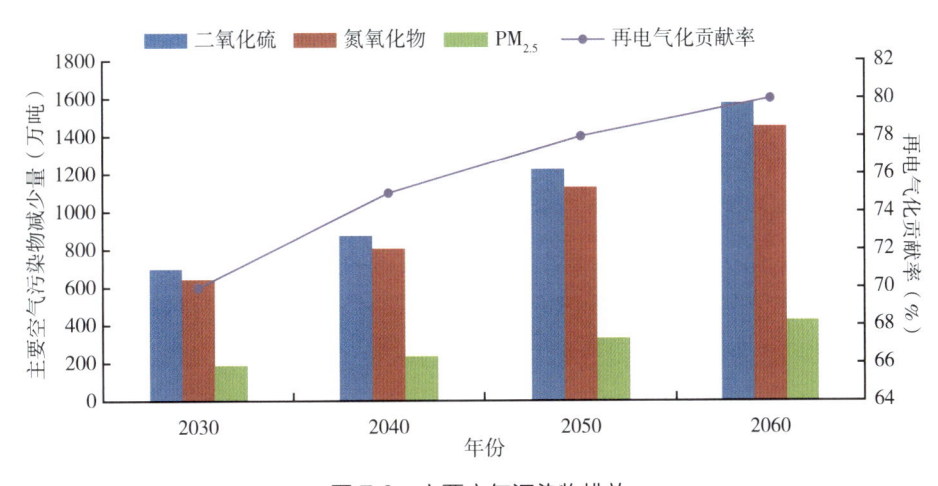

图7.6 主要空气污染物排放

7.3.2 温室气体减排

我国能源系统将由高碳向低碳、零碳转型发展。未来几十年，能源系统转型将以清洁化、电气化为主线，围绕以清洁能源为主体的新型电力系统发力，构建以高度电气化为特征的低碳智慧用能体系，为实现"双碳"目标提供有力支撑。

7.3.2.1 再电气化的减碳作用

从目前我国清洁低碳能源发展现状来看，风电、光伏发电成熟度最高、经济性最好，未来将延续目前的发展态势，中远期将以增量主体到存量主力、装机主体到发电主力的轨迹演变。

在能源生产侧，风电全生命周期单位发电量温室气体排放量不到煤电的 1%，也低于其他发电形式。根据中国科学院地理科学与资源研究所分析，风电全生命周期二氧化碳排放为 1.28～4.02 克 / 千瓦·时，仅为燃煤发电 105 克 / 千瓦·时排放水平的 0.1%～0.4%。其中，运行阶段二氧化碳排放占比不到 10%。海上风电全生命周期碳排放水平比陆上风电更低，前者仅为后者的 40%。光伏发电得益于较长的使用年限和零排放运行，从全生命周期看也具有可观的碳减排能力和环境效益，以多晶硅光伏为例，其发电系统二氧化碳排放量为 12～98 克 / 千瓦·时，约为我国火力发电碳排放强度的 1/9，体现碳减排效益的碳排放回收周期约为 3 年，远小于 25 年的光伏电站寿命期。核电、水电等清洁能源的全生命周期二氧化碳排放也很低，将成为清洁能源体系的重要组成。

在能源需求侧，工业、建筑、交通、农业等部门使用能源产生的二氧化碳排放可通过电能替代予以削减，在一些高温、高能量密度的应用场景及工业过程排放等环节，可通过电制燃料和原料进行替代，实现能源需求侧的温室气体减排。电气化是终端产业实现减碳的重要技术路径，随着未来电力系统低碳转型加快推进，电力的排放强度持续降低，终端电气化的减碳作用更加凸显。

7.3.2.2 减排效益

我国能源系统相关二氧化碳减排路径将主要影响因素分为产业调整、能效提升、再电气化和其他技术，其中，产业调整指在经济活动中产业部门的转型，以及同一行业内改进升级工艺流程等；能效提升指通过各类节能技术实现单位产品/产值的能源需求量降低；再电气化同时包含了消费侧和电力生产侧两方面要素，即指终端电能替代和电力工业自身绿色转型等贡献的减排量；其他技术主要指通过生物燃料等零碳燃料替代化石能源以及碳捕集等负碳技术。图 7.7 所示减排量不含工业过程和非二氧化碳温室气体。

从图 7.7 可知，我国能源相关二氧化碳排放（不含工业过程）将于 2030 年前达峰，峰值约 110 亿吨二氧化碳，2020—2060 年，再电气化累计减排量贡献总减排量的 60% 以上。到 2060 年，能源相关二氧化碳降至 10 亿吨，预计工业过程还将产生 6 亿吨二氧化碳，非二氧化碳温室气体约 6 亿吨二氧化碳当量，这部分排放均需要通过碳汇进行中和。

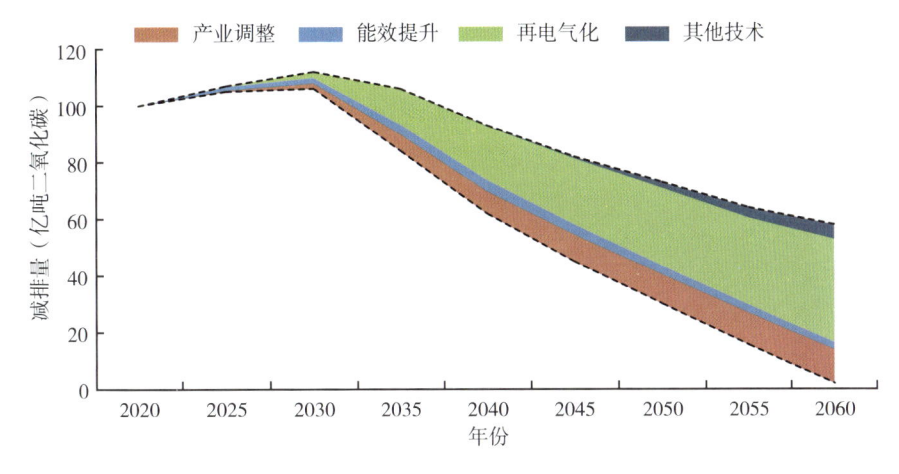

图 7.7　我国能源相关二氧化碳减排路径

终端能源相关二氧化碳减排过程如图 7.8 所示，图示减排量同样不含工业过程及非二氧化碳温室气体，主要贡献要素为需求减量、能效提升、电能替代、绿氢替代及其他技术。需求减量主要是钢铁、水泥等高耗能产品，随着经济社会的发展和技术进步，其生产量预计有所下降，减少能源需求带来的碳减排；能效提升包括各类设备的余能回收利用、节能改造、工艺升级等带来的减排效益；电能替代是直接电气化的减排效益，绿氢替代则是间接电气化的减排效益；其他技术包括碳捕集及其他清洁非电能源替代。其中，电能替代累计减排量贡献率超过 60%，考虑到绿电制氢带来的间接电气化减排，终端领域再电气化的减排贡献率将超过 70%。

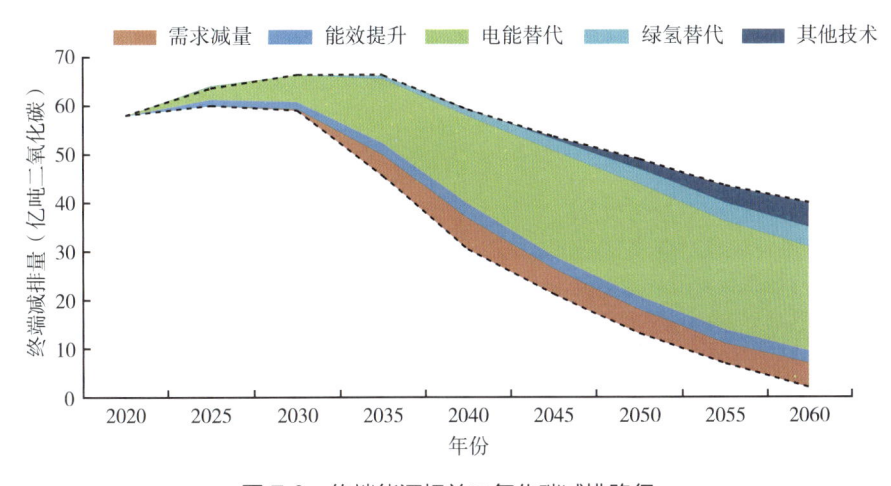

图 7.8　终端能源相关二氧化碳减排路径

7.3.2.3 碳排放强度

（1）碳排放量主要影响因素

能源相关的碳排放量的直接影响因素是使用的能源品种和各类能源消费量，间接因素包括经济规模、产业结构。实现终端碳排放量降低，提高电气化水平是重要手段。在传统用能部门大力推行电能替代，以绿色电力替代煤炭、石油和天然气，能有效降低终端碳排放量，重点在工业推广电锅炉、电窑炉、电弧炉等设备，替代传统的燃煤炉；在建筑供暖领域，推进蓄热式电锅炉、热泵等设备应用，发展电厨炊产业；大力推动电动汽车、港口岸电、电气化铁路的发展。同时，大力发展战略性新兴产业，提高用电为主的新兴产业比重，加快构建现代产业体系，推进产业数字化和数字产业化，推动节能绿色建筑发展，有效减少终端化石能源需求量。

（2）电气化水平与碳排放量的相关性分析

2020—2060年，我国碳排放量和排放强度趋势如图7.9所示，在此期间，电气化水平从27%持续提升至70%。相较于一次能源消费总量和终端消费总量，总碳排放量和终端碳排放量下降速度更快，表明能源结构正持续优化，朝着绿色低碳方向转型，碳排放强度和终端碳排放强度也呈快速下降趋势。

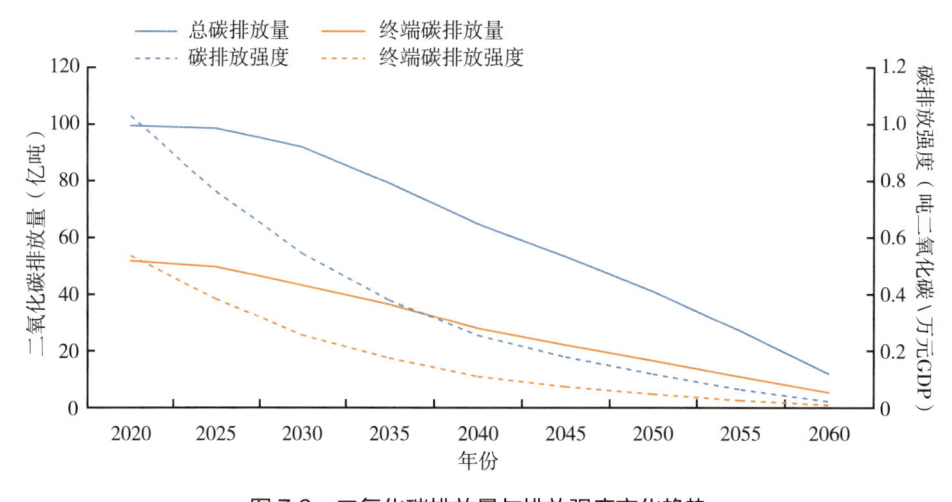

图7.9 二氧化碳排放量与排放强度变化趋势

碳排放量呈先平台期再较快下降最后极快速下降的趋势。2020—2060年，我国碳排放量呈现先平台期再较快下降最后极快速下降的趋势。2020—2030年，终端碳排放量年均降低1.14吨，由于电气化率的提升，终端直接使用化石能源的碳排放转移为电力生产的碳排放，总碳排放量经历先上升后下降。2030—2050年，总碳排放量和终端碳排放量年均降低分别为2.60吨和1.55吨；2050—2060

年，总碳排放量和终端碳排放量年均降低分别为 2.92 吨和 0.54 吨。从总碳排放量看，年均下降量呈不断加快的趋势，这是综合考虑技术进步和社会经济发展的路径。从终端碳排放量看，2030 年前年均下降量相对较低，尽管电能替代减少了部分终端化石能源消费，但这段时期终端能源消费总量仍将增长，因此降幅相对较小；2030—2050 年，终端碳排放量年均下降量最大，这是经济结构不断调整优化和终端电气化水平大幅提高的结果；2050 年后，由于能效水平提升，终端能源消费总量，尤其是化石能源消费量已较低，年均下降量也相对较小。

随着电气化率提升，碳排放强度和终端碳排放强度均呈持续快速下降趋势。以 2020 年为基准，2030 年，碳排放强度和终端碳排放强度分别为 2020 年的 53.4% 和 44.0%；2050 年，分别为 2020 年的 11.7% 和 4.7%；2060 年，分别为 2020 年的 1.9% 和 1.1%。终端碳排放强度与电气化率有直接关系，电气化率的提升压减了终端化石能源直接消费，从而降低终端的碳排放量和相应的排放强度。从全社会看，关系则更为复杂，碳排放强度下降幅度呈近期快远期慢的特点，除受碳排放量本身下降幅度影响外，与经济增速逐步趋缓也有密切关系。尽管电气化率和电力生产清洁化水平的提升不断降低全社会总的碳排放量，但在碳达峰后，碳排放强度受经济总量的影响大于碳排放量自身的影响。

7.3.3 社会碳成本

目前，煤炭占我国一次能源消费的比重约 56%，大量使用煤炭等化石能源导致的空气污染物浓度提高极大地增加了人体健康风险。尽管我国的大气污染水平已有显著改善，但仍有 42% 的人口居住在未能达到世界卫生组织过渡期空气质量标准的地区，几乎所有城市的 $PM_{2.5}$ 浓度都超出了 10 微克/立方米的年均水平目标值。在人口密度较高的地区，气候变化和空气污染对人体健康风险更大，因此在终端推动提高电气化水平具有重要的意义。

此外，温室气体排放引起的全球变暖将带来巨大的社会成本，该成本包含了边际碳排放通过碳循环和气候系统所造成的各种影响，包括但不限于对生产力和人类健康的影响、对生态系统的影响，以及频繁的极端气候现象所致财产损失等。

经初步测算，2030 年实现碳达峰后，我国社会碳成本还将较 2020 年提升 3500 亿元，此后随着二氧化碳排放量持续下降，社会碳成本将不断降低，2050 年和 2060 年，我国社会碳成本将比 2020 年分别减少 2.5 万亿和 3.9 万亿元。2060 年减少的社会碳成本相当于当年 GDP 的 1% 左右（图 7.10）。

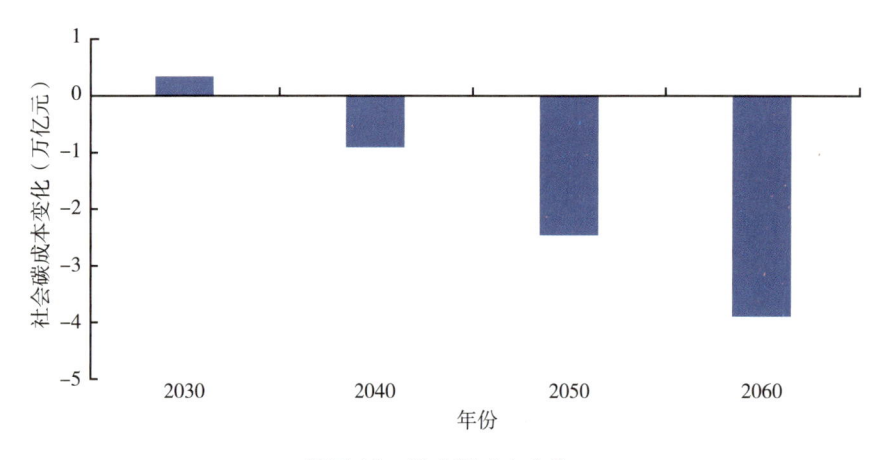

图 7.10 社会碳成本变化

7.4 推动社会进步

7.4.1 智慧用能

电气化是很多领域实现数字化的前置条件，构建以电为中心的智慧用能体系，不仅有利于推动产业升级、节能提效，也将促进人民生活水平提高，以绿色电能满足人民对美好生活的向往，以广泛深度电气化为基础，加速推进智慧城市建设。

7.4.1.1 智慧能源系统

能源产业正面临数字化、智能化和绿色低碳发展的挑战，在推进能源转型和提质增效方面，数字化技术扮演着日益重要的角色。在此背景下，智慧能源系统应运而生，以电力系统为核心纽带，利用互联网及各种数字化技术改造传统能源行业，构建多类型能源互联网络，广泛利用清洁能源，实现横向"电、热、冷、气、水"多源互补，纵向"源－网－荷－储"多方协调，从而实现整个能源网络的清洁低碳与安全高效，推动整个能源产业的升级革命。

基于高度电气化的智慧能源系统，可实现对包括电力、热力等各类能耗数据的采集和监测，同时结合设备状态和环境变量数据洞察的能源消耗趋势和用能成本，并通过人工智能技术对数据进一步分析和评估。智慧能源管理系统适用于园区、工厂、办公楼、酒店、医院、学校、机场、商业综合体、公用事业单位等各行业领域。随着物联网技术的推广，在能源系统领域，可以实现从能源接入、输送调度、安全监控到用户计费计量的全过程智能化、网络化控制。智慧能源管理系统可以综合利用各种智能设备来获取能源网与用户的需要，智能化控制能源的存储和使用，并可以实现能源网和用户之间、用户和用户之间的能源传递，优化电网的运行和管理,并通过用户终端设备的智能化反馈,帮助用户制定定制化的能源利用方案,提高能源利用效率,帮助用户降低能源费用,更加精细和动态地管理能源各场景系统的运行,提升能源使用的便捷度和舒适感。

7.4.1.2 智慧城市

智慧城市是指在城市规划、设计、建设、管理与运营等领域中,通过物联网、云计算、大数据、空间地理信息集成等智能计算技术的应用,使城市管理、教育、医疗、房地产、交通运输、公用事业和公众安全等城市组成的关键基础设施组件和服务更互联、高效和智能,从而为市民提供更美好的生活和工作服务、为企业创造更有利的商业发展环境、为政府赋能更高效的运营与管理机制。

智慧城市的建设涵盖智慧社区、智慧医疗、智慧水利、智能交通、城市安全、城市环境治理等方方面面。5G、人工智能、物联网、大数据、云计算等多项技术已经被广泛应用到建筑家居、公共设施建设、交通、医疗等城市生活的各个方面,社会运作及经济活动所产生的数据可为城市治理提供参考及分析,让城市管理者可以更全面、实时掌握城市动态及进行长远规划,为智慧城市建设开创良好条件。电气化是5G、大数据、云计算等技术和产业的基础,是智慧城市建设的基本保障,电力自身也与经济发展、居民生活息息相关,电力大数据也是重要信息来源,将为智慧城市建设进一步添砖加瓦。

智慧城市的典型场景包括:① 智慧社区领域。在做好人口监测、安全防护管理的基础上,应用社区中台快速迭代开发的智能模型,应用到人口动态管理、重点人群管服、异常情况预警、特殊人群关怀等细分场景,为居民提供自治、安全、有温度的技术保障,建设新型美丽社区。② 交通领域。通过建设统一的、标准化的智慧交通一体化治理平台,接入整合交通信息,以地理信息系统为载体,提升交通部门应对突发事件的反应速度与决策分析能力,提升交通应急保障与救援水平,实现城市、公路、轨道等交通系统运行状况实时监测、运行状态动态分析、发展趋势科学管理,提高交通运行、综合协调、行业规划和决策支持,保障交通运输的安全、快捷、高效和环保。此外,随着电动汽车加速发展,车网互动技术不断进步,将逐步建成更加完善的车联网平台,实现交通系统与电力系统的智慧友好互动,有力提升电力系统灵活水平,进一步促进清洁能源消纳,推动形成清洁低碳绿色生活方式。③ 城市环境治理领域。城市管理者可通过收集、分析各建筑物的用电量数据,图像化分析城市的碳排放量,分析当前城市的热岛效应及制订城市面对未来气候变迁风险的应对方案;通过采集覆盖全市的生态环境物联网及预警体系监测数据,实现生态环境要素数据与污染源等数据协同共享,同时通过业务流程优化,打造城市生态环境数据数字金库,开放数据中枢协同能力，实现城市生态环境要素、污染源协同管理，助力生态环境管理水平提升；通过构建城市碳排放管理平台，为政府提供与绿色低碳相关的发展评估、规划调控、监督考核、产业升级等数字化服务，满足城市智能化、数字化发展要求。

7.4.2 就业效应

（1）劳动就业概念及内涵

就业效应是一个经济学概念，是宏观经济效应的一部分，通常包括直接效应、间接效应和引致性效应，在不同研究中对这些效应的表述略有差异，但内涵基本一致。直接效应是指发生在现场的或是与直接后果相关的销售量、收入或就业岗位变化，可以将就业的直接效应理解为发生在行业内的就业岗位增减变化。间接效应是指引起上下游部门销售量、收入或就业岗位的变化。引致性效应是指由于家庭、企业和政府消费方式改变而引起的销售量、收入或就业影响，也就是把从直接效应和间接效应中所获得的收入用于再消费导致国民经济中其他行业所产生的影响。

从经济学角度看，投资、消费、净出口等宏观经济主要组成部分的变动均对社会就业产生影响。再电气化的过程，实质是高效利用低碳能源，尤其是可再生能源的过程，在能源生产侧大规模开发清洁能源发电，在能源消费侧，以清洁电能消费替代传统化石能源消费，将对能源产业和终端用能方式产生较大影响，进而影响社会就业。从就业角度，再电气化的主要影响体现在能源产业体系本身，即实现非化石能源发电对化石能源发电的替代，带来一系列就业影响，对于能源相关装备制造业的间接影响以及终端用能变化带来的生产工艺改造，通常以间接效应和引致性效应来表示。因此，可以借鉴一些可再生能源产业就业效应的概念和方法开展再电气化的就业影响研究。

（2）再电气化就业影响

再电气化将助推一系列相关产业发展，进而带来就业岗位的增加，包括但不限于以下领域：以风电、光伏发电为代表的新能源，特高压和智能电网，电力工程建设，终端电力设备制造，清洁发电和终端用电技术相关的新材料、新器件研发等。在再电气化加速背景下，由于电力系统低碳化，推动大规模高比例可再生能源发展，带来大规模就业，电力行业及再电气化引起的其他行业就业规模大幅提升。相应地，由于电力系统实现"清洁替代"和终端能源系统实现"电能替代"，化石能源行业就业快速减少，主要包括煤炭、石油等化石能源的开采、运输、销售等岗位的削减，这种削减效应主要发生在我国实现碳达峰以后。

经初步测算如图7.11所示，2030年，为实现能源安全保供，我国化石能源相关就业还将保持稳定，与此同时，由于风电和光伏发电快速发展，电力相关就业快速提升，较2020年增加316万个岗位，再电气化引致性就业岗位增加109万个。2050年，再电气化推动电力相关就业岗位快速增加至1612万个，比2020年增加832万个岗位，再电气化引致性就业增加423万个岗位，化石能源行业减少了310万个岗位。2060年，电力相关就业岗位达到1734万个，较2050年进一步增加超过100万个岗位，而带动其他相关产业的引致性就业还在继续增长，较2050年继续增加90万个，化石能源行业较2050年减少200万个岗位。在电力行业内部，主要体现为清洁能源相关的就业大幅增加，火电相关的就业大幅减少。2060年，煤电将比当前减少2/3的就业岗位，而风电、光伏发电就业岗位将增至目前的10倍。新能源除直接带来就业外，相关的技术研发、设备制造、工程建造、安装、运维都将带来更多的就业机会。对终端产业而言，则主要是电动汽车、建筑用电、工业用电等相关产业大幅增长带来的就业。总体而言，再电气化将带来积极的就业效应，为全社会提供更多就业岗位，推动人民生活水平的提升和增进民生福祉。

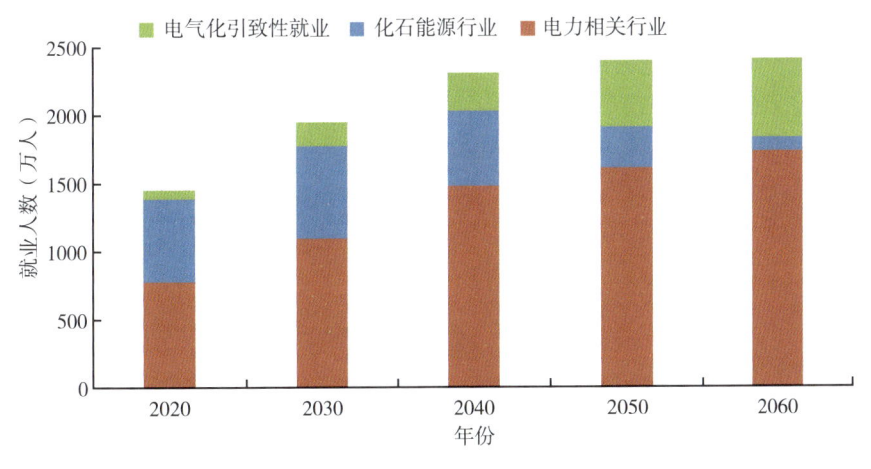

图7.11 再电气化的就业效应

7.4.3 健康效益

健康效益主要体现为由于空气质量改善带来的避免早逝人数，是暴露浓度、人口密度、基准发病率等因素共同作用的结果。气候变化不仅会通过增加高温、干旱、暴雨的频次和强度等方式直接影响人群健康，还会通过加重空气污染、加速疾病媒介传播、影响粮食安全和心理健康等方式间接影响人群的健康。

过去20年，我国因热浪导致的相关死亡人数上升了4倍，2019年的死亡人数达到了 2.68 万人，其货币化成本相当于我国 140 万人的年均国民收入。与 1986—2005 年基准水平相比，2019 年的热浪天数平均增加了 13 天，而老年人在热浪天死亡的风险会上升 10.4%，户外工作者的高温相关潜在劳动生产力损失达到了全国总工时的 0.5%，占我国国内生产总值的 1%，相当于我国每年在科技方面的财政支出。受气温上升和气候变化驱动，极端森林火灾事件的增加以及登革热的传播将进一步造成严重的健康影响。不同地区面临着不同的健康威胁，需要采取有针对性的应对措施。

对于大气排放所产生的损害对象包括对人体健康和生态系统的影响等，目前还缺乏对这些损失全面衡量的经济度量研究。目前对人体健康的研究大多聚焦于 $PM_{2.5}$ 的健康损害，虽然一些学者也研究了臭氧（O_3）的健康影响，但是数量相对较少，且几乎没有证据显示臭氧会在长期内对人类疾病和过早死亡产生影响。一氧化碳（CO）虽然在高浓度下会致命，但是其在正常大气暴露浓度下对健康的影响较少。对生态系统的影响主要是二氧化硫和氮氧化物产生的酸沉降，通常也称酸雨，会对森林生态系统、水生生态系统、农业生态系统产生较大影响，影响农业和林业的产量。空气污染造成的其他社会影响包括降低可见度，对建筑、雕像和纪念碑产生腐蚀作用等。这些健康、生态及社会方面的损害都需要对其经济效益进行更深入的评估。

温室气体减排对人群健康影响机制具有"多链条""跨系统"和"交互式"特点，综合所有机制系统分析减排的健康协同效应是十分困难的。通过再电气化将大大降低污染物浓度和温室气体排放，从而改善生态环境，提升人类健康水平。

参考文献

[1] 中国电力企业联合会. 2020 年电力工业统计资料汇编［R］. 2020.
[2] 谢典，高亚静，刘天阳，等. "双碳"目标下我国再电气化路径及综合影响研究［J］. 综合智慧能源，2022，44（3）：1-8.
[3] 张鸿宇，黄晓丹，张达，等. 加速能源转型的经济社会效益评估［J］. 中国科学院院刊，2021，36（9）：1039-1048.
[4] 张希良，黄晓丹，张达，等. 碳中和目标下的能源经济转型路径与政策研究［J］. 管理世界，2022（1）：35-51.
[5] 中金公司研究部. 碳中和经济学：新约束下的宏观与行业趋势［M］. 北京：中信出版社，2021.

［6］Cai WJ, Mua YQ, Wang C, et al., Distributional employment impacts of renewable and new energy – A case study of China［J］. Renewable and Sustainable Energy Reviews, 2014, 39: 1155-1163.

［7］Mua YQ, Cai WJ, Samuel Evans, et al. Employment impacts of renewable energy policies in China: A decomposition analysis based on a CGE modeling framework［J］. Applied Energy, 2018, 210: 256-267.

［8］俞学豪, 袁海山, 叶昀. 综合智慧能源系统及其工程应用［J］. 中国勘察设计, 2021（1）: 87-91.

［9］康重庆. 能源互联网促进实现"双碳"目标［J］. 全球能源互联网, 2021, 4（3）: 205-206.

［10］全球能源互联网发展合作组织. 生物多样性与能源电力革命［M］. 北京: 中国电力出版社, 2021.

［11］Kuruvilla V, Kumar PV, Selvakumar AI. Challenges and impacts of v2g integration–a review［C］. 2022 8th international conference on advanced computing and communication systems（ICACCS）. IEEE, 2022, 1: 1938-1942.

［12］Cai WJ, Hui JX, Wang C, et al. The Lancet Countdown on PM2.5 pollution-related health impacts of China's projected carbon dioxide mitigation in the electric power generation sector under the Paris Agreement: a modelling study［J］. The Lancet Planetary Health, 2018, 2（4）: 151-161.

［13］中国碳中和与清洁空气协同路径年度报告工作组. 2021中国碳中和与清洁空气协同路径［R］. 北京: 中国清洁空气政策伙伴关系, 2021.40-48.

［14］王彤. 中国CO_2和大气污染物协同减排研究［D］. 北京: 清华大学, 2019.

［15］蔡闻佳, 惠婧璇, 赵梦真, 等. 温室气体减排的健康协同效应: 综述与展望［J］. 城市与环境研究, 2019（1）: 76-94.

［16］秦雪征, 刘阳阳, 李力行. 生命的价值及其地区差异: 基于全国人口抽样调查的估计［J］. 中国工业经济, 2010（10）: 33-43.

［17］梅强, 陆玉梅. 人的生命价值评估方法述评［J］. 中国安全科学学报, 2007（3）: 56-61.

［18］Markandya, A., Chiabai, A. Valuing Climate Change Impacts on Human Health: Empirical Evidence from the Literature［J］. Int. J. Environ. Res. Public Health 2009, 6: 759-786.

［19］惠婧璇. 基于中国省级电力优化模型的低碳发展健康影响研究［D］. 北京: 清华大学, 2018.

［20］黄果. 电能替代发展潜力及其经济与环境效益测度研究［D］. 北京: 华北电力大学, 2019.

第8章 保障体系

再电气化进程是"双碳"目标实现的重要保证，长期以来，我国在推进电能替代、促进可再生能源利用以及建设新型电力系统等领域，从法律法规、政策驱动、机制保障、科技促进等方面构建了比较完整的保障体系，这些政策法规极大地推动了我国能源结构优化和再电气化进程。同时，再电气化相关技术不断进步，推动了能源多元供给、能源高效利用的新型能源体系构建。随着碳排放控制力度的持续加大，需要进一步加快能源消费侧电能替代和能源生产侧清洁替代步伐，亟待制定更加完善健全的保障体系，从顶层设计、科技创新、体制机制改革、绿色金融支持等方面全面推进我国再电气化进程，有力支撑"双碳"目标的实现。

8.1 再电气化发展保障体系现状

8.1.1 能源低碳发展方面

自1996年发布"乘风计划"明确提出到2000年实现大型风力发电机组国产化率60%的目标以来，我国发布了一系列政策文件，全力支撑清洁能源发展。"十二五"以来，风电、光伏发电为代表的新能源发展取得显著成效，随着我国"双碳"目标的提出，能源低碳发展提升到新高度，以清洁能源为主体的能源发展成为未来重要发展趋势。

（1）可再生能源发展相关政策

"十三五"以来，我国出台了诸多关于推动可再生能源发展的政策。2016年，发布可再生能源发电全额保障性收购管理办法，要求电网企业根据确定的上网标杆电价和保证性收购利用小时数，结合市场竞争机制，通过落实优先发电制度，在确保供电安全的前提下，全额购买规划范围内的可再生能源发电项目的上网电量。2017年，发布绿色证书交易机制，要求燃煤发电企业或售电企业通过购买绿证作为完成可再生能源配额义务的证明,通过绿证市场化交易补偿新能源发电的环境效益和社会效益。2018年,《清洁能源消纳行动计划(2018—2020)》规定到2020年基本解决清洁能源的消纳问题。2019年,《关于建立健全可再生能源电力消纳保障机制的通知》对省规定了最低的可再生能源电力消纳责任权重及非水电可再生能源电力消纳责任权重。

2020年3月,国家能源局印发的《关于风电、光伏发电项目建设有关事项的通知》提出,积极推进风电、光伏平价上网项目建设,有序推进风电建设项目国家财政补贴,积极支持分散式风电项目建设,稳妥推进海上风电项目建设,合理确定光伏项目国家补贴竞争配置规模,全面落实电力送出消纳条件。2021年5月,国家能源局印发的《国家能源局关于2021年风电、光伏发电开发建设有关工作的通知》提出,全年风电、光伏发电量占全社会用电量的比重达到11%左右,扎实推进主要流域水电站规划建设,在确保安全的前提下积极有序发展核电,推动有条件的光热发电示范项目尽早建成并网,非化石能源发电装机力争达到11亿千瓦。强化可再生能源电力消纳责任权重引导机制,建立保障性并网、市场化并网等并网多元保障机制,加快推进存量项目建设,稳步推进户用光伏发电建设,抓紧推进项目储备和建设。

2021年6月,国家能源局印发的《关于报送整县(市、区)屋顶分布式光伏开发试点方案的通知》指出,全面开展整县(市、区)屋顶分布式光伏建设,有利于整合资源实现集约开发,有利于消减电力尖峰负荷,有利于节约优化配电网投资,有利于引导居民绿色能源消费,是实现"双碳"与乡村振兴两大国家战略的重要措施。

2022年6月,国家发展改革委、国家能源局、财政部、自然资源部、生态环境部、住房和城乡建设部、农业农村部、中国气象局、国家林业和草原局9部委联合印发的《关于印发"十四五"可再生能源发展规划的通知》提出,"十四五"期间,可再生能源在一次能源消费增量中占比超过50%。2025年,可再生能源年发电量达到3.3万亿千瓦·时左右。"十四五"期间,可再生能源发电量增量在全社会用电量增量中的占比超过50%,风电和太阳能发电量实现翻倍。

(2)能源清洁高效利用相关政策

2021年3月,《国民经济和社会发展第十四个五年规划和2035年远景目标纲要》指出,加快发展非化石能源,坚持集中式和分布式并举,大力提升风电、光伏发电规模;建设一批多能互补的清洁能源基地,非化石能源占能源消费总量比重提高到20%左右;开展用能信息广泛采集、能效在线分析,实现源网荷储互动、多能协同互补、用能需求智能调控。

2021年10月，国家发展改革委、国家能源局印发《关于开展全国煤电机组改造升级的通知》，12月，国务院印发《"十四五"节能减排综合工作方案》，提出推进存量煤电机组节煤降耗改造、供热改造、灵活性改造"三改联动"，持续推动煤电机组超低排放改造。

2021年7月，国家发展改革委印发《国家发展改革委国家能源局关于加快推动新型储能发展的指导意见》，鼓励结合源、网、荷不同需求探索储能多元化发展模式。11月，国家能源局综合司印发《关于推进2021年度电力源网荷储一体化和多能互补发展工作的通知》，提出以需求为导向，优先考虑含光热发电、氢能制氢储用、梯级电站储能、抽汽储能、电化学储能、压缩空气储能、飞轮储能等新型储能示范的"一体化"项目。

2022年5月，财政部印发的《财政支持做好碳达峰碳中和工作的意见》指出，到2025年，财政政策工具不断丰富，有利于绿色低碳发展的财税政策框架初步建立，有力支持各地区各行业加快绿色低碳转型。2030年前，有利于绿色低碳发展的财税政策体系基本形成，促进绿色低碳发展的长效机制逐步建立，推动碳达峰目标顺利实现。2060年前，财政支持绿色低碳发展政策体系成熟健全，推动碳中和目标顺利实现。

此外，我国还提出加快推进能耗"双控"向碳排放总量和强度"双控"转变，引导能源消费清洁低碳。在新能源产业发展方面，2020年9月，国家发展改革委、科技部、工信部、财政部联合印发《关于扩大战略性新兴产业投资－培育壮大新增长点增长极的指导意见》，提出加快新能源产业跨越式发展，大力开展综合能源服务。

近年来能源低碳发展领域的其他部分相关政策见表8.1。

表8.1 2019年以来电力供应低碳化领域相关政策

发布时间	发布部门	政策文件名称	主要内容
2019年5月	国家发展改革委 国家能源局	《关于建立健全可再生能源电力消纳保障机制的通知》	对各省级行政区域设定可再生能源电力消纳责任权重，建立健全可再生能源电力消纳保障机制，确保完成全国能源消耗总量和强度"双控"目标
2019年7月	工业和信息化部	《关于印发工业领域电力需求侧管理工作指南的通知》	建立健全工业领域电力需求侧管理工作规范，加强电能管理，调整用能结构，提高终端用电效率，持续提高单位工业增加值能效，实现节约、环保、绿色、智能、有序用电
2019年10月	国家发展改革委	关于印发《绿色生活创建行动总体方案》的通知	明确在创建节约型机关、绿色家庭、绿色社区、绿色商场的过程中强化能耗管理，提高能源资源利用效率，加强绿色建筑运行管理，积极采用合同能源管理

续表

发布时间	发布部门	政策文件名称	主要内容
2020年6月	国家能源局	关于印发《2020年能源工作指导意见》的通知	持续发展非化石能源，提高清洁能源利用水平。2020年非化石能源发电装机达到9亿千瓦左右
2020年7月	国家发展改革委办公厅	《关于组织开展绿色产业示范基地建设的通知》	推动能源梯级利用，积极开展能源托管服务
2021年2月	国家发展改革委 国家能源局	《关于推进电力源网荷储一体化和多能互补发展的指导意见》	积极实施存量"风光水火储一体化"提升，稳妥推进增量"风光水（储）一体化"，探索增量"风光储一体化"，严控"风光火（储）一体化"增量基地化开发项目，要求外送输电通道可再生能源电量比例不低于50%
2021年10月	国家发展改革委 国家能源局	《关于开展全国煤电机组改造升级的通知》	节煤降耗改造。对供电煤耗在300克标准煤/千瓦·时以上的煤电机组加快实施，无法改造的机组逐步停停或转为应急备用电源 供热改造。鼓励现有燃煤发电机组替代供热，积极关停采暖和工业供汽小锅炉，对具备供热条件的纯凝机组开展供热改造 灵活性改造制造。存量煤电机组灵活性改造应改尽改，"十四五"期间完成2亿千瓦，增加系统调节能力3000万～4000万千瓦
2021年	国务院	《2030年前碳达峰行动方案》	非化石能源消费比重2025年达到20%左右，2030年达到25%左右 单位国内生产总值二氧化碳排放比2005年下降65%以上，顺利实现2030年前碳达峰目标 到2030年，风电、太阳能发电总装机容量达到12亿千瓦以上。2030年，抽水蓄能电站装机容量达到1.2亿千瓦左右，省级电网基本具备5%以上的尖峰负荷响应能力

8.1.2 新型电力系统建设方面

2021年3月，中央财经委员会第九次会议提出构建以新能源为主体的新型电力系统，各部门出台系列文件，推动新型电力系统领域的技术创新，支撑新型电力系统的建设。具体政策及内容如表8.2所示。

2022年1月，国家发展改革委、国家能源局联合下发《关于完善能源绿色低碳转型体制机制和政策措施的意见》，对新型电力系统的内涵进行了全面的诠释。① 新型电力系统能够适应新能源电力发展需要，是适应可再生能源局域深度利用和广域输送的电网体系，意味着新型电力系统是促进电力行业低碳转型的重要载体。② 新型电力系统在灵活性资源引入方面具有很强的包容性，既能促进多种电源协同发展、煤电深调改造、气电、常规水电增容、抽水蓄能、新型储能、光热都是可选项；又能有效促进需求侧调节，发挥削峰填谷、促进电力供需平衡的作用；还能与供热（供冷）、供气等系统形成区域综合能源系统。③ 新型电力系统受到健全的电力市场机制支撑，实现电力中长期、现货和辅助服务交易有机衔接，有完善的容量市场交易机制，通过市场化方式促进电力绿色低碳发展。

表 8.2 2021 年以来新型电力系统建设政策

发布时间	文件/会议名称	内容梗概
2021 年 3 月	中央财经委员会第九次会议	提出新型电力系统的概念，指出"构建以新能源为主体的新型电力系统"
2021 年 6 月	《国家能源局关于组织开展"十四五"第一批国家能源研发创新平台认定工作的通知》	将新能源为主体的新型电力系统列入认定范围，包含：适应大规模高比例可再生能源和分布式电源友好并网，源网荷双向互动的新型电网技术等
2021 年 7 月	《国家能源局关于加快推动新型储能发展的指导意见》	抽水蓄能和新型储能是支撑新型电力系统的基础装备，将发展新型储能作为提升新能源电力系统调节能力的重要支撑
2021 年 9 月	《绿色电力交易试点工作方案》	还原绿电的绿色商品属性，发电侧电源结构从以传统火电转变为以新能源为主体，是新型电力系统的显著特征
2021 年 12 月	国家能源局 2022 年能源工作路线路	提升电力系统调节能力，推进煤电灵活性改造，推动新型储能发展，优化电网调度运行方式
2022 年 1 月	《2022 年能源行业标准计划立项指南》	新型电力系统输配电关键技术是能源行业标准计划立项重点方向之一
2022 年 2 月	《关于加快建设全国统一电力市场体系的指导意见》	体现了中国未来电力市场体系的整体设想，包括：构建多层次协同的市场体系；构建基础功能健全的市场体系；构建组织运行规范的市场体系；构建政府有效有为的市场体系；构建支撑系统转型的市场体系
2022 年 3 月	《"十四五"现代能源体系规划》	统筹高比例新能源发函和电力安全稳定运行，加快电力系统数字化升级和新型电力系统建设迭代发展
2022 年 4 月	《"十四五"能源领域科技创新规划》	开展面向新型电力系统应用的网络结构模式和运行调度、控制保护方式等关键技术研究
2022 年 5 月	《关于促进新时代新能源高质量发展的实施方案》	全面提升新型电力系统调节能力和灵活性，支持和指导电网企业积极计入和消纳新能源

2023 年 1 月，国家能源局综合司发布关于公开征求《新型电力系统发展蓝皮书（征求意见稿）》意见的通知指出，按照党中央提出的新时代"两步走"战略安排要求，锚定 2030 年前实现碳达峰、2060 年前实现碳中和的战略目标，以 2030 年、2045 年、2060 年为新型电力系统构建战略目标的重要时间节点，制定新型电力系统"三步走"发展路径。2030—2045 年，用户侧低碳化、电气化、灵

活化、智能化变革方兴未艾，全社会各领域电能替代广泛普及；各领域各行业先进电气化技术及装备水平进一步提升，工业领域电能替代深入推进，交通领域新能源、氢燃料电池汽车替代传统能源汽车；虚拟电厂、电动汽车、可中断负荷等用户侧优质调节资源参与电力系统灵活互动，用户侧调节能力大幅提升；电能在终端能源消费中逐渐成为主体，助力能源消费低碳转型。在加强新能源高效开发利用体系建设方面，推动分散式新能源就地开发利用，促进新能源多领域跨界融合发展；积极推动各具特色的电力"源网荷储一体化"项目，围绕公共建筑、居住社区、新能源汽车充电桩、铁路高速公路沿线等建筑、交通领域，发展新能源多领域融合的新型开发利用模式；推动多领域清洁能源电能替代，充分挖掘用户侧消纳新能源潜力；推动各领域先进电气化技术及装备发展进步并向各行业高比例渗透，交通领域大力推动新能源、氢燃料电池汽车全面替代传统能源汽车，建筑领域积极推广建筑光伏一体化清洁替代。在加强电力系统智慧化运行体系建设方面，要打造新型数字基础设施。推进源网荷储和数字基础设施融合升级，实现电网生产、经营管理等核心业务数字化转型；深化电网数字化平台建设应用，打造业务中台、数据中台和技术中台，构建智慧物联体系，推广共性平台和创新应用，提高能源电力全环节全息感知能力，提升分布式能源、电动汽车和微电网接入互动能力，推动源网荷储协同互动、柔性控制。

8.1.3 终端电气化方面

（1）电能替代专项政策

2016年，国家发展改革委、国家能源局、财政部、环境保护部、住房城乡建设部、工业和信息化部、交通运输部、中国民用航空局联合印发《关于推进电能替代的指导意见》，全面推动我国电能替代发展。2022年3月，国家发展改革委、国家能源局、工信部、财政部、生态环境部、住建部、交通部、农业农村部、国家机关事务管理局、中国民用航空局10部门联合印发《关于进一步推进电能替代的指导意见》，对电能替代工作作出了进一步部署。

"十四五"期间，进一步拓展电能替代的广度和深度，努力构建政策体系完善、标准体系完备、市场模式成熟、智能化水平高的电能替代发展新格局。到2025年，电能占终端能源消费比重达到30%左右。

大力推进工业领域电气化。服务国家产业结构调整和制造业转型升级，在钢铁、建材、有色、石化化工等重点行业及其他行业铸造、加热、烘干、蒸汽供应等环节，加快淘汰不达标的燃煤锅炉和以煤、石油焦、渣油、重油等为燃料的工业窑炉，推广电炉钢、电锅炉、电窑炉、电加热等技术，开展高温热泵、大功率电热储能锅炉等电能替代，扩大电气化终端用能设备使用比例。加快工业绿色微电网建设，引导企业和园区加快厂房光伏、分布式风电、多元储能、热泵、余热余压利用、智慧能源管控等一体化系统开发运行，推进多能高效互补利用。推广电动皮带廊替代燃油车辆运输，减少物料转运环节大气污染物和二氧化碳排放。推广电钻井等电动装置，提升采掘业电气化水平。

加快推进建筑领域电气化。鼓励机关、学校、医院等公共机构建筑和办公楼、酒店、商业综合体等大型公共建筑围绕减碳提效，实施电气化改造。充分利用自有屋顶、场地等资源条件，不断扩大自发自用的新能源开发规模，提高终端用能中的绿色电力比重。

完善价格和市场机制。深化输配电价改革，将因电能替代引起的电网输配电成本纳入输配电价回收。完善峰谷电价机制，引导具有蓄能特性的电能替代项目参与削峰填谷，根据本地电力供需情况优化清洁取暖峰谷分时电价政策，适当拉大峰谷价差，延长低谷时长。支持具备条件的地区建立采暖用电的市场化竞价采购机制。切实落实电动汽车、船舶使用岸电等电价支持政策。岸电服务可实行地方政府指导价收费，鼓励港口岸电建设运营主体积极实施岸电使用服务费优惠，实现船舶使用岸电综合成本（电费和服务费）原则上不高于燃油发电成本。支持电能替代项目参与电力市场长期交易、现货交易和电力辅助服务市场，鼓励电能替代项目参与碳市场交易，鼓励以合同能源管理、设备租赁等市场化方式开展电能替代。

（2）终端用能电气化相关政策

2020年，《政府工作报告》提出，加强新型基础设施建设，增加充电桩、换电站等设施，推广新能源汽车。11月，国务院办公厅印发《新能源汽车产业发展规划（2021—2035年）》，提出到2025年，新能源汽车新车销售量达到汽车新车销售总量的20%左右，到2035年，纯电动汽车成为新销售车辆的主流，公共领域用车全面电动化。

2020年6月，国家能源局印发《2020年能源工作指导意见》，提出全年新增电能替代电量1500亿千瓦·时左右，电能占终端能源消费比重达到27%，提高农村电力服务水平。国家发展改革委国家能源局印发《关于做好2020年能源安全保障工作的指导意见》，提出深入实施电能替代，不断提高电能占终端能源消费比重。大力推广地能热泵、工业电锅炉（窑炉）、农业电排灌、船舶岸电、机场桥载设备、电蓄能调峰等。

2021年4月，国家能源局印发《2021年能源工作指导意见》，提出全年新增电能替代电量2000亿千瓦·时左右，电能占终端能源消费比重力争达到28%；因地制宜推进实施电能替代，大力推进以电代煤和以电代油，有序推进以电代气，提升终端用能电气化水平。

2021年5月，住房和城乡建设部等15个部门联合印发《关于加强县城绿色低碳建设的意见》，提出提升县城能源使用效率，通过提升新建厂房、公共建筑等屋顶光伏比例和实施光伏建筑一体化开发等方式，降低传统化石能源在县城建筑用能中的比例。10月，国务院印发《2030年前碳达峰行动方案》，提出深化可再生能源建筑应用，推广光伏发电与建筑一体化应用，因地制宜推行热泵、生物质能等清洁低碳供暖。

2021年7月，中共中央办公厅、国务院办公厅印发《关于推动城乡建设绿色发展的意见》，提出合理布局和建设电动汽车充换电站，加快发展智能网联汽车、新能源汽车。同月，交通运输部、国家发展改革委、国家能源局、国家电网有限公司联合印发《关于进一步推进长江经济带船舶靠港使用岸电的通知》，提出进一步提高长江经济带船舶靠港岸电使用率，力争到2025年年底前，船舶受电设施安装率大幅提高，港口和船舶岸电设施匹配度显著提升。

此外，在乡村电气化、用电营商环境等方面也出台了相关政策予以支持。乡村电气化方面，2019年以来，国家实施农业农村优先发展的顶层设计持续强化，将实施乡村电气化提升工程、持续推进农村电网改造升级作为进一步巩固拓展脱贫攻坚成果，促进脱贫攻坚与乡村振兴有效衔接的重要抓手。2021年1月，中共中央、国务院印发《关于全面推进乡村振兴加快农业农村现代化的意见》，提出加大农村电网建设力度，全面巩固提升农村电力保障水平。6月，住房和城乡建设部等部门联合印发《关于加快农房和村庄建设现代化的指导意见》，提出鼓励使用适合当地特点和农民需求的清洁能源，推广应用光伏等技术和产品，推动村民日常照明、炊事、采暖制冷等用能绿色低碳转型。

在用电营商环境优化方面，2020年1月，《优化营商环境条例》正式施行，标志着我国优化营商环境制度建设进入新的阶段，为电力行业优化营商环境明确了方向指引。8月，国家能源局印发《国家能源局全面推行电力业务资质许可告知承诺制实施方案》，提出推动电力业务资质许可实现"零跑腿""零证明""当场办"，制定全面提升"获得电力"服务水平工作任务台账，对各省级能源（电力）主管部门、供电企业各项任务完成标准和时限提出要求，开展提升"获得电力"服务水平综合监管，及时发现并协调解决获得电力改革过程中存在的困难和问题。9月，国家发展改革委、国家能源局联合印发了《关于全面提升"获得电力"服务水平持续优化用电营商环境的意见》，提出用电营商环境持续优化的具体目标。

2019年以来终端用能电气化领域的部分相关政策见表8.3。

表8.3 2019年以来终端用能电气化领域部分相关政策

发布时间	发布部门	政策文件名称	主要内容
2019年1月	交通运输部、财政部、国家发展改革委、国家能源局、国家电网公司、南方电网公司	《关于进一步共同推进船舶靠港使用岸电工作的通知》	主要从统一岸电标准、加快设施建设、完善供售电机制、加大支持力度、提升服务水平五方面推动岸电工作
2019年1月	中共中央、国务院	《关于坚持农业农村优先发展做好"三农"工作的若干意见》	实施村庄基础设施建设工程，全面实施乡村电气化提升工程，加快完成新一轮农村电网改造
2019年12月	交通运输部	《港口和船舶岸电管理办法》	从交通运输行业节能环保角度，对中华人民共和国境内港口和船舶岸电建设、使用及有关活动进行了规范，并明确了使用范围
2020年1月	中共中央、国务院	《关于抓好"三农"领域重点工作确保如期实现全面小康的意见》	加大农村公共基础设施建设力度，完成"三区三州"和抵边村寨电网升级改造攻坚计划
2020年7月	中央农村工作领导小组办公室等7部委	《关于扩大农业农村有效投资加快补上"三农"领域突出短板的意见》	加快农业农村领域补短板重大工程项目建设，实施乡村电气化提升工程，持续推进农村电网改造升级
2020年12月	财政部、工信部、科技部、国家发展改革委	《关于进一步完善新能源汽车推广应用财政补贴政策的通知》	延长补贴支持政策至2022年年底，平缓补贴退坡力度和节奏，提高产业集中度，按应用领域实施差异化补贴，加快公共交通及特定领域汽车电动化进程
2021年12月	财政部、工业和信息化部、科技部、国家发展改革委	《关于2022年新能源汽车推广应用财政补贴政策的通知》	2022年新能源汽车补贴标准在2021年基础上退坡30%；城市公交、道路客运、出租（含网约车）、环卫、城市物流配送、邮政快递、民航机场以及党政机关公务领域符合要求的车辆，补贴标准在2021年基础上退坡20%

8.1.4 市场机制建设方面

（1）电力市场化改革

电力市场是我国统一开放、竞争有序的现代市场体系的重要组成部分。2015年，《关于进一步深化电力体制改革的若干意见》实施以来，我国电力市场建设持续向纵深推进，并取得显著成效。"统一市场、两级运作"的市场总体框架基本建成，形成覆盖省间省内，包括中长期、现货、辅助服务的全周期全品种市场体系，省间市场趋于完善，省内中长期与现货协同开展。电力市场运营的物理基础和输配电价机制基本具备，电网配置能力全面提升，形成各级电网完整输配电价体系，为全国统一电力市场运营提供有力支撑。发用电计划逐步放开下的市场化交易规模显著提升。促进清洁能源消纳的市场交易机制初步建立，依托大电网、大市场，创新开展清洁能源打捆、发电权替代、跨区富余可再生能源现货等交易。公平高效的市场服务与交易平台协同运营，实现了北京交易中心、广州电力交易中心及33家省市单位交易平台两级部署，电力交易业务全过程的线上运行。

2019年以来，电力市场建设相关政策文件重点聚焦于发用电计划放开、深化电力现货市场建设、加强电力市场监管、完善中长期交易合同签订、规范电力交易机构运行等方面，多措并举推动健全完善电力市场交易运营机制。其中，构建可再生能源市场化交易机制已经成为保障可再生能源消纳的重要举措，电力现货市场试点全部进入结算试运行阶段，电力辅助服务市场化机制逐步建立。电价改革相关政策文件重点聚焦于放开发电侧和售电侧市场化电价、强化垄断环节监管等方面。

2022年1月，国家发展改革委和国家能源局出台《关于加快建设全国统一电力市场体系的指导意见》，提出加快建设多层次全国统一电力体系、统一交易规则和技术标准，推进适应能源结构转型的电力市场建设。到2025年，全国统一电力市场体系初步建成，国家市场与省（区、市）/区域市场协同运行，电力中长期、现货、辅助服务市场一体化设计、联合运营，跨省跨区资源市场化配置和绿色电力交易规模显著提高，有利于新能源、储能等发展的市场交易和价格机制初步形成。到2030年，全国统一电力市场体系基本建成，适应新型电力系统要求，国家市场与省（区、市）/区域市场联合运行，新能源全面参与市场交易，市场主体平等竞争、自主选择，电力资源在全国范围内得到进一步优化配置。

2019年以来市场化改革领域部分相关政策见表8.4。

表8.4　2019年以来电力市场化改革领域部分相关政策

发布时间	发布部门	政策文件名称	主要内容
2019年6月	国家发展改革委	《关于全面放开经营性电力用户发用电计划的通知》	经营性电力用户的发用电计划原则上全部放开
2019年7月	国家发展改革委办公厅、国家能源局综合司	《关于深化电力现货市场建设试点工作的意见的通知》	统筹协调电力现货市场衔接机制，统筹协调省间交易与省（区、市）现货市场，统筹协调电力中长期交易与现货市场，统筹协调电力辅助服务市场与现货市场

续表

发布时间	发布部门	政策文件名称	主要内容
2019年10月	国家发展改革委	《关于深化燃煤发电上网电价形成机制改革的指导意见》	将现行燃煤发电标杆上网电价机制改为"基准价+上下浮动"的市场化价格机制，取消煤电价格联动机制
2020年2月	国家能源局	《关于推进电力交易机构独立规范运行的实施意见的通知》	2020年年底前，区域性交易机构和省（自治区、直辖市）交易机构的股权结构进一步优化、交易规则有效衔接。2022年年底前，各地结合实际情况进一步规范完善市场框架、交易规则、交易品种等，适应区域经济一体化要求的电力市场初步形成。2025年年底前，基本建成主体规范、功能完备、品种齐全、高效协同、全国统一的电力交易组织体系
2020年9月	国家发展改革委	《关于核定2020—2022年区域电网输电价格的通知》	积极推进跨省跨区电力市场化交易。区域电网容量电价作为上级电网分摊费用通过省级电网输配电价回收，不再向市场交易用户额外收取
2020年9月	国家发展改革委	《关于核定2020—2022年省级电网输配电价的通知》	积极推进发电侧和销售侧电价市场化。参与电力市场化交易的用户用电价格，包括市场交易上网电价、输配电价、辅助服务费用和政府性基金及附加
2021年7月	国家发展改革委	《关于进一步完善分时电价机制的通知》	各地统筹考虑当地电力系统峰谷差率、新能源装机占比、系统调节能力等因素，合理确定峰谷电价价差
2021年9月	国家发展改革委、国家能源局	《关于绿色电力交易试点工作方案的复函》	首次提出绿色电力产品定义：绿色电力产品主要为风电和光伏发电企业上网电量，条件成熟时，可逐步扩大至符合条件的水电
2021年10月	国家发展改革委	《关于进一步深化燃煤发电上网电价市场化改革的通知》	有序放开全部燃煤发电电量上网电价，扩大市场交易电价上下浮动范围，推动工商业用户都进入市场，取消工商业目录销售电价，保持居民、农业、公益性事业单位用电价格稳定
2022年1月	国家发展改革委、国家能源局	《关于加快建设全国统一电力市场体系的指导意见》	健全多层次统一电力市场体系，完善统一电力市场体系的功能，构建适应新型电力系统的市场机制。建立与新能源特性相适应的中长期电力交易机制，因地宜建立发电容量成本回收机制，探索开展绿色电力交易，健全分布式发电市场化交易机制

（2）碳市场

2011年10月，在北京、天津、上海、重庆、湖北、广东及深圳7省市开展碳交易试点工作。2017年12月，《全国碳排放权交易市场建设方案（发电行业）》发布，全国碳市场正式启动。2020年12月，生态环境部公布《全国碳排放权交易管理办法（试行）》，全国碳市场首个履约周期启动。全国碳排放权交易市场按照基础建设期、模拟运行期和深化完善期三个阶段推进，2021年7月16日正式启动上线交易，首个履约周期于2021年12月31日结束。

首期全国碳市场共纳入发电行业重点排放单位2162家，覆盖除西藏、香港、澳门、台湾以外的31个省（区、市），首次将温室气体控排责任压实到企业。首个履约期碳排放配额累计成交量1.79亿吨，累计成交额76.61亿元。全国碳市场总体情况向好，首期覆盖范围较广，运行机制稳健，形成了一系列成熟经验，为纳入更多行业奠定了基础。全国碳市场首期履约情况较好，按履约量计，首个履约周期履约完成率为99.5%。五大发电集团、"三桶油"等能源央企纷纷打造碳管理平台，开展碳资产运营管理。

2022年，生态环境部通过部门规章文件，继续深入推动碳市场的制度建设与标准完善，先后印发《关于做好2022年企业温室气体排放报告管理相关重点工作的通知》《关于公开征求〈2021、2022年度全国碳排放权交易配额总量设定与分配实施方案（发电行业）〉（征求意见稿）意见的函》和《关于印发〈企业温室气体排放核算与报告指南发电设施〉〈企业温室气体排放核查技术指南发电设施〉的通知》。

2022年年底，生态环境部发布《全国碳排放权交易市场第一个履约周期报告》，系统总结了全国碳市场第一个履约周期的建设运行经验。《报告》指出，截至2022年年底，全国碳市场碳排放配额累计成交量2.3亿吨，累计成交额104.8亿元。市场运行总体平稳有序，配额价格稳中有升，减排履约成效初显，碳市场在优化碳排放资源配置、促进企业低成本减排和经济社会高效转型中的积极作用得到初步显现。

8.2 完善措施

8.2.1 建立健全政策支撑体系

（1）研究出台适应高度电气化的清洁能源支持政策

随着再电气化的深入推进，电力需求不断增大，对电力供应的安全稳定性和绿色低碳水平要求也将持续提高，亟须加大政策支持力度，加快构建适应高度电气化的清洁电力供应体系。①进一步加快完善新能源发展政策体系，从能源供应系统全局出发，研究明确不同发展时期新能源合理利用率及发展规模；研究制定有利于新能源参与市场的政策机制和价格机制，推动新能源消纳逐步由市场承接；在可再生能源消纳责任权重下，对现有超额消纳量与自愿认购绿色证书进行优化整合，依托绿电交易建立统一的绿色消费认证体系；做好消纳责任权重、碳配额、碳税等相关政策的统筹衔接，促进碳市场、绿电市场和绿证市场的目标协同、机制协同，形成同向合力。② 统筹协调好各类电源发展，保障电力安全稳定供应，特别是需要统筹好煤电发展的短期政策和长期政策，针对不同时期制定相适应、彼此衔接的政策，保障煤电短期和长期发展的协调性，匹配煤电占比及功能定位的转变，同时加快出台支持先进核电、水电等清洁电源发展的政策。③ 加快新型电力系统建设，更好发挥电网的能源转换枢纽和基础平台作用，推动能源电力低碳化发展，加快完善以特高压为骨干网架的坚强智能电网，着力打造可靠性高、互动友好、经济高效的一流现代化配电网。④ 在 CCUS、BECCS 等负碳技术发展方面加大财政支持力度，加大研发投入，对煤电与生物质、污泥等掺烧耦合发电项目予以鼓励，引导企业加快推动 CCUS、BECCS 技术应用。

（2）将电能替代明确写入各级、各部门行业领域专项规划中

紧密结合国家推进"双碳"目标、构建新型电力系统和进一步推进电能替代等重点工作部署，强化政企协同、高位推进的工作机制，推动各级政府结合本地资源禀赋，因地制宜将电能替代纳入城市总体规划、能源发展规划、环境保护规划，避免各类能源品种之间的低效竞争，实现能源最优化配置。各行业领域要将电能替代作为实现转型升级、促进高质量发展的重要措施，重点在制造业、交通运输业、建筑业等行业领域专项规划及"双碳"工作规划中，明确提出电能替代的量化目标和重点环节，制定细化措施。尤其是传统高污染高排放行业，要结合产业行业现状、特点及发展趋势，明确电能替代在产业结构优化调整中的功能定位，融合业务布局，量化提出细分行业重点电能替代技术渗透率、覆盖面等目标，明确实施责任主体和节点要求，以实打实的重大项目、重大举措，让目标能落地、可实现，实现绿色发展。

（3）制定完善电能替代专项支持政策

随着电能替代广度、深度的不断拓展，电能替代经济性较弱的劣势凸显，需要出台更有针对性的专项支持政策，有效支撑电能替代推进。实施更大力度的财税政策，科学选择补贴对象实现精准补贴，加大对绿色智能家电、港口岸电项目、工业电锅（窑）炉、集中电采暖项目以及"煤改电"配套电网工程等的补贴力度和扩大补贴范围，延续电动车购置税减免政策。在各终端部门，分别出台专项政策，引导鼓励电气化技术推广应用。工业领域实施电气化改造专项计划，优化电价机制，合理控制用电成本。建筑领域研究外墙保温改造与"煤改电"协同推进政策，有效提升电取暖的效果和经济性。交通领域对于电动汽车、船舶受电设施改造及靠泊使用岸电等发展予以倾斜，加速发展进程。农业领域支持智慧农

业、农业电气化，将电气化农机具纳入农机补贴目录，提高补贴额度，推进农机电动化，加快推行粮食电烘干、冷链保鲜类替代。

出台更严格的环保政策，加快形成倒逼机制，有效减少散烧燃煤、燃油的使用量，为电能替代提供良好的契机。建立全社会共同承担大气污染防治责任的机制，出台城市限制性环保政策，细化、完善各类企业和耗能设备的环保排放标准。①加大燃煤锅炉改造，制定相应的锅炉大气污染物排放标准，提升燃煤锅炉淘汰吨位，推动电能替代发展。②加大车船燃油排放限制力度，同时通过相关政策引导，以电动汽车取代燃油汽车，设立长江流域等船舶污染排放控制区，出台船舶污染排放强制性约束及惩罚性措施。③及时淘汰落后、高排放、低能效的生产工艺、设备及高耗能、高排放项目，针对具备条件的企业生产工艺流程应用高效的电能替代技术。

（4）提升电力供应保障能力

为确保电源建设、电网建设与电能替代协同发展，根据电能替代对电网的需求，结合智能电网与地方电网实际情况，加强配电网规划、建设等专业力量，加快配电网升级改造，着力解决区域发展不平衡、不充分问题。加强设备精细管理，优化配网运行方式，提升配电网智能化水平，保障供电，及时完善相关配电网技术标准，提高电网对大规模电能替代负荷接入的适应能力。通过顶层设计，模块构建、负荷预测、数据接入分析等，实现电网供需两端能源数据的双向流动，构建"全国一张网"的平台，全面支撑用户信息互动、电动汽车充放电、港口岸电、电采暖、用户参与和电网削峰填谷等业务。持续改善用电营商环境，深入推进低压小微企业用电报装"三零（零上门、零审批、零投资）"、高压用户用电报装"三省（省力、省时、省钱）"服务，实施电能替代的客户进入"绿色通道"，优先安排电网接入资金。将电能替代项目接入列入"红线"内，加快升级和改造配套电网，各市州政府在用地保障、廊道通行等方面要提前规划，给予支持。

8.2.2 推动科技与产业创新

8.2.2.1 加快突破电力领域的低碳零碳负碳技术瓶颈

推动能源电力清洁低碳转型，需要聚焦重点领域，提前布局重大技术研发，加快商业化应用，实现清洁低碳、安全高效的新型电力系统构建。推动低碳清洁能源"生产—分配—流通—消费"全环节技术进步，以技术突破的超前思维和跨越式思维统筹关键技术研发、示范和产业化整体布局。加大新型电力系统研究力度，聚焦清洁能源发电技术、新型电力系统规划、运行及安全稳定控制技术、新型储能和电氢碳协同利用技术等，开展科技攻关。

（1）大力发展清洁发电技术

主要包括煤电清洁高效利用、新能源、核电等技术。加快煤电清洁高效灵活技术进步，提高煤电机组效率，提升灵活调节能力，实现从电量提供主体向兜底保供、调节服务转变。风电发展电网友好型风机、叶片回收循环利用、超导风机等技术，发展低成本高效率光伏发电、光伏组件回收再利用等技术，海上风电突破平台轻量化、柔性直流组网等技术。水电因地制宜发展中小型抽蓄，发展梯级水能循环利用。核电加快推广第三代压水堆技术，推进高温气冷堆技术研发应用，推动核能在供汽供热、工业制氢等领域综合利用。

（2）构建现代化电网体系

随着高比例新能源、高比例电力电子装备接入，传统电力系统将变为电力电子系统，动态特性和安全稳定机理都将发生深刻改变。发展特高压、柔性输电、直流电网等先进输电和组网技术，推进送受端电网协调发展，进一步提升电网优化资源配置能力。增强电力电子系统仿真分析能力，建立与"双高"电力系统相适应的安全控制体系，提升电力系统的韧性和弹性。建设新型配电系统，提高分布式电源和微电网的灵活性、互动性和电能利用效率。加快建设"广泛互联、智能互动、灵活柔性、安全可控"的新型电力系统。

（3）加快储能技术发展

通过储能技术应对新能源发电的不确定性，保障电力连续可靠供应。大力发展最为成熟、可靠、经济的抽水蓄能，加快突破电化学储能热稳定性、系统集成、梯次利用、纳米材料等关键技术，重视研发并应用全时间尺度储能技术，解决大规模新能源发电随机波动问题，有效应对极端天气条件下新能源出力长时间不确定带来的供电安全问题。强化储能标准体系建设及应用，加大创新投入、完善储能技术标准体系、完善储能相关检测环境和试验能力，并进一步加强储能产品认证能力，带动和促进储能装备创新升级。

（4）积极探索氢能技术

目前，绿氢制备利用还存在成本高、转化效率低、储运安全等问题，需要加强关键技术研发，提高"电—氢—电"转换效率，发展高性能低成本氢燃料电池、富氢燃气轮机等技术，促进氢能在交通、工业等终端用能领域的综合应用。推进电解制氢、储运及燃料电池系统和设备的核心技术实现自主化和产业化，加大科研投入，推进适于波动性电力的电解槽、氢气储运设备及大规模燃料电池电堆的相关材料、部件、系统关键技术的自主化和产业化，并建立完善有效的检测体系。

（5）推动捕碳固碳技术进一步成熟

捕碳固碳技术是实现碳中和目标及构建零碳电力系统的兜底技术，主要包括CCUS和BECCS技术等。CCUS技术是大规模实现人工碳移除的主要技术手段，目前以石油、煤化工、电力行业示范应用为主，但成本和能耗偏高，尚不具备大规模商业化应用条件，要加快突破捕集方法、材料、工艺、流程、利用等方面的技术瓶颈，推进大规模二氧化碳驱油、封存和化工应用，着力降低CCUS技术在煤电、天然气发电领域的应用成本。BECCS技术通过将生物质与CCUS技术结合实现负碳排放，全球生物质资源丰富，BECCS技术发展潜力巨大，还需进一步提升其技术成熟度。

（6）加强电力数字化技术创新

基于大数据、云计算、物联网、5G和人工智能等技术，实现能源基础设施信息联通，能源生产、传输、存储、消费各环节全面感知、智能分析、精准预测、高效互动，优化能源资源配置，提升能源资源管理和服务效能。在全景状态感知能力方面，加快推进感知终端与一二次设备融合，加快信息感知环节统筹布局建设，推进集"感、知、联"一体化功能的智能感知系统建设。在高效通信传输能力方面，加快推进"低时延、大带宽、高可靠、广覆盖"的通信网络建设，实现各类能源生产、传输、消费全环节的设备和主体的泛在接入、实时交互和深度感知，推进"感、传、算"一体化功能的传输能力建设。在复杂系统分析决策能力方面，加强决策仿真技术的深化研究，构建并验证高比例新能源电力系统的数字孪生体，为电力数字化及"双碳"目标的实现提供新型电力系统的复杂决策与大规模仿真能力。

8.2.2.2 加大对电能替代技术装备研发支持力度，提升技术转化能力

（1）发挥科技创新"原动力"，推进电气化发展

鼓励电气化领域的各类创新主体成立创新联盟，共同建设创新基地、联合实验室等创新平台，加大资源共享力度，推动电气化关键技术、核心装备取得突破，实现国产化。鼓励各地区对科技成果转化企业在人才引进、融资支持等方面出台优惠政策，推动建设一批科技成果应用示范工程，突出宣传和示范作用，加快科技成果转化和落地。充分利用高效先进技术设备和产学研等相关机构，生产有核心竞争力的产品技术，促进电气化技术及设备升级换代，进一步提高产品能效，形成产业化能力。加强政府财政补贴力度，完善相关补贴政策，调动企业研发与购买相关电气化设备的积极性。各级科技主管部门加强对电能替代领域基础研究的支持，在项目申报的过程中予以倾斜，同时鼓励出台电能替代研究基金专项，推进冷热电多专业学科交叉融合。

（2）聚焦重点方向，加强电能替代技术研究

1）加强市场拓展支撑技术研究。全面深入开展客户用能信息普查，加强替代市场分析、替代潜力分析、重点领域技术解决方案与实施方案、典型成功经验等方面研究，建立电能替代潜力项目库、技术方案库和典型案例库。

2）积极开展电转气、市政供暖电补热、车/船网互动等机理研究，推动电网与天然气网、供热管网、交通网深度耦合，为电网提供不同时空尺度上的互动资源与互动手段。攻克大型电动客/货船、电动汽车超级充电、电动农机具等新技术，研究提升电锅炉、电窑炉等已有电能替代技术能效水平，研制适应不同场景的电动皮带廊、专属电动车、电烘干、农产品加工、现代化农业大棚等替代技术，鼓励通过成果转化方式推广应用。

3）加大核心装备研发力度。发挥电力公司科研和产业单位优势，联合社会研究机构和厂商资源，研判用电技术发展趋势，跟踪高温蒸汽热泵、电转气、高密度储能、电动船舶、现代农业大棚、大型热泵烘干等技术发展，攻关研发价廉质优的产品装备与优化控制系统，通过规模化应用推动工业生产、公共建筑供热、交通运输、农业生产加工和商业电厨炊等领域高质量替代。

8.2.2.3 不断健全再电气化技术标准体系

（1）形成工作体系，完善优化再电气化相关各类标准制定

发挥政府的引导调控作用，推动电能替代与新型电力系统建设、新一代大数据信息技术的深度融合，充分发挥电能替代、重点技术领域行业标准委员会的作用，从高效替代、智慧替代、经济替代、清洁替代等方向出发，构建明晰的标准化工作体系和有序运作机制。推动建议性标准向强制性标准转化、行业企业标准向国家标准转化，国家标准向国际标准转化，突出标准对科技创新的引领和规范作用，抢占发展制高点。

（2）加快重点领域技术标准制（修）订工作，推动产品和工程建设标准统一

推进电能替代设备、接口、系统集成、运行监测、检验检测等标准制（修）订。修订和完善充电汽车、港口岸电等电能替代建设和运行标准，推进行业标准、国际标准体系衔接。制定和完善电能替代产品准入制度，提高产品质量和可靠性，促进电能替代行业健康有序发展。推动建立工业企业碳排放审计、计量标准，完善碳中和企业、绿色制造等方面的认证机制，推进电能替代与节能减碳的深度融合。持续完善新型电力系统标准体系，在新型电力系统安全稳定运行、新能源发电涉网安全、柔性直流、储能、氢能、CCUS等领域，加快制定及修订相关标准，以标准引领促进新型电力系统建设。

8.2.3 加快市场机制建设

（1）深化电力市场化改革

持续完善适应新型电力系统的市场机制，加快建立全国统一、区域协调的电力市场体系，加强顶层设计，建设统一开放、高效运转、有效竞争的电力市场，逐步统一省间电力交易规则，促进跨省跨区直接交易。扩大电力现货市场建设试点范围，持续完善省间电力现货交易机制，加快完善辅助服务市场机制，探索容量市场和输电权市场交易机制，通过市场化方式促进电力绿色低碳发展。积极推进分布式发电市场化交易，支持分布式发电（含新型储能、电动车船等）与同一配电网内的电力用户通过电力交易平台就近交易，完善支持分布式发电市场化交易的价格政策及市场规则。支持鼓励电能替代用电需求参与电力市场交易，开展中长期交易、挂牌交易、打捆直接交易，充分释放改革红利，降低电能替代项目用能成本。鼓励具有蓄能特性的电能替代项目参与电力需求响应、电力市场辅助服务和现货市场交易，提高项目经济性，促进清洁能源消纳。

（2）完善灵活性电源建设和运行机制

全面实施煤电机组灵活性改造，科学核定煤电机组深度调峰能力；加快建设抽水蓄能电站，推行梯级水电储能，发挥太阳能热发电的调节作用，逐步扩大新型储能应用。全面推进企业自备电厂参与电力系统调节，完善支持调节电源运行的价格补偿机制，完善抽水蓄能、新型储能参与电力市场机制。

（3）推动形成科学的电价机制

逐步取消或合理归位与基金附加相关的特殊政策，还原电力的商品属性。将交叉补贴暗补改为明补，逐步解决电价交叉补贴问题。适度拉大峰谷电价价差，发挥市场发现价格、形成充分竞争、优化配置资源的作用。完善支持储能应用的电价政策。

（4）健全可再生能源电力消纳长效机制

加快形成以储能和调峰能力为基础支撑的新增电力装机发展机制。完善鼓励绿色低碳电力优先使用的配套机制；持续实行可再生能源电力消纳保障机制，确保各方主体承担好消纳权重的落实责任，做好可再生能源电力消纳保障机制、绿证制、电力现货市场机制的衔接；探索建立跨省跨区外送电源联合优化配置机制，不断提升输电通道清洁能源输送水平；积极推进就地就近消纳新模式，完善就近交易机制；探索建立清洁能源输电线路投资创新机制，鼓励各类市场主体多元化投资清洁能源输电通道及清洁能源发电项目配套接网工程，合理核定输配电价格。

(5)完善电力需求响应机制

加速电力需求响应市场化建设,推动电能替代项目参与电网调节及需求响应。拓宽电力需求响应实施范围,通过多种方式挖掘各类需求侧资源并组织其参与需求响应,支持用户侧储能、电动汽车充电设施、分布式发电等用户侧可调节资源,以及负荷聚合商、虚拟电厂运营商、综合能源服务商等参与电力市场交易和系统运行调节。探索建立以市场为主的需求响应补偿机制。全面调查评价需求响应资源并建立分级分类清单,形成动态的需求响应资源库。

(6)建立健全绿色电力消费促进机制

推广"电能替代+新能源消纳"项目,推进统一的绿色电力产品认证与标识体系建设,健全绿色电力消费认证机制,推广绿色电力证书交易,推动各类社会组织采信认证结果,完善相关技术标准,促进绿色电力消费。鼓励全社会优先使用绿色能源和采购绿色电力产品及服务,推动公共机构做出表率。各地区结合本地实际,采用先进能效和绿色电力消费标准,大力宣传电力节能及绿色消费理念,深入开展绿色生活创建行动。鼓励有条件的地方开展高水平绿色能源电力消费示范建设,在全社会倡导节约用能用电。

(7)推动电力市场与全国碳市场协调发展

推动建立碳市场和电力市场联动机制,将碳成本合理反映在电价中。深化碳市场与电力市场耦合,研究可再生能源与火电共同在碳市场中运行的机制,对电力市场中已有的低碳措施进行细化调整和修订,按照边际成本由低到高的顺序实施电力交易调度,实现碳减排与电力市场化改革协同推进。

8.2.4 加强财政金融支持

(1)加大再电气化重点领域财政税收支持力度

借助税收优惠引导用户选择电能替代设备,提升用户参与电能替代的积极性,扩大电能替代实施空间。进一步加大充电基础设施建设运营补贴支持力度,推动电动汽车充换电服务产业健康发展。在财政公共预算中安排专项资金,对国家重大战略性、公益性电力工程以及经济欠发达地区电力建设给予资金帮扶。推动中央财政资金进一步向农村电气化领域倾斜,适度提高边远省份农村电网建设中央资本金比例,提高农村电网可持续发展能力。

(2)完善支持再电气化发展的多元化投融资机制

加大对清洁低碳发电项目、电力供应安全保障项目的投融资支持力度。通过中央预算内投资统筹支持再电气化领域对碳减排贡献度高的项目,将符合条件的典型项目纳入地方政府专项债券支持范围。推动国家绿色发展基金和现有低碳转型相关基金将清洁低碳能源开发利用、工业建筑交通部门电能替代、企业绿色低碳转型等作为重点支持领域。推动再电气化相关基础设施项目开展市场化投融资，积极拓宽融资渠道、完善融资机制，吸引民营资本和社会资本进入电力新基建领域，激励金融机构拓展先进电力技术设备推广的融资方式和配套金融服务。

（3）完善推进再电气化进程的金融支持政策

探索发展清洁低碳能源、电能替代、虚拟电厂、新型储能、氢能、碳捕集利用与封存、节能节电等再电气化重点关联行业供应链金融。完善再电气化重点关联行业企业贷款审批流程和评级方法，充分考虑相关产业链长期成长性及对再电气化和碳达峰碳中和的贡献。创新适应再电气化发展特点的绿色金融产品，鼓励符合条件的企业发行碳中和债等绿色债券，引导金融机构加大对具有显著碳减排效益的再电气化项目的支持力度；鼓励发行可持续发展挂钩债券等，支持企业绿色低碳转型；鼓励各银行业金融机构针对电能替代项目的绿色信贷服务体系，探索创新信贷服务，支持重点领域电能替代项目开展股权和债权融资，积极申请企业债、低息贷款等优惠。

8.2.5 加大推广宣传力度

（1）发挥示范引领作用

借力大众创新、万众创业，整合技术资金资源优势，探索一批业态融合、理念先进、市场潜力大、经济效益好、推广效果佳的再电气化试点示范项目。在石化产业园、物流园、商务园区、经济技术开发区等场景，建设以绿氢制石化化工产品、氢燃料电池重卡和公交、氢燃料电池分布式热电联供等为特色，氢能应用与电气化互补的示范项目。建立事中事后监管和考核机制，开展示范项目实施效果评估作为进一步优化改进的基础，持续提升项目建设质量和实施效能，形成可复制可推广的经验。

（2）重视公众宣传引导

从安全、经济、环境、人类健康等多方面、多角度大力宣传再电气化的清洁、安全、高效、便捷等优势，加强绿色低碳用能的科普宣传，注重舆论引导，及时回应社会关切问题，开展示范成果展示，推广复制成功经验，在全社会广泛形成高效使用绿色电力促进低碳消费的理念。借助"三微一端"等各种媒体渠道，发挥新闻媒体的宣传引导作用，充分激发市场主体和社会组织的积极性、主动性和创造性，进一步提高公众参与度，形成全社会共同推进高效使用绿色电能促进低碳消费的良好氛围。

参考文献

[1] 舒印彪. 加快再电气化进程 促进能源生产和消费革命[J]. 国家电网, 2018（4）：38-39.

[2] 龚国军. 把握再电气化的转型机遇[J]. 中国电力企业管理, 2018（9）：1.

[3] 舒印彪. 关于中国电动车充电领域发展的几点认识和建议[J]. 电力设备管理, 2018（1）：21-22.

[4] 舒印彪. 再电气化是实现碳中和的必然选择[J]. 中国电力企业管理, 2023（7）：68-70.

[5] 舒印彪，谢典，赵良，等. 碳中和目标下我国再电气化研究[J]. 中国工程科学, 2022, 24（3）：195-204.

[6] 贾利民，程鹏，张蜇，等."双碳"目标下轨道交通与能源融合发展路径和策略研究[J]. 中国工程科学, 2022, 24（3）：173-183.

[7] 谢典，高亚静，刘天阳，等."双碳"目标下我国再电气化路径及综合影响研究[J]. 综合智慧能源, 2022, 44（3）：1-8.

[8] 刘天阳，谢典，刘美，等. 再电气化是实现碳中和的关键路径[J]. 中国电力企业管理, 2022（4）：63-64.

[9] 徐尤峰，梁俊宇，成贝贝，等. 面向2030碳达峰的云南省交通行业再电气化分析[J]. 科技管理研究, 2021, 41（20）：233-238.

[10] 黄震，谢晓敏. 碳中和愿景下的能源变革[J]. 中国科学院院刊, 2021, 36（9）：1010-1018.

[11] 刘英军. 实现碳达峰、碳中和目标的根本保证在于加快电力装备转型升级[J]. 电器工业, 2021（8）：55-57.

[12] 张飞，周春芳，张永贵. 魏家峁露天煤矿再电气化方案[J]. 露天采矿技术, 2021, 36（4）：80-82.

[13] 何平，李桂鑫. 清洁能源高比例接入与终端再电气化对城市电网的影响分析[J]. 电力系统及其自动化学报, 2021, 33（6）：143-150.

[14] 王波. 再电气化是我国实现能源转型的关键路径[J]. 能源研究与信息, 2020, 36（3）：142.

[15] 邱波. 我国再电气化发展现状及前景研究[J]. 中国电力企业管理, 2020（16）：48-52.

[16] 蒋敏华，肖平，刘入维，等. 氢能在我国未来能源系统中的角色定位及"再电气化"路径初探[J]. 热力发电, 2020, 49（1）：1-9.

[17] 郭鑫鹏，秦建松，朱年发. 加速用能再电气化落地[J]. 中国电力企业管理, 2019（32）：65.

[18] 李昊，李文，王林钰，等. 基于群决策理论的城市再电气化潜力综合评估[J]. 电力建设, 2019, 40（11）：116-125.

[19] 郑文棠，刘吉臻. 新能源电力系统与再电气化[J]. 南方能源建设, 2019, 6（3）：31.

[20] 陈永权，王雄飞. 基于模糊层次分析法的我国电气化水平综合评价[J]. 智慧电力, 2019, 47（7）：24-28.

[21] 郑宽，张晋芳，刘俊，等. 基于3E能源优化模型的中国电气化进程研判及定量分析[J]. 中国电力, 2019, 52（4）：18-24.